研 究 生 教 材

随 机 过 程

（第 2 版）

汪 荣 鑫 编

西 安 交 通 大 学 出 版 社

内容提要

本书是适合工科专业使用的数学教科书,内容包括随机过程的基本知识,平稳过程的理论和应用,平稳时间序列的线性模型和预报,马尔科夫过程,并附有概率论补充知识。

本书在引进概念时强调直观性和物理背景,注意阐明定理和结论的意义和作用,数学处理上力求确切和严密,各章配有大量例题和习题,便于教学和自学。

本书可作高等院校工科各专业研究生或高年级本科生教材,也可供科学技术工作者阅读参考。

图书在版编目(CIP)数据

随机过程/汪荣鑫编 . —2 版. —西安:西安交通大学出版社,2006.8(2025.8 重印)

ISBN 978 - 7 - 5605 - 0051 - 5

Ⅰ.随... Ⅱ.汪... Ⅲ.随机过程－研究生－教材 Ⅳ.O211.6

中国版本图书馆 CIP 数据核字(2006)第 097216 号

书　　名	随机过程(第 2 版)	
编　　者	汪荣鑫	
责任编辑	李亚东　　李慧芳	
出版发行	西安交通大学出版社	
地　　址	西安市兴庆南路 1 号(邮编:710048)	
电　　话	(029)82668357,82667874(市场营销中心)	
	(029)82668315(总编办)	
印　　刷	陕西博文印务有限责任公司	
字　　数	221 千字	
开　　本	850 mm×1 168 mm　1/32	
印　　张	8.75	
版　　次	2006 年 8 月第 2 版　2025 年 8 月第 12 次印刷	
书　　号	ISBN 978 - 7 - 5605 - 0051 - 5	
定　　价	18.00 元	

研究生教材总序

　　研究生教育是为国家培养高层次人才的,它是我国高等教育的最高层次。研究生必须在本门学科中掌握坚实的基础理论和系统的专门知识,具有从事科学研究或担负专门技术工作的能力。这些要求具体体现在研究生的学位课程和学位论文中。

　　认真建设好研究生学位课程是搞好研究生教学的重要环节。为此,我们组织出版这套以公共课和一批新型学位课程为主的研究生教材,以满足当前研究生教学的需要。这套教材的作者都是多年从事教学、科研、具有丰富经验的教师。

　　这套教材首先着眼于研究生未来工作和高技术发展的需要,充分反映国内外最新学术动态,使研究生学习之后能迅速接近当前科技发展的前沿,以适应"四化"建设的要求;其次,也注意到应有的基本理论和基本内容,以保持学位课程内容的相对稳定性和系统性,并具有足够的深广度。

　　这套研究生教材虽然从提出选题、拟定大纲、组织编写到编辑出版,都经过了认真的调查论证和细致的工作,但毕竟是第一次出版这样高层次的系列教材,水平和经验都感不足,缺点与错误在所难免。希望通过反复的教学实践,广泛听取校内外专家学者和使用者的意见,使其不断改进和完善。

西安交通大学研究生院

西安交通大学出版社

前　言

　　随机过程研究客观世界中随机演变过程的规律性,它以概率论为基础,且是概率论的深入和发展。随着科学技术的发展,它已日益广泛地应用于物理、化学、生物、工业、农业、管理、气象等许多领域。

　　目前,在高等院校中很多工科专业的研究生都要学习随机过程,甚至对某些专业的高年级本科生也开设此课。

　　编者曾多次对工科研究生讲授过随机过程。在讲稿的基础上,1985年编写了讲义,多次试用后经修订和补充写成本书。

　　本书是一本具有工科特色的数学教科书,它既保持随机过程的数学体系和必要的严密性,又尽可能结合工科专业的应用。

　　本书取材较为全面,但又是最基本和最重要的。它包括随机过程基本知识、平稳过程、马尔科夫过程。与平稳过程有关,我们还介绍了70年代开始应用极为广泛的平稳时间序列时域分析方法。对马尔科夫过程,初步介绍了一些基本概念和方法,重点论述了马尔科夫链、泊松过程、维纳过程。为使读者便于阅读,书后附录中介绍了概率论的补充知识。全书内容安排和布局较为合理。

　　本书采用工科学生较易接受的叙述方法。引进概念时强调它的直观性和物理背景,又注意数学定义的确切。对一些定理和结论注意阐明它的意义和作用,并进行必要的数学证明。

　　书中不仅列举了许多例题而且各章还配有大量深度合适的习题。其中包括相当数量的应用实例和一定数量的理论题。有些习题在国内教材中还是少见的。通过学习和做题可以帮助读者加深理解所学的概念,有利于掌握基本的计算方法,训练读者运用基本理论解决实际问题的能力。书后附有答案。

编者希望把本书写成一本便于教学也便于自学的教材,要求读者具备工科高等数学、线性代数和概率论基本知识。

本书中图与表采用的编号是以章作区分的,如图 1-2 表示第一章第 2 图。公式编号是以节作区分的,如式(1.3)表示 §1 中第 3 式,而不指出所在的章。

讲授全书约需 48 学时。讲授前三章和附录约需 40 学时,附录约需 6 学时。教师可以采用先讲附录再讲正文的方法。为了节省学时,也可以直接从正文第一章开始讲,在讲授过程中需要附录中知识时随时加以补充。另外,讲授第四章约需 8 学时。

本教材的习题答案由吴云江(一、二章)、陈育松(三章)、龙卫江(四章、附录)协助完成。

本书由上海交通大学陶宗英同志和西北电讯工程学院施仁杰同志详细审阅,并提出了很多宝贵意见。在编写过程中我校张文修同志也提出了一些原则性意见和不少有益的建议,同时还得到了同济大学闵华玲同志的帮助。本书的出版得到西安交通大学研究生院和西安交通大学出版社的热情支持和帮助。谨此一并致谢。

本书是已出版的姐妹篇——《数理统计》的续集。

由于编者水平所限,错误之处在所难免,恳请读者批评指正。

编者
1987 年 7 月

目　录

第一章　随机过程基本概念

在客观世界中有些随机现象表现为带随机性的变化过程,它是随机过程。本章介绍随机过程的概念、概率分布和数字特征等,并介绍随机过程的微积分。

§1　随机过程及其概率分布

一、随机过程概念

在客观世界中有些随机现象表示的是事物随机变化的过程,不能用随机变量或随机矢量描绘,需用一族无限多个随机变量描绘,这就是随机过程。

例 1　某人扔一枚分币,无限制的重复地扔下去。要表示无限多次扔的结果,我们不妨记正面为 1,反面为 0。第 n 次扔的结果是一个随机变量 X_n,其分布 $P\{X_n = 1\} = P\{X_n = 0\} = \dfrac{1}{2}$。无限多次扔的结果是一个随机过程,可用一族相互独立随机变量 X_1, X_2,… 或 $\{X_n, n \geqslant 1\}$ 表示。如果此人实际扔了无限多次作为第一盘,所得结果可用点图表示(见图 1-1),再扔无限多次作为第二盘,所得结

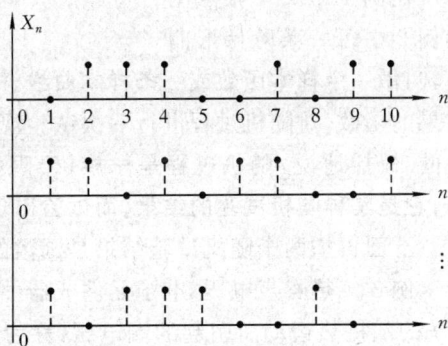

图 1-1

果可以用另一点图表示,等等。每扔一盘(包含无限多次)画出点图的形状带有随机性。

例2　当 $t(t \geqslant 0)$ 固定时,电话交换站在 $[0,t]$ 时间内来到的呼唤次数是随机变量,记为 $X(t)$。$X(t)$ 服从参数为 λt 的泊松分布,其中 λ 是单位时间内平均来到的呼唤次数,而 $\lambda > 0$。如果 t 从 0 变到 ∞,t 时刻前来到的呼唤次数需用一族随机变量 $\{X(t), t \in [0,\infty)\}$ 表示,是一个随机过程。对电话交换站做一次试验观察可以得到一条表示 t 以前来到的呼唤曲线 $x_1(t)$,这是一条非降的阶梯形曲线,在有呼唤来到的时刻阶跃地增加 1(假定在任一呼唤来到的时刻不可能来到多于一次呼唤)。再做第二次试验观察又可得到另一条阶梯形曲线 $x_2(t)$;…;做第 n 次试验观察得到一条阶梯形曲线 $x_n(t)$;等等。一次试验所得阶梯形曲线的形状具有随机性。

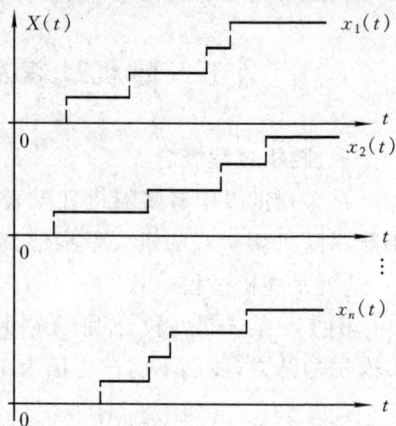

图 1-2

在例 1 中每一张点图和例 2 中每一条阶梯形曲线,叫做一个**样本函数**或一条**样本曲线**。样本函数是表示一次试验结果的函数。对随机过程进行一次试验观察,出现的样本函数是随机的。概括地说,**随机过程是一族(无限多个)随机变量**;另一方面,它是某种随机试验的结果,而试验出现的样本函数是随机的。

下面再举两个随机试验结果是函数的例子。

例3　热噪声电压。电子元件或器件由于内部微观粒子(如电子)的随机热运动所引起的端电压,称为热噪声电压。现在以电阻的热噪声电压为例。以 $\{X(t), t \in [0,\infty)\}$ 表示热噪声电压。进行一次长时间测量得到一条电压-时间曲线 $x_1(t)$，为一条样本曲线；再进行一次试验得到另一条样本曲线 $x_2(t)$；…；第 n 次试验得到样本曲线 $x_n(t)$；等等（见图1-3）。一次试验所得到的样本曲线是随机的。

$\{X(t), t \in [0, \infty)\}$ 怎样看成是由一族随机变量构成的呢？我们固定 $t = t_0$，考察 $X(t)$ 在 t_0 的数值 $X(t_0)$，第一次试验值为 $x_1(t_0)$，第二次试验值为 $x_2(t_0)$，…。显然，$X(t_0)$ 是一个随机变量（见图

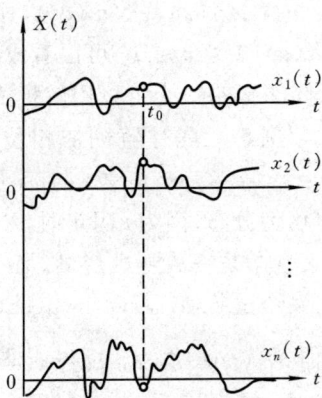

图 1-3

1-3）。于是，固定 t 时热噪声电压 $X(t)$ 是一个随机变量，而 t 变化时 $\{X(t), t \in \infty\}$ 是一族随机变量，因此 $X(t)$ 是一个随机过程。

例 4　纺纱机纺出一条长为 l 的细纱。由于纺纱过程中随机因素的影响，它各处横截面的直径是不同的。记 $X(u)$ 是坐标为 u 处横截面的直径，$0 \leqslant u \leqslant l$。做实际试验，纺出的第一根纱的各处横截面直径 $x_1(u)$，纺出的第二根纱的各处横截面直径 $x_2(u)$，…，纺出的第 n 根纱各处横截面直径 $x_n(u)$，等等（见图1-4）。一次试验得到的样本曲线是随机的。

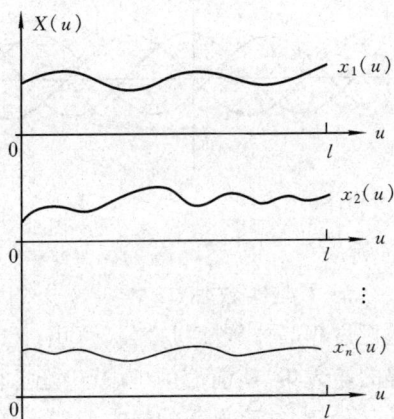

图 1-4

另一方面，固定 $u = u_0$，$X(u_0)$ 的值在各次试验中分别取

$x_1(u_0),x_2(u_0),\cdots,x_n(u_0)$，所以 $X(u_0)$ 是一个随机变量。如此，$\{X(u),0\leqslant u\leqslant l\}$ 可以看成一族随机变量，是一个随机过程。

下面举一个可以用解析式表示的例子。

例 5　具有随机初相位的简谐波 $X(t)=a\cos(\omega_0 t+\Phi)$，$-\infty<t<\infty$，其中 a 与 ω_0 是正常数，而 Φ 服从在区间 $[0,2\pi]$ 上的均匀分布。因为 t 固定时，$X(t)$ 是随机变量，所以 $\{X(t),-\infty<t<\infty\}$ 是一族随机变量。另一方面，对随机变量 Φ 做一次试验得到一个试验值 φ，$x(t)=a\cos(\omega_0 t+\varphi)$ 就是一条样本曲线。如：$\varphi=0$ 时，$x_1(t)=a\cos\omega_0 t$；$\varphi=\dfrac{2\pi}{3}$ 时，$x_2(t)=a\cos\left(\omega_0 t+\dfrac{2\pi}{3}\right)$；$\varphi=\dfrac{3\pi}{2}$ 时，$x_3(t)=a\cos\left(\omega_0 t+\dfrac{3\pi}{2}\right)$；等等（见图 1-5）。因而，从两种不同角度看，$X(t)$ 都是随机过程。

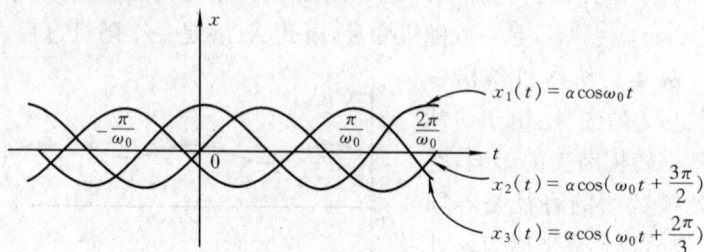

图 1-5

记 T 是实数轴 $(-\infty,\infty)$ 上的一个子集，且包含无限多个数。随机过程是一族随机变量，可用 $\{X(t),t\in T\}$ 表示。T 称为随机过程的参数集。从前面例子中已看到，随机过程也表示随机试验的结果，而一次试验出现的样本曲线是随机的。

随机过程 $\{X(t),t\in T\}$ 还可以看成自变量是 t，因变量是随机变量的函数，所以随机过程亦称为随机函数。随机过程按其原意是随时间 t 而随机地变化的过程，参数 t 取为时间，即是参数为时间的随机函数。但是，习惯上把参数不是时间的随机函数也称为随机过程,如例 4 中的纱的直径。为方便起见,有时还把参数 t 叫做时间。

下面从概率空间的角度阐述随机过程的数学定义。设 $(\Omega, \mathscr{F}, P)$ 是一个概率空间,T 是一个实数集。$\{X(t, \omega), t \in T, \omega \in \Omega\}$ 是对应于 t 和 ω 的实数,即为定义在 T 和 Ω 上的二元函数。若此函数对任意固定的 $t \in T$,$X(\omega, t)$ 是 $(\Omega, \mathscr{F}, P)$ 上的随机变量,则称 $\{X(t, \omega), t \in T, \omega \in \Omega\}$ 是随机过程。

对随机过程 $X(t, \omega)$,若 t 固定,它是随机变量,工程上有时称**为随机过程在 t 时刻的状态**[1];若 ω 固定,它是 t 的函数,称为**随机过程的样本函数或样本曲线**,也称为**现实(曲线)**。在随机过程的数学定义中样本空间 Ω 通常可以理解为样本函数的全体[2],而每一条样本曲线作为一个基本事件 ω。以例 3 为例,把样本曲线 $x_1(t)$ 作为 ω_1,改写为 $X(t, \omega_1)$;样本曲线 $x_2(t)$ 作为 ω_2,改写为 $X(t, \omega_2)$;$\cdots$;样本曲线 $x_n(t)$ 作为 ω_n,改写为 $X(t, \omega_n)$;等等。全体样本函数 $\{x(t)\}$ 构成样本空间 Ω,即全体 $\{X(t, \omega)\}$ 构成样本空间 Ω。当 $\omega = \omega_1$ 时,$X(t, \omega_1)$ 就是 $x_1(t)$;当 $\omega = \omega_2$ 时,$X(t, \omega_2)$ 就是 $x_2(t)$,$\cdots$;当 $\omega = \omega_n$ 时,$X(t, \omega_n)$ 就是 $x_n(t)$;等等。对例 1,例 2,例 4,例 5 同样地可以把样本空间 Ω 理解为样本函数的全体。

再看一个简明例子。如果在例 5 中,随机变量 Φ 的分布改为离散分布,它的分布列为

Φ	0	π
P	$\dfrac{1}{2}$	$\dfrac{1}{2}$

此时,仅有两条样本曲线 $x_1(t), x_2(t)$(见图 1-6)。按上面理解 Ω 的方法,Ω 由两条曲线 $x_1(t)$ 和 $x_2(t)$ 构成;如果分别记为 ω_1 和 ω_2,有 $\Omega = (\omega_1, \omega_2)$,而

---

[1] 在有些数学书上把随机变量 $X(t, \omega)$(其中 t 固定)称为随机过程在 t 时刻的**截口**。本书为叙述形象化起见,采用**状态**这一名称。

[2] 这仅是对样本空间 Ω 的一种理解方法,对于具体给出的随机过程还可有其他理解法,见第 6 页注。

$$P(\omega_1) = \frac{1}{2}, P(\omega_2) = \frac{1}{2}。\{X(t,\omega), t \in (-\infty, \infty), \omega \in \Omega\} 是随机$$

过程。此时,$X(t,\omega_1) = x_1(t)$,$X(t,\omega_2) = x_2(t)^①$

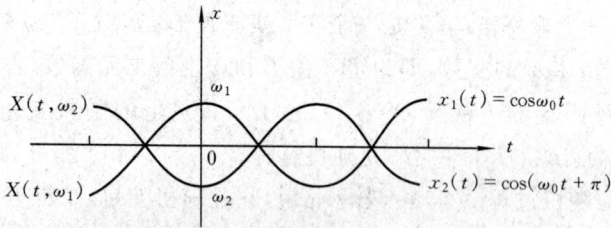

图 1-6

当 t 和 ω 都固定时,$X(t,\omega)$ 是确定的实数,称为**样本函数在 t 处的数值**。如上例中,$X(0,\omega_1) = a\cos0 = a$,$X(0,\omega_2) = a\cos\pi = -a$,$X(1,\omega_1) = a\cos\omega_0$,$X(2,\omega_1) = a\cos2\omega_0$。需要注意,这里 ω_0 是正常数。

随机过程可简记为 $\{X(t), t \in T\}$,通常并不指出概率空间 Ω。今后我们都采用这一记法。此时样本函数用 $x(t)$ 表示,进行多次试验所得样本函数记为 $x_1(t), x_2(t), \cdots$,等等。随机过程 $X(t)$,当 t 固定时,为一个随机变量,即是在 **t 时刻的状态**。随机变量 $X(t)$(t 固定,且 $t \in T$)所有可能取的值构成一个实数集,称为**随机过程的状态空间或值域**;而每一个可能取的值称为一个**状态**^{②}。如例 1 中状态空间由 0 与 1 两个数构成;例 3 中噪声电压的状态空间是 $(-\infty, \infty)$。

---

① 在此例中空间 Ω 也可取为 0 和 π 两个数,即 $\Omega = (0, \pi)$;此时样本空间就不是样本函数的全体了。

② 需要注意区分随机过程在 t 时刻的状态和随机过程的各个状态。前者是指当 t 固定时 $X(t)$ 这一随机变量,后者指所有这些随机变量 $X(t)$($t \in T$)可能取的各个数值。简言之,前者指随机变量,后者指随机变量可能取的值。希读者阅读本书时不要混淆。

随机过程可以根据参数集 T 和状态空间的情况进行分类。参数集 T 可分为离散集（即它所包含的数有可列无限多个）和连续集两种情况，状态空间亦同样可分为离散与连续两种情况。因而随机过程可分成下列四类：

(1) **离散参数、离散状态的随机过程**。如例 1，$T = \{1,2,\cdots\}$，状态空间由 0 与 1 两个数构成。

(2) **离散参数、连续状态的随机过程**。如独立标准正态随机变量序列，$T = \{1,2,3,\cdots\}$，状态空间为 $(-\infty,\infty)$。

(3) **连续参数、离散状态的随机过程**。如例 2，$T = [0,\infty)$，状态空间由 $0,1,2,\cdots$ 构成。

(4) **连续参数、连续状态的随机过程**。如例 3，$T = [0,\infty)$，状态空间为 $(-\infty,\infty)$。

通常，离散参数集取 $\{1,2,\cdots\}$ 或 $\{0,1,2,\cdots\}$，或 $\{\cdots,-2,-1,0,1,2,\cdots\}$；而连续参数集取 $[a,b]$ 或 $[0,\infty)$，或 $(-\infty,\infty)$。离散参数的随机过程亦称为**随机序列**。

二、有限维分布族

随机过程 $\{X(t),t \in T\}$ 在每一时刻 t 的状态是一维随机变量；在任意两个时刻的状态是二维随机矢量；…。其统计特性可用当 t 取任意一个固定值时 $X(t)$ 的一维分布；当 t 取任意两个固定值时 $X(t)$ 的二维分布；… 等来描绘。所有这些一维分布、二维分布，…… 的全体可用以表示随机过程的概率分布。

对任一固定 $t \in T$

$$F(x;t) = P\{X(t) \leqslant x\}$$

称为随机过程 $X(t)$ 的一维分布函数。描绘过程在任意 t 时刻状态的统计特性。

对任意两个固定的 $t_1,t_2 \in T$

$$F(x_1,x_2;t_1,t_2) = P\{X(t_1) \leqslant x_1, X(t_2) \leqslant x_2\}$$

称为随机过程 $X(t)$ 的二维分布函数。描绘过程在任意两个时刻状态的统计特性。

一般，对于任意固定的 $t_1, t_2, \cdots, t_n \in T$

$$F(x_1, x_2, \cdots, x_n; t_1, t_2, \cdots, t_n)$$
$$= P\{X(t_1) \leqslant x_1, X(t_2) \leqslant x_2, \cdots, X(t_n) \leqslant x_n\}$$

称为**随机过程 $X(t)$ 的 n 维分布函数**。描绘过程在任意 n 个时刻状态的统计特性。

图 1-7(a)、(b)、(c) 分别表示分布函数中的事件。

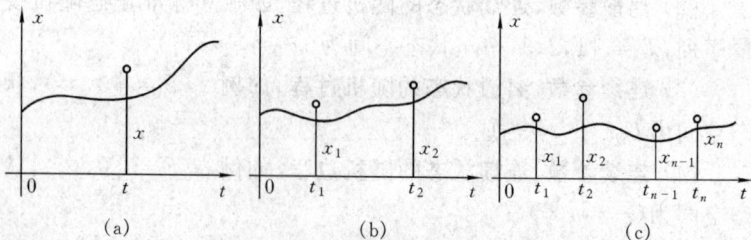

图 1-7

特殊地，若任意一个固定 $t \in T$，任意两个固定 $t_1, t_2 \in T$，……，任意 n 个固定 $t_1, t_2, \cdots, t_n \in T$，对应的 $X(t)$，$(X(t_1), X(t_2))^\tau$，……，$(X(t_1), \cdots, X(t_n))^{\tau}$[①] 具有连续概率分布，那么，

$$f(x; t) = \frac{\partial}{\partial x} F(x; t)$$

称为随机过程 $X(t)$ 的一维分布密度；

$$f(x_1, x_2; t_1, t_2) = \frac{\partial^2}{\partial x_1 \partial x_2} F(x_1, x_2; t_1, t_2)$$

称为随机过程 $X(t)$ 的二维分布密度；

一般

$$f(x_1, x_2, \cdots, x_n; t_1, t_2, \cdots, t_n)$$
$$= \frac{\partial^n}{\partial x_1 \partial x_2 \cdots \partial x_n} F(x_1, x_2, \cdots, x_n; t_1, t_2, \cdots, t_n)$$

———————————

① 本书的矢量都是指列矢量，并用黑体字母表示。

称为随机过程 $X(t)$ 的 n 维分布密度。

随机过程 $X(t)$ 的一维分布函数,二维分布函数,$\cdots$,n 维分布函数,等等的全体 $\{F(x_1,x_2,\cdots,x_n;t_1,t_2,\cdots,t_n),t_1,t_2,\cdots,t_n\in T,n\geqslant1\}$ 称为随机过程 $X(t)$ 的有限维分布函数族。它描绘随机过程 $X(t)$ 的概率分布。同样地,分布密度的全体 $\{f(x_1,x_2,\cdots,x_n;t_1,t_2,\cdots,t_n),t_1,t_2,\cdots,t_n\in T,n\geqslant1\}$,称为随机过程 $X(t)$ 的有限维分布密度族。它也描绘随机过程的概率分布。

有限维分布函数族具有如下性质:

(1) **对称性**　对 $(1,2,\cdots,n)$ 的任意一种排列 $(j_1,j_2,\cdots,j_n)$,有

$$F(x_1,x_2,\cdots,x_n;t_1,t_2,\cdots,t_n)$$
$$= F(x_{j_1},x_{j_2},\cdots,x_{j_n};t_{j_1},t_{j_2},\cdots,t_{j_n})$$

事实上由

$$P\{X(t_1)\leqslant x_1,X(t_2)\leqslant x_2,\cdots,X(t_n)\leqslant x_n\}$$
$$= P\{X(t_{j_1})\leqslant x_{j_1},X(t_{j_2})\leqslant x_{j_2},\cdots,X(t_{j_n})\leqslant x_{j_n}\}$$

立刻可以得到。

(2) **相容性**　对 $m<n$,有

$$F(x_1,x_2,\cdots,x_m;t_1,t_2,\cdots,t_m)$$
$$= F(x_1,x_2,\cdots,x_m,\infty,\cdots,\infty;t_1,t_2,\cdots,t_n)$$

事实上这是 n 维分布函数的性质。

例 6　随机过程 $X(t)=A+Bt,t\geqslant0$,其中 A 和 B 是独立随机变量,分别服从正态分布 $N(0,1)$。求 $X(t)$ 的一维和二维分布。

解　先求一维分布。当 t 固定,$X(t)$ 是正态变量,因为

$$EX(t) = EA+EB\cdot t = 0$$
$$DX(t) = DA+t^2DB = 1+t^2$$

所以 $X(t)$ 具有正态分布 $N(0,1+t^2)$。这亦是随机过程 $X(t)$ 的一维分布。

再求二维分布。当 t_1,t_2 固定,

$$X(t_1) = A+Bt_1,\quad X(t_2) = A+Bt_2$$

由 n 维正态矢量的性质(4)(见附录 §3),$(X(t_1),X(t_2))^\tau$ 服从二维正态分布。二维正态分布被它的数学期望,协方差矩阵所完全确定。计算可得

$$EX(t_1) = 0, \quad EX(t_2) = 0$$
$$DX(t_1) = 1+t_1^2, \quad DX(t_2) = 1+t_2^2$$
$$\text{cov}(X(t_1),X(t_2)) = EX(t_1)X(t_2) = E(A+Bt_1)(A+Bt_2)$$
$$= 1+t_1 t_2$$

所以二维分布是数学期望矢量为$(0,0)^\tau$,协方差矩阵为

$$\begin{bmatrix} 1+t_1^2, & 1+t_1 t_2 \\ 1+t_1 t_2, & 1+t_2^2 \end{bmatrix}$$

的二维正态分布。

例 7 随机过程 $X(t) = A\cos t, -\infty < t < \infty$,其中 A 是随机变量,而具有概率分布列

A	1	2	3
p	$\dfrac{1}{3}$	$\dfrac{1}{3}$	$\dfrac{1}{3}$

求(1) 一维分布函数 $F\left(x;\dfrac{\pi}{4}\right)$,$F\left(x;\dfrac{\pi}{2}\right)$;

(2) 二维分布函数 $F\left(x_1,x_2;0,\dfrac{\pi}{3}\right)$。

解 (1)先求 $F\left(x;\dfrac{\pi}{4}\right)$。显然,$X\left(\dfrac{\pi}{4}\right) = A\cos\dfrac{\pi}{4} = \dfrac{\sqrt{2}}{2}A$。它可能取$\dfrac{\sqrt{2}}{2},\sqrt{2},\dfrac{3}{2}\sqrt{2}$ 三个值,而

$$P\left\{X\left(\dfrac{\pi}{4}\right) = \dfrac{\sqrt{2}}{2}\right\} = P\left\{A\cos\dfrac{\pi}{4} = \dfrac{\sqrt{2}}{2}\right\} = P\{A=1\} = \dfrac{1}{3}$$

$$P\left\{X\left(\dfrac{\pi}{4}\right) = \sqrt{2}\right\} = P\left\{A\cos\dfrac{\pi}{4} = \sqrt{2}\right\} = P\{A=2\} = \dfrac{1}{3}$$

$$P\left\{X\left(\frac{\pi}{4}\right) = \frac{\sqrt{3}}{2}\sqrt{2}\right\} = P\left\{A\cos\frac{\pi}{4} = \frac{3}{2}\sqrt{2}\right\}$$

$$= P\{A = 3\}$$

$$= \frac{1}{3}$$

所以

$$F\left(x;\frac{\pi}{4}\right) = \begin{cases} 0, & x < \frac{\sqrt{2}}{2} \\[2mm] \frac{1}{3}, & \frac{\sqrt{2}}{2} \leqslant x < \sqrt{2} \\[2mm] \frac{2}{3}, & \sqrt{2} \leqslant x < \frac{3}{2}\sqrt{2} \\[2mm] 1, & x \geqslant \frac{3}{2}\sqrt{2} \end{cases}$$

再求 $F\left(x;\frac{\pi}{2}\right)$。显然，$X\left(\frac{\pi}{2}\right) = A\cos\frac{\pi}{2} = 0$。它只能取 0 值，所以

$$F\left(x;\frac{\pi}{2}\right) = \begin{cases} 0, & x < 0 \\ 1, & x \geqslant 0 \end{cases}$$

（2）计算

$$F\left(x_1,x_2;0,\frac{\pi}{3}\right) = P\{A\cos 0 \leqslant x_1, A\cos\frac{\pi}{3} \leqslant x_2\}$$

$$= P\{A \leqslant x_1, \frac{A}{2} \leqslant x_2\}$$

$$= P\{A \leqslant x_1, A \leqslant 2x_2\}$$

$$= \begin{cases} P\{A \leqslant x_1\}, & \text{当 } x_1 \leqslant 2x_2 \\ P\{A \leqslant 2x_2\}, & \text{当 } 2x_2 < x_1 \end{cases}$$

进而有

$$F\left(x_1, x_2; 0, \frac{\pi}{3}\right) = \begin{cases} 0, & \text{当 } x_1 \leqslant 2x_2, x_1 < 1 \\ & \text{或 } 2x_2 < x_1, x_2 < \dfrac{1}{2} \\ \dfrac{1}{3}, & \text{当 } x_1 \leqslant 2x_2, 1 \leqslant x_1 < 2 \\ & \text{或 } 2x_2 < x_1, \dfrac{1}{2} \leqslant x_2 < 1 \\ \dfrac{2}{3}, & \text{当 } x_1 \leqslant 2x_2, 2 \leqslant x_1 < 3 \\ & \text{或 } 2x_2 < x_1, 1 \leqslant x_2 < \dfrac{3}{2} \\ 1, & \text{当 } x_1 \leqslant 2x_2, x_1 \geqslant 3 \\ & \text{或 } 2x_2 < x_1, x_2 \geqslant \dfrac{3}{2} \end{cases}$$

例 8　设随机过程 $X(t)$ 只有两条样本曲线

$$X(t, \omega_1) = a\cos t$$

$$X(t, \omega_2) = a\cos(t + \pi) = -a\cos t, \quad -\infty < t < \infty$$

其中常数 $a > 0$，且 $P(\omega_1) = \dfrac{2}{3}, P(\omega_2) = \dfrac{1}{3}$。试求 $X(t)$ 的一维分

布函数 $F(x; 0), F\left(x; \dfrac{\pi}{4}\right)$ 以及二维分布函数 $F\left(x_1, x_2; 0, \dfrac{\pi}{4}\right)$。

解　$X(t)$ 的两条样本曲线的图像见图 1-6，只要在那里取 ω_0 为 1 即可。

先求一维分布。显然，$X(0)$ 可能取的值为

$$X(0, \omega_1) = a\cos 0 = a, \quad X(0, \omega_2) = -a\cos 0 = -a$$

而

$$P\{X(0) = a\} = P(\omega_1) = \frac{2}{3},$$

$$P\{X(0) = -a\} = P(\omega_2) = \frac{1}{3}$$

所以

$$F(x;0) = \begin{cases} 0, & x < -a \\ \dfrac{1}{3}, & -a \leqslant x < a \\ 1, & x \geqslant a \end{cases}$$

同样地,根据 $X\left(\dfrac{\pi}{4}\right)$ 可能取的值为

$$X\left(\dfrac{\pi}{4},\omega_1\right) = a\cos\dfrac{\pi}{4} = \dfrac{\sqrt{2}}{2}a$$

$$X\left(\dfrac{\pi}{4},\omega_2\right) = -a\cos\dfrac{\pi}{4} = -\dfrac{\sqrt{2}}{2}a$$

可得

$$F\left(x;\dfrac{\pi}{4}\right) = \begin{cases} 0, & x < -\dfrac{\sqrt{2}}{2}a \\ \dfrac{1}{3}, & -\dfrac{\sqrt{2}}{2}a \leqslant x < \dfrac{\sqrt{2}}{2}a \\ 1, & x \geqslant \dfrac{\sqrt{2}}{2}a \end{cases}$$

再求二维分布。随机矢量 $\left(X(0),X\left(\dfrac{\pi}{2}\right)\right)$ 可能取的值为

$$\left(X(0,\omega_1),X\left(\dfrac{\pi}{4},\omega_1\right)\right) = \left(a,\dfrac{\sqrt{2}}{2}a\right)$$

$$\left(X(0,\omega_2),X\left(\dfrac{\pi}{4},\omega_2\right)\right) = \left(-a,-\dfrac{\sqrt{2}}{2}a\right)$$

而

$$P\left\{X(0)=a,X\left(\dfrac{\pi}{4}\right)=\dfrac{\sqrt{2}}{2}a\right\} = P(\omega_1) = \dfrac{2}{3}$$

$$P\left\{X(0)=-a,X\left(\dfrac{\pi}{4}\right)=-\dfrac{\sqrt{2}}{2}a\right\} = P(\omega_2) = \dfrac{1}{3}$$

所以

$$F\left(x_1, x_2; 0, \frac{\pi}{4}\right) = \begin{cases} 0, & \text{当 } x_1 < -a \text{ 或 } x_2 < -\frac{\sqrt{2}}{2}a \\[2mm] \dfrac{1}{3}, & \text{当 } x_1 \geqslant -a \text{ 和 } -\frac{\sqrt{2}}{2}a \leqslant x_2 < \frac{\sqrt{2}}{2}a, \\[2mm] & -a \leqslant x_1 < a \text{ 和 } x_2 \geqslant \frac{\sqrt{2}}{2}a \\[2mm] 1, & \text{当 } x_1 \geqslant a \text{ 和 } x_2 \geqslant \frac{\sqrt{2}}{2}a \end{cases}$$

随机过程通常根据它的统计特性(有限维分布族,数字特征(见下节))进行分类。本书主要介绍两类随机过程 —— 平稳过程和马尔科夫过程。

§2　随机过程的数字特征

在概率论中讲过随机变量的主要数字特征是数学期望和方差;二维随机矢量的主要数字特征是数学期望、方差、协方差和相关函数;更一般的数字特征为矩。随机过程的数字特征是利用随机变量和随机矢量的数字特征进行定义的。

一、随机过程的数学期望和方差

随机过程$\{X(t), t \in T\}$在每一$t \in T$的状态是一个随机变量,它的数学期望和方差都是依赖于参数t的函数,分别称为**随机过程的数学期望(函数)**和**方差(函数)**。

随机过程的数学期望用$m_X(t)$表示,即

$$m_X(t) = EX(t) = \int_{-\infty}^{\infty} x \, \mathrm{d}F(x; t), \ t \in T$$

其中$F(x; t)$是随机过程的一维分布函数。对连续概率分布情形,有

$$m_X(t) = \int_{-\infty}^{\infty} x f(x; t) \mathrm{d}x, \ t \in T$$

其中 $f(x;t)$ 是一维分布密度。$m_X(t)$ 也称为**随机过程的均值(函数)**。随机过程的数学期望 $m_X(t)$ 表示 $X(t)$ 的所有样本函数在 t 时刻的理论平均值,如图 1-8(a),两样本曲线绕 $m_X(t)$ 曲线上下波动。需要指出,$m_X(t)$ 是一条固定的曲线。

随机过程的方差用 $D_X(t)$ 表示,即

$$D_X(t) = DX(t) = E[X(t) - m_X(t)]^2,$$
$$t \in T$$

而 $D_X(t)$ 的算术根称为**随机过程的标准差**,用 $\sigma_X(t)$ 表示,即

$$\sigma_X(t) = \sqrt{D_X(t)}$$
$$= \sqrt{DX(t)}$$

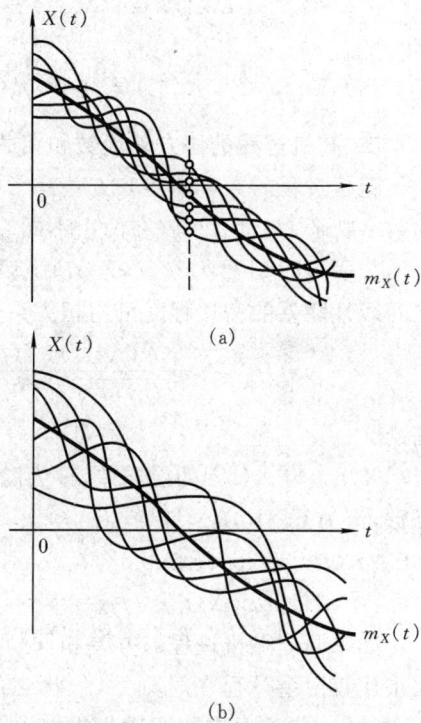

(a)

(b)

图 1-8

随机过程的方差和标准差描绘它的样本曲线在各个 t 时刻对 $m_X(t)$ 的分散程度。如图 1-8,两个随机过程的样本曲线分别画在图(a)和图(b)中,虽然随机过程的数学期望相同,但是图(a)中方差比图(b)中方差小。

在工程中随机过程的均方值具有物理意义,比较有用。**随机过程的均方值**用 $\Psi_X(t)$ 表示,定义为

$$\Psi_X(t) = EX^2(t)$$

显然有

$$DX(t) = EX^2(t) - [EX(t)]^2$$

即

$$D_X(t) = \Psi_X(t) - m_X^2(t)$$

二、随机过程的协方差函数和相关函数

随机过程的数学期望和方差只考虑随机过程在任一时刻状态的数字特征,并没有反映在两个不同时刻的状态之间的联系。对任意两个固定时刻 $t_1, t_2 \in T$,$X(t_1)$ 与 $X(t_2)$ 是两个随机变量,它们之间线性联系的密切程度可用相关系数

$$\rho(t_1, t_2) = \frac{\operatorname{cov}(X(t_1), X(t_2))}{\sqrt{DX(t_1)}\sqrt{DX(t_2)}}, \quad t_1, t_2 \in T$$

描绘。

$X(t_1)$ 与 $X(t_2)$ 的协方差,称为**随机过程 $X(t)$ 的(自)协方差函数**,记为 $C_X(t_1, t_2)$,即

$$C_X(t_1, t_2) = \operatorname{cov}(X(t_1), X(t_2))$$
$$= E[X(t_1) - m_X(t_1)] \cdot [X(t_2) - m_X(t_2)], t_1, t_2 \in T$$

如果两个随机过程的方差相同,可以用协方差函数绝对值的大小比较两个过程在时刻 t_1, t_2 状态的线性联系密切程度。如图 $1-9(a)$、(b) 为具有相同数学期望和方差的两个随机过程。其中

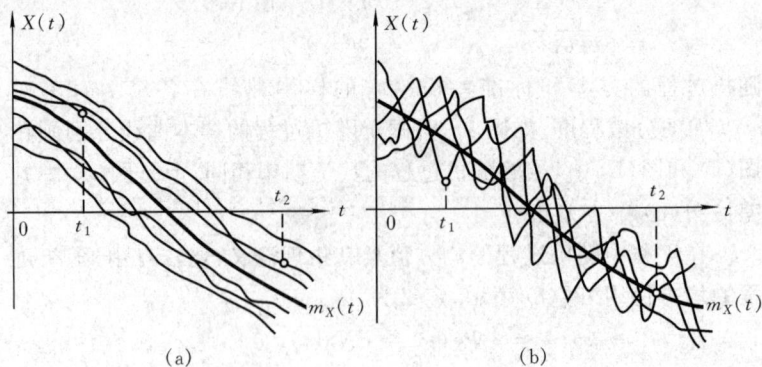

(a)   (b)

图 $1-9$

图(a)表示的随机过程的样本曲线,对每一条 $x(t)$,具有近似的线性关系 $x(t_1) - m_X(t_1) \approx x(t_2) - m_X(t_1)$,说明在两个时刻 t_1, t_2 的状态 $X(t_1)$ 和 $X(t_2)$ 线性联系较密切,故 $C_X(t_1, t_2)$ 的绝对值较大;而图(b)表示的随机过程,每一条样本曲线的变化起伏很大又不规则,说明在两个时刻 t_1, t_2 的状态 $X(t_1)$ 与 $X(t_2)$ 线性联系很不密切,故 $C_X(t_1, t_2)$ 的绝对值较小。

协方差函数可以表示为

$$C_X(t_1, t_2) = E[X(t_1)X(t_2)] - EX(t_1)EX(t_2) \quad (2.1)$$

这里的 $E[X(t_1)X(t_2)]$ 称为**随机过程 $X(t)$ 的(自)相关函数**,记为 $R_X(t_1, t_2)$,即

$$R_X(t_1, t_2) = E[X(t_1)X(t_2)], \quad t_1, t_2 \in T$$

对连续概率分布情形,有

$$C_X(t_1, t_2) = \int_{-\infty}^{\infty} \int_{-\infty}^{\infty} (x_1 - m_X(t_1))(x_2 - m_X(t_2))$$
$$\cdot f(x_1, x_2; t_1, t_2) \mathrm{d}x_1 \mathrm{d}x_2$$

和

$$R_X(t_1, t_2) = \int_{-\infty}^{\infty} \int_{-\infty}^{\infty} x_1 x_2 f(x_1, x_2; t_1, t_2) \mathrm{d}x_1 \mathrm{d}x_2$$

由(2.1)式,随机过程 $X(t)$ 的协方差函数和相关函数的关系为

$$C_X(t_1, t_2) = R_X(t_1, t_2) - m_X(t_1)m_X(t_2) \quad (2.2)$$

当 $m_X(t) \equiv 0$,有 $C_X(t_1, t_2) = R_X(t_1, t_2)$,此时协方差函数和相关函数是一致的。

在 $C_X(t_1, t_2)$ 的定义中,取 $t_1 = t_2 = t$,有

$$C_X(t, t) = E[X(t) - m_X(t)]^2 = DX(t) = D_X(t) \quad (2.3)$$

所以随机过程的方差可由协方差函数获得。

由(2.2)和(2.3)式可见,数学期望和相关函数是随机过程的两个最基本的数字特征,协方差函数和方差都可以从它们中获得。

下面通过例子介绍随机过程数字特征的计算方法。

例1 随机相位正弦波

$$X(t) = a\cos(\omega_0 t + \Phi), \quad -\infty < t < \infty$$

其中 a、ω_0 是正常数,而随机变量 Φ 服从在 $[0,2\pi]$ 区间上的均匀分布。求 $X(t)$ 的数学期望、方差和相关函数。

解 由题设,Φ 的分布密度

$$f(\varphi) = \begin{cases} \dfrac{1}{2\pi}, & 0 < \varphi < 2\pi \\ 0, & 其他 \end{cases}$$

数学期望

$$\begin{aligned} m_X(t) = EX(t) &= E[a\cos(\omega_0 t + \Phi)] \\ &= a\int_0^{2\pi} \cos(\omega_0 t + \varphi)\frac{1}{2\pi}\mathrm{d}\varphi = 0 \end{aligned}$$

相关函数

$$\begin{aligned} R_X(t_1, t_2) &= E[X(t_1)X(t_2)] \\ &= E[a\cos(\omega_0 t_1 + \Phi)a\cos(\omega_0 t_2 + \Phi)] \\ &= a^2\int_0^{2\pi} \cos(\omega_0 t_1 + \varphi)\cos(\omega_0 t_2 + \varphi)\frac{1}{2\pi}\mathrm{d}\varphi \\ &= \frac{a^2}{2}\int_0^{2\pi} \{\cos\omega_0(t_1 - t_2) + \cos[\omega_0(t_1 + t_2) + 2\varphi]\}\frac{1}{2\pi}\mathrm{d}\varphi \\ &= \frac{a^2}{2}\cos\omega_0(t_2 - t_1) \end{aligned}$$

方差

$$D_X(t) = R_X(t,t) - m_X^2(t) = \frac{a^2}{2}$$

例2 在上节例8中,随机过程 $X(t)$ 总共有两条样本曲线

$$X(t, \omega_1) = a\cos t, \quad X(t, \omega_2) = -a\cos t$$

其中常数 $a > 0$,且 $P(\omega_1) = \dfrac{2}{3}$,$P(\omega_2) = \dfrac{1}{3}$,试求 $X(t)$ 的数学期望 $m_X(t)$ 和相关函数 $R_X(t_1, t_2)$。

解 数学期望

$$m_X(t) = EX(t) = a\cos t \cdot \frac{2}{3} + (-a\cos t) \cdot \frac{1}{3} = \frac{a}{3}\cos t$$

相关函数

$$
\begin{aligned}
R_X(t_1, t_2) &= E[X(t_1)X(t_2)] \\
&= (a\cos t_1 \cdot a\cos t_2) \cdot \frac{2}{3} + (-a\cos t_1) \cdot (-a\cos t_2) \cdot \frac{1}{3} \\
&= a^2 \cos t_1 \cos t_2
\end{aligned}
$$

随机过程的数学期望称为随机过程的一阶矩；它的方差和相关函数称为随机过程的二阶矩。对随机过程也可一般地定义 n 阶矩。

三、二阶矩过程和正态(随机)过程

如果随机过程 $\{X(t), t \in T\}$ 的一、二阶矩存在(即有限)，则称 $X(t)$ 是**二阶矩过程**。从二阶矩过程的数学期望和相关函数出发讨论随机过程的性质，而允许不涉及它的有限维分布。这种理论称为**随机过程的相关理论**。

在二阶矩过程中有一类正态过程，特别重要和有用。工程技术中有些随机过程就是正态过程。

如果随机过程 $\{X(t), t \in T\}$ 的有限维概率分布是一维或多维正态分布；即对 $n \geqslant 1$，任意 $t_1, t_2, \cdots, t_n \in T$，有

$$f(x_1, x_2, \cdots, x_n; t_1, t_2, \cdots, t_n)$$

$$= \frac{1}{(2\pi)^{n/2} |\boldsymbol{C}|^{1/2}} \exp\left\{ -\frac{1}{2}(\boldsymbol{x} - \boldsymbol{m}_X)^{\tau} \boldsymbol{C}^{-1}(\boldsymbol{x} - \boldsymbol{m}_X) \right\}$$ [①]

其中

$$\boldsymbol{x} = (x_1, x_2, \cdots, x_n)^{\tau}$$

$$\boldsymbol{m}_X = (m_X(t_1), m_X(t_2), \cdots, m_X(t_n))^{\tau}$$

而 $\boldsymbol{C}$ 是协方差矩阵，即

---

① 在本书中矩阵记号用黑体字母表示。

$$C = \begin{bmatrix} C_X(t_1,t_1), C_X(t_1,t_2), \cdots, C_X(t_1,t_n) \\ C_X(t_2,t_1), C_X(t_2,t_2), \cdots, C_X(t_2,t_n) \\ \vdots \qquad\quad \vdots \qquad\qquad\quad \vdots \\ C_X(t_n,t_1), C_X(t_n,t_2), \cdots, C_X(t_n,t_n) \end{bmatrix}$$

则称 $X(t)$ 是**正态(随机)过程**,或**高斯(Gauss)过程**。

　　显然,正态过程的有限维分布密度族被它的数学期望和协方差函数完全确定。

四、相关函数的性质

下面介绍相关函数的两条性质:

(1) 相关函数 $R_X(t_1,t_2)$ 是对称的,即

$$R_X(t_1,t_2) = R_X(t_2,t_1)$$

证　$R_X(t_2,t_1) = E[X(t_2)X(t_1)] = E[X(t_1)X(t_2)]$
$$= R_X(t_1,t_2)$$

(2) 相关函数 $R_X(t_1,t_2)$ 是非负定的,即对任意 $n \geqslant 1$ 和任意实数 $\tau_1,\tau_2,\cdots,\tau_n \in T$,及任意复数 $z_1,z_2,\cdots,z_n$,有

$$\sum_{k=1}^{n} \sum_{j=1}^{n} R_X(\tau_k,\tau_j) z_k \bar{z}_j \geqslant 0$$

证

$$\sum_{k=1}^{n} \sum_{j=1}^{n} R_X(\tau_k,\tau_j) z_k \bar{z}_j$$

$$= \sum_{k=1}^{n} \sum_{j=1}^{n} E[X(\tau_k)X(\tau_j)] z_k \bar{z}_j$$

$$= E\left[\sum_{k=1}^{n} X(\tau_k) z_k \overline{\sum_{j=1}^{n} X(\tau_j) z_j} \right]$$

$$= E\left[\left| \sum_{k=1}^{n} X(\tau_k) z_k \right|^2 \right] \geqslant 0$$

应当指出,由于协方差函数为

$$C_X(t_1,t_2) = E[(X(t_1) - m_X(t_1))(X(t_2) - m_X(t_2))]$$

所以这两条性质对它亦是成立的。

§3　两个随机过程的联合分布和数字特征

在工程技术中,有时需要同时考虑两个或两个以上随机过程的统计特性。例如,把一个随机信号 $X(t)$ 输入到一个线性系统,那么系统的输出也是随机过程,记为 $Y(t)$,实际需要讨论输入随机过程 $X(t)$ 和输出随机过程 $Y(t)$ 之间的联系,从而要考察它们的联合统计特性。下面仅讨论两个随机过程的情形。

设 $X(t),Y(t)$ $(t \in T)$ 是两个随机过程,则称$\{(X(t),Y(t))^{\tau},$ $t \in T\}$ 为二维随机过程。类似于对前面随机过程的分析,可以定义二维随机过程的有限维分布和数字特征。

对任意 $m \geqslant 1, n \geqslant 1, t_1, t_2, \cdots, t_m \in T, t'_1, t'_2, \cdots, t'_n \in T$,作 $m + n$ 维随机矢量 $(X(t_1), X(t_2), \cdots, X(t_m), Y(t'_1), Y(t'_2), \cdots, Y(t'_n))^{\tau}$ 的联合分布函数

$$F(x_1, x_2, \cdots, x_m; t_1, t_2, \cdots, t_m; y_1, y_2, \cdots, y_n; t'_1, t'_2, \cdots, t'_n)$$
$$= P\{X(t_1) \leqslant x_1, X(t_2) \leqslant x_2, \cdots, X(t_m) \leqslant x_m,$$
$$Y(t'_1) \leqslant y_1, Y(t'_2) \leqslant y_2, \cdots, Y(t'_n) \leqslant y_n\} \qquad (3.1)$$

称之为**二维随机过程** $(X(t),Y(t))^{\tau}$ **的 $m + n$ 维(联合)分布函数。**

在上式中让 $y_1, y_2, \cdots, y_n$ 都趋向于正无穷大,可得到 $(X(t_1), X(t_2), \cdots, X(t_m))^{\tau}$ 的 m 维分布函数;类似地,让 $x_1, x_2, \cdots, x_m$ 都趋向于正无穷大,可得到 $(Y(t'_1), Y(t'_2), \cdots, Y(t'_n))^{\tau}$ 的 n 维分布函数。

为了用矢量表示上面的分布函数,记 $\boldsymbol{t} = (t_1, t_2, \cdots, t_m)^{\tau}, \boldsymbol{t'} = (t'_1, t'_2, \cdots, t'_n)^{\tau}, \boldsymbol{x} = (x_1, x_2, \cdots, x_m)^{\tau}, \boldsymbol{Y}(\boldsymbol{t'}) = (Y(t'_1), Y(t'_2), \cdots, Y(t'_n))^{\tau}$,那么(3.1)式可表示为

$$F(\boldsymbol{x}, \boldsymbol{t}, \boldsymbol{Y}, \boldsymbol{t'}) = P\{\boldsymbol{X}(\boldsymbol{t}) \leqslant \boldsymbol{x}, \boldsymbol{Y}(\boldsymbol{t'}) \leqslant \boldsymbol{Y}\}^{[①]}$$

---

① 两矢量 $\boldsymbol{a} = (a_1, a_2, \cdots, a_n)^{\tau}, \boldsymbol{b} = (b_1, b_2, \cdots, b_n)^{\tau}$。矢量 $\boldsymbol{a} \leqslant \boldsymbol{b}$ 的定义是对 $1 \leqslant i \leqslant n$ 有 $a_i \leqslant b_i$。

对连续概率分布情形

$$f(x_1, x_2, \cdots, x_m; t_1, t_2, \cdots, t_m; y_1, y_2, \cdots, y_n; t_1', t_2', \cdots, t_n')$$
$$= \frac{\partial^{m+n} F(x_1, x_2, \cdots, x_m; t_1, t_2, \cdots, t_m; y_1, y_2, \cdots, y_n; t_1', t_2', \cdots, t_n')}{\partial x_1 \partial x_2 \cdots \partial x_m \partial y_1 \partial y_2 \cdots \partial y_n}$$

称之为**二维随机过程** $(X(t), Y(t))^\tau$ 的 $m + n$ 维联合分布密度。简记为 $f(\boldsymbol{x}, \boldsymbol{t}, \boldsymbol{Y}, \boldsymbol{t}')$。

记 $F_X(\boldsymbol{x}, \boldsymbol{t}) = P\{X(t) \leqslant \boldsymbol{x}\}$ 为随机过程 $X(t)$ 的 m 维分布函数；又记 $F_Y(\boldsymbol{Y}, \boldsymbol{t}') = P\{Y(t') \leqslant \boldsymbol{Y}\}$ 为随机过程 $Y(t)$ 的 n 维分布函数。如果对任意 $m \geqslant 1, n \geqslant 1$ 和 $\boldsymbol{t}, \boldsymbol{t}'$ 有

$$F(\boldsymbol{x}, \boldsymbol{t}, \boldsymbol{Y}, \boldsymbol{t}') = F_X(\boldsymbol{x}, \boldsymbol{t}) F_Y(\boldsymbol{Y}, \boldsymbol{t}')$$

那么称**随机过程** $X(t)$ **与** $Y(t)$ **相互独立**。两个随机过程相互独立反映两个随机演变的过程是互不影响的。

定理 1 对连续概率分布情形，两个随机过程 $X(t), Y(t)$ 相互独立的充分必要条件是：对任意 $m \geqslant 1, n \geqslant 1$ 和 $\boldsymbol{t}, \boldsymbol{t}'$ 有

$$f(\boldsymbol{x}, \boldsymbol{t}, \boldsymbol{Y}, \boldsymbol{t}') = f_X(\boldsymbol{x}, \boldsymbol{t}) f_Y(\boldsymbol{Y}, \boldsymbol{t}')$$

其中，$f_X(\boldsymbol{x}, \boldsymbol{t})$ 和 $f_Y(\boldsymbol{Y}, \boldsymbol{t}')$ 分别是 $X(t), Y(t)$ 的 m 维和 n 维分布密度。

定理的证明方法类似于概率论中对两个随机变量相互独立性的证明。故在此省略不证。

下面介绍二维随机过程 $\{(X(t), Y(t))^\tau, t \in T\}$ 的数字特征。对各个分量 $X(t), Y(t)$ 分别有数学期望 $m_X(t), m_Y(t)$ 和相关函数 $R_X(t_1, t_2), R_Y(t_1, t_2)$ 等数字特征。如何定义刻画 $X(t)$ 与 $Y(t)$ 相互联系的数字特征呢？

设随机过程 $X(t), Y(t)$ $(t \in T)$，对固定的 $t_1, t_2 \in T$，作随机变量 $X(t_1)$ 与 $Y(t_2)$ 的协方差，记为 $C_{XY}(t_1, t_2)$，即

$$C_{XY}(t_1, t_2) = E[(X(t_1) - m_X(t_1))(Y(t_2) - m_Y(t_2))],$$
$$t_1, t_2 \in T \qquad (3.2)$$

称之为**随机过程** $X(t), Y(t)$ **的互协方差函数**。而

$$R_{XY}(t_1, t_2) = E[X(t_1)Y(t_2)], \ t_1, t_2 \in T \qquad (3.3)$$

称为随机过程 $X(t), Y(t)$ 的互相关函数。

在连续概率分布情形，$C_{XY}(t_1, t_2)$ 和 $R_{XY}(t_1, t_2)$ 分别可用二维分布密度表示，有

$$C_{XY}(t_1, t_2) = \int_{-\infty}^{\infty} \int_{-\infty}^{\infty} [x - m_X(t_1)][y - m_Y(t_2)]$$
$$\cdot f(x, y; t_1, t_2) dx dy$$

和

$$R_{XY}(t_1, t_2) = \int_{-\infty}^{\infty} \int_{-\infty}^{\infty} xy f(x, y; t_1, t_2) dx dy$$

为了好看起见，这里二维联合分布密度记为 $f(x, y; t_1, t_2)$，而不用记号 $f(x; t_1; y; t_2)$。

显然，两个随机过程的互协方差函数和互相关函数间有如下关系

$$C_{XY}(t_1, t_2) = R_{XY}(t_1, t_2) - m_X(t_1) m_Y(t_2), \quad t_1, t_2 \in T$$

如果两个随机过程 $X(t), Y(t)$ $(t \in T)$，有

$$C_{XY}(t_1, t_2) = 0 \text{ 或 } R_{XY}(t_1, t_2) = m_X(t_1) m_Y(t_2), \ t_1, t_2 \in T$$

那么称随机过程 $X(t)$ 与 $Y(t)$ 不相关。

定理 2 若随机过程 $X(t), Y(t)$ $(t \in T)$ 相互独立，则 $X(t)$，$Y(t)$ 不相关。

事实上，若随机过程 $X(t)$ 与 $Y(t)$ 相互独立，在独立的定义中取 $m = n = 1$，则对任意固定的 $t_1, t_2 \in T$ 有 $X(t_1)$ 与 $Y(t_2)$ 相互独立；又由概率论中随机变量的独立性可推出 $X(t_1)$ 与 $Y(t_2)$ 不相关，即

$$E[X(t_1) Y(t_2)] = EX(t_1) EY(t_2)$$

故有随机过程 $X(t)$ 与 $Y(t)$ 互不相关。

§4 复(值)随机过程

从实值随机过程到复值随机过程，是数学上的推广，在工程上亦有必要。

在附录 §2 中曾对复随机变量及其数学期望做过介绍。这里补充复随机变量的方差和两个复随机变量的协方差的定义。

对于复随机变量 $Z = X+iY$，其中 X,Y 是实随机变量，而 $i = \sqrt{-1}$，做

$$DZ = E \mid Z - EZ \mid^2$$

称之为**复随机变量 Z 的方差**。需要指出，DZ 是非负实数。

对于两个复随机变量 $Z_1 = X_1+iY_1, Z_2 = X_2+iY_2$，其中 X_1, X_2, Y_1, Y_2 都是实随机变量，做

$$\text{cov}(Z_1,Z_2) = E[(Z_1 - EZ_1)\overline{(Z_2 - EZ_2)}]$$

称之为**复随机变量 Z₁ 与 Z₂ 的协方差**。必须注意，这个协方差通常是复数。显然有

$$\text{cov}(Z,Z) = DZ$$

如果 $\text{cov}(Z_1,Z_2) = 0$，则称 Z_1 与 Z_2 **不相关**。

下面介绍复随机过程。

若 $X(t),Y(t)$ $(t \in T)$ 是实随机过程，则

$$Z(t) = X(t) + iY(t), \quad t \in T$$

称为**复随机过程**。

复随机过程 Z(t) 的概率分布可用二维随机过程 $(X(t), Y(t))^\tau$ 的所有的 $m+n$ 维分布函数或分布密度给出。

复随机过程 Z(t) 的数学期望定义为

$$m_Z(t) = EZ(t) = EX(t) + iEY(t), \quad t \in T \qquad (4.1)$$

而它的**(自)协方差函数**定义为

$$C_Z(t_1,t_2) = E[(Z(t_1) - m_Z(t_1))\overline{(Z(t_2) - m_Z(t_2))}], t_1,t_2 \in T \qquad (4.2)$$

又**(自)相关函数**定义为

$$R_Z(t_1,t_2) = E[Z(t_1)\overline{Z(t_2)}], \quad t_1,t_2 \in T \qquad (4.3)$$

复随机过程的协方差函数，相关函数与实随机过程分别不同，前者分别在 $Z(t_2) - m_Z(t_2)$ 和 $Z(t_2)$ 上取共轭。

复随机过程的协方差函数和相关函数的关系为

$$C_Z(t_1,t_2) = R_Z(t_1,t_2) - m_Z(t_1)\,\overline{m_Z(t_2)} \qquad (4.4)$$

事实上

$$\begin{aligned}
C_Z(t_1,t_2) &= E\big[(Z(t_1)-m_Z(t_1))\,\overline{(Z(t_2)-\overline{m_Z(t_2)})}\big]\\
&= E\big[Z(t_1)\,\overline{Z(t_2)}\big] - m_Z(t_1)\,\overline{m_Z(t_2)}\\
&= R_Z(t_1,t_2) - m_Z(t_1)\,\overline{m_Z(t_2)}
\end{aligned}$$

对复随机过程 $Z(t)$

$$D_Z(t) = E\,|\,Z(t)-m_Z(t)\,|^2 = C_Z(t,t) \qquad (4.5)$$

称为 **$Z(t)$ 的方差**。它是非负的实函数。又

$$\Psi_Z(t) = E\,|\,Z(t)\,|^2 = R_Z(t,t)$$

称为 **$Z(t)$ 的均方值**。它也是非负的实函数。

$Z(t)$ 的数学期望称为复随机过程的一阶矩，方差、协方差函数、相关函数都称为二阶矩。一阶矩和二阶矩存在（即有限）的复随机过程，称为**复二阶矩过程**。数学期望和相关函数是复二阶矩过程的基本的数字特征，由(4.4)和(4.5)式可见由它们能确定协方差函数和方差。

例 复随机过程

$$Z(t) = \sum_{k=1}^{N} A_k e^{i(\omega_0 t + \Phi_k)}, \quad -\infty < t < \infty$$

其中，ω_0 是正常数，N 是固定的正整数，A_k 是实随机变量，Φ_k 都服从在 $[0,2\pi]$ 上均匀分布，而所有 A_k 和 $\Phi_k(k=1,2,\cdots,N)$ 相互独立。求 $Z(t)$ 的数学期望和相关函数。

此例 $Z(t)$ 表示 N 个复谐波信号叠加而成的信号，它是复随机过程。

解 数学期望

$$\begin{aligned}
m_Z(t) &= E\Big\{\sum_{k=1}^{N} A_k e^{i(\omega_0 t + \Phi_k)}\Big\}\\
&= \sum_{k=1}^{N} EA_k\{E\cos(\omega_0 t + \Phi_k) + iE\sin(\omega_0 t + \Phi_k)\}\\
&= \sum_{k=1}^{N} EA_k\Big\{\int_0^{2\pi}\cos(\omega_0 t + \varphi_k)\frac{1}{2\pi}d\varphi_k
\end{aligned}$$

$$+ \mathrm{i} \int_0^{2\pi} \sin(\omega_0 t + \varphi_k) \, \frac{1}{2\pi} \mathrm{d}\varphi_k \Big\} = 0$$

相关函数

$$R_Z(t_1, t_2) = E\Big[\sum_{j=1}^N A_j \mathrm{e}^{\mathrm{i}(\omega_0 t_1 + \Phi_j)} \overline{\sum_{k=1}^N A_k \mathrm{e}^{\mathrm{i}(\omega_0 t_2 + \Phi_k)}} \Big]$$

$$= E\Big[\sum_{j=1}^N \sum_{k=1}^N A_j A_k \mathrm{e}^{\mathrm{i}(\Phi_j - \Phi_k)} \Big] \mathrm{e}^{\mathrm{i}\omega_0(t_1 - t_2)}$$

$$= \sum_{j=1}^N \sum_{k=1}^N E[A_j A_k] E \mathrm{e}^{\mathrm{i}(\Phi_j - \Phi_k)} \, \mathrm{e}^{\mathrm{i}\omega_0(t_1 - t_2)}$$

而

$$E \mathrm{e}^{\mathrm{i}(\Phi_j - \Phi_k)} = E\cos(\Phi_j - \Phi_k) + \mathrm{i}E\sin(\Phi_j - \Phi_k)$$

$$= \int_0^{2\pi} \int_0^{2\pi} \cos(\varphi_j - \varphi_k) \Big(\frac{1}{2\pi}\Big)^2 \mathrm{d}\varphi_j \mathrm{d}\varphi_k$$

$$+ \mathrm{i} \int_0^{2\pi} \int_0^{2\pi} \sin(\varphi_j - \varphi_k) \Big(\frac{1}{2\pi}\Big)^2 \mathrm{d}\varphi_j \mathrm{d}\varphi_k$$

$$= \begin{cases} 0, & \text{当 } j \neq k \\ 1, & \text{当 } j = k \end{cases}$$

于是

$$R_Z(t_1, t_2) = \mathrm{e}^{\mathrm{i}\omega_0(t_1 - t_2)} \sum_{k=1}^N E A_k^2$$

对两个**复随机过程 $Z_1(t), Z_2(t)$ $(t \in T)$**，可以定义**互协方差函数**

$$C_{Z_1 Z_2}(t_1, t_2) = \mathrm{cov}(Z(t_1), Z(t_2))$$

$$= E[Z_1(t_1) - m_{Z_1}(t_1)] \overline{[Z_2(t_2) - m_{Z_2}(t_2)]}, \quad t_1, t_2 \in T$$

和**互相关函数**

$$R_{Z_1 Z_2}(t_1, t_2) = E[Z_1(t_1) \overline{Z_2(t_2)}]$$

最后指出，为了读者更直观地理解，本书后面的随机过程除特别指出外都是指实随机过程。事实上，本章下面的随机过程的微积分和第二章平稳过程完全可对复随机过程来讲。

§5　随机微积分

本节介绍随机过程在均方意义下的微分和积分。为此先讲均方极限和均方连续。随机过程在均方意义下的极限、连续、导数和积分的定义在形式上与高等数学中相应的定义是类似的，很多性质也相同。但是，读者需注意前者对随机过程而言，后者是对函数讲的。本节中，我们假定随机过程的一、二阶矩存在，即随机过程都是二阶矩过程。

一、均方极限

定义　设随机序列 $\{X_n, n = 1, 2, \cdots\}$ 和随机变量 X，且 $E \mid X_n \mid^2 < \infty, E \mid X \mid^2 < \infty$。若有

$$\lim_{n \to \infty} E \mid X_n - X \mid^2 = 0$$

则称 X_n 均方收敛于 X，而 X 是 X_n 的均方极限，记

$$\underset{n \to \infty}{\text{l. i. m}} X_n = X$$

这里记号"l. i. m"是英文 limit in mean square 的缩写[1]。需要注意均方极限对随机序列而言，而 lim 是对数列来讲的。还要指出，在上面定义中若取 X_n、X 为复随机变量也是可以的，此时绝对值记号应理解为复数的模。下面考察均方极限的唯一性。

定理 1　若 $\underset{n \to \infty}{\text{l. i. m}} X_n = X$，且 $\underset{n \to \infty}{\text{l. i. m}} X_n = Y$，则 $P\{X = Y\} = 1$。即均方极限在概率为 1 相等的意义下是唯一的。

证
$$
\begin{aligned}
E \mid X - Y \mid^2 &= E \mid (X_n - X) - (X_n - Y) \mid^2 \\
&\leqslant E \mid X_n - X \mid^2 + 2E \mid (X_n - X)(X_n - Y) \mid \\
&\quad + E \mid X_n - Y \mid^2 \\
&\leqslant E \mid X_n - X \mid^2 + 2 \sqrt{E \mid X_n - X \mid^2} \\
&\quad \cdot \sqrt{E \mid X_n - Y \mid^2} + E \mid X_n - Y \mid^2
\end{aligned}
$$

---

[1]　在有些书上均方极限用记号"l. i. m."表示。

$$\to 0,\ \text{当}\ n \to \infty$$

这里第二个不等号用了许瓦尔兹不等式 $E\mid XY\mid \leqslant \sqrt{E\mid X\mid^2}\cdot$

$\sqrt{E\mid Y\mid^2}$。由于不等式左端与 n 无关,有

$$E\mid X - Y\mid^2 = 0$$

故

$$P\{X - Y = 0\} = 1 \quad \text{或} \quad P\{X = Y\} = 1 \qquad \text{证毕。}$$

均方极限的性质如下:

(1) 若 $\underset{n\to\infty}{\text{l. i. m}}X_n = X$,则 $\lim EX_n = EX$,即 $\underset{n\to\infty}{\text{l. i. m}}EX_n = E[\underset{n\to\infty}{\text{l. i. m}}X_n]$。

此性质表明极限与数学期望可以交换次序,但是前者为普通极限,后者为均方极限。

证 利用 $DY = E\mid Y\mid^2 - \mid EY\mid^2 \geqslant 0$,有

$$\mid EX_n - EX\mid = \mid E(X_n - X)\mid \leqslant \sqrt{E\mid X_n - X\mid^2}$$

当 $n \to \infty$ 时,由假定得 $E\mid X_n - X\mid^2 \to 0$,所以

$$\mid EX_n - EX\mid \to 0$$

性质(1)得证。

(2) 若 $\underset{m\to\infty}{\text{l. i. m}}X_m = X$,又 $\underset{n\to\infty}{\text{l. i. m}}Y_n = Y$,则

$$\underset{\substack{m\to\infty\\n\to\infty}}{\lim} E(X_m Y_n) = E(XY)$$

特殊地,若 $\underset{n\to\infty}{\text{l. i. m}}X_n = X$,则 $\underset{\substack{m\to\infty\\n\to\infty}}{\lim} E(X_m Y_n) = EX^2$。

证 $\mid E(X_m Y_n) - E(XY)\mid = \mid E(X_m Y_n - XY)\mid$

$$= \mid E[(X_m - X)(Y_n - Y) + X(Y_n - Y) + (X_m - X)Y]\mid$$

$$\leqslant E\mid(X_m - X)(Y_n - Y)\mid + E\mid X(Y_n - Y)\mid + E\mid(X_m - X)Y\mid$$

利用许瓦尔兹不等式 $E\mid XY\mid \leqslant \sqrt{E\mid X\mid^2}\cdot\sqrt{E\mid Y\mid^2}$,有

$$\mid E(X_m Y_n) - E(XY)\mid \leqslant \sqrt{E\mid X_m - X\mid^2}\cdot\sqrt{E\mid Y_n - Y\mid^2}$$

$$+ \sqrt{E\mid X\mid^2}\cdot\sqrt{E\mid Y_n - Y\mid^2} + \sqrt{E\mid X_m - X\mid^2}\cdot$$

$$\sqrt{E\mid Y\mid^2}$$

由条件 $E \mid X_m - X \mid^2 \to 0, E \mid Y_n - Y \mid^2 \to 0 \ (m \to \infty, n \to \infty)$, 故

$$\mid E(X_m Y_n) - E(XY) \mid \to 0 \quad (m \to \infty, n \to \infty).证毕.$$

(3) 若 $\underset{n \to \infty}{\text{l. i. m}} X_n = X$, $\underset{n \to \infty}{\text{l. i. m}} Y_n = Y$, 则对常数 a、b 有

$$\underset{n \to \infty}{\text{l. i. m}}(aX_n + bY_n) = aX + bY$$

证 利用许瓦尔兹不等式,

$$E \mid (aX_n + bY_n) - (aX + bY) \mid^2$$

$$= E \mid a(X_n - X) + b(Y_n - Y) \mid^2$$

$$\leqslant E \mid a(X_n - X) \mid^2 + 2 \mid a \mid \mid b \mid E \mid (X_n - X)(Y_n - Y) \mid$$

$$\qquad + E \mid b(Y_n - Y) \mid^2$$

$$\leqslant \mid a \mid^2 E \mid X_n - X \mid^2 + 2 \mid a \mid \mid b \mid \sqrt{E \mid X_n - X \mid^2}$$

$$\qquad \cdot \sqrt{E \mid Y_n - Y \mid^2} + \mid b \mid^2 E \mid Y_n - Y \mid^2$$

由条件 $E \mid X_n - X \mid^2 \to 0, E \mid Y_n - Y \mid^2 \to 0$, 有

$$E \mid (aX_n + bY_n) - (aX + bY) \mid^2 \to 0, \quad (n \to \infty).证毕.$$

(4) 若数列 $\{a_n, n = 1, 2, \cdots\}$ 有极限 $\underset{n \to \infty}{\lim} a_n = 0$, 又 X 是随机变量, 则

$$\underset{n \to \infty}{\text{l. i. m}}(a_n X) = 0$$

事实上, 当 $n \to \infty$ 时, $E \mid a_n X \mid^2 = \mid a_n \mid^2 E \mid X \mid^2 \to 0$.

(5) 极限 $\underset{n \to \infty}{\text{l. i. m}} X_n$ 存在的充分必要条件是

$$\underset{\substack{m \to \infty \\ n \to \infty}}{\text{l. i. m}}(X_m - X_n) = 0$$

此性质的证明省略.

最后指出, 关于均方极限, 在性质(2) 的条件下不能得到 $\underset{m \to \infty}{\text{l. i. m}} X_m^2 = X^2$, $\underset{n \to \infty}{\text{l. i. m}}(X_n Y_n) = XY$, 这是因为 $E \mid X_m^2 - X^2 \mid^2$ 和 $E \mid X_n Y_n - XY \mid^2$ 涉及到四阶矩.

二、均方连续性

本节以后的内容参数集 T 取为连续的. 如取 $[a, b]$, $(-\infty,$

∞),$[0,\infty)$ 等。

定义　若随机过程$\{X(t),t \in T\}$,对固定的 $t_0 \in T$,有

$$\underset{t \to t_0}{\mathrm{l.\,i.\,m}} X(t) = X(t_0)$$

即

$$\lim_{t \to t_0} E \mid X(t) - X(t_0) \mid^2 = 0$$

则称 **$X(t)$ 在 t_0 处均方连续**。若 $X(t)$ 在 T 中每一个 t 处都连续,则称 **$X(t)$ 在 T 上均方连续**。

下面给出随机过程均方连续的充要条件。

定理 2　随机过程$\{X(t),t \in T\}$ 在 T 上均方连续的充分必要条件是其相关函数 $R_X(t_1,t_2)$ 在第一象限的分角线中$\{(t,t),t \in T\}$ 的所有点上是连续的。

证　事实上,只要证 $X(t)$ 在 T 中任一固定点 t_0 上连续的充要条件是 $C_X(t_1,t_2)$ 在(t_0,t_0) 上连续。

先证充分性。设 $C_X(t_1,t_2)$ 在(t_0,t_0) 上连续,要证$\underset{t \to t_0}{\mathrm{l.\,i.\,m}} X(t) = X(t_0)$。考察

$$E \mid X(t) - X(t_0) \mid^2 = EX^2(t) - 2E[X(t)X(t_0)] + EX^2(t_0)$$
$$= R_X(t,t) - 2R_X(t,t_0) + R_X(t_0,t_0)$$

当 $t \to t_0$ 时,由于 $R_X(t_1,t_2)$ 在(t_0,t_0) 连续,上式右边趋近于零,故 $E \mid X(t) - X(t_0) \mid^2 \to 0$。

再证必要性。已知$\underset{t \to t_0}{\mathrm{l.\,i.\,m}} X(t) = X(t_0)$,由均方极限性质(2) 有

$$\lim_{\substack{t_1 \to t_0 \\ t_2 \to t_0}} E[X(t_1)X(t_2)] = E[X(t_0)X(t_0)]$$

即

$$\lim_{\substack{t_1 \to t_0 \\ t_2 \to t_0}} R_X(t_1,t_2) = R_X(t_0,t_0) \qquad 证毕。$$

三、均方导数

定义　若随机过程$\{X(t),t \in T\}$ 在 t_0 处下列均方极限

$$\underset{h \to 0}{\mathrm{l.i.m}} \frac{X(t_0 + h) - X(t_0)}{h} \tag{5.1}$$

存在，则称此极限为 **$X(t)$ 在 t_0 处的均方导数**，记为 $X'(t_0)$ 或 $\dfrac{\mathrm{d}X(t)}{\mathrm{d}t}\bigg|_{t=t_0}$。此时称 **$X(t)$ 在 t_0 处均方可导**。若 $X(t)$ 在 T 中每一点 t 上均方可导，则称 **$X(t)$ 在 T 上均方可导**。此时均方导数记为 $X'(t)$ 或 $\dfrac{\mathrm{d}X(t)}{\mathrm{d}t}$，它是一个新的随机过程。

下面讨论随机过程可导的充要条件。

定理 3 随机过程 $\{X(t), t \in T\}$ 在 t 处均方可导的充分必要条件是极限

$$\lim_{\substack{h \to 0 \\ h' \to 0}} \left[\frac{R_X(t+h, t+h') - R_X(t+h, t)}{h} - \frac{R_X(t, t+h') - R_X(t, t)}{h'} \right] \tag{5.2}$$

存在。因而，$X(t)$ 在 T 上均方可导的充要条件是上式对 T 中所有的 t 都成立。

证 先证充分性。设 (5.2) 式成立，只要证 $\underset{h \to 0}{\mathrm{l.i.m}} \dfrac{X(t+h) - X(t)}{h}$ 存在。由均方极限性质 (5)，只要证

$$\underset{\substack{h \to 0 \\ h' \to 0}}{\mathrm{l.i.m}} \left[\frac{X(t+h) - X(t)}{h} - \frac{X(t+h') - X(t)}{h'} \right] = 0$$

即

$$\lim_{\substack{h \to 0 \\ h' \to 0}} E \left| \frac{X(t+h) - X(t)}{h} - \frac{X(t+h') - X(t)}{h'} \right|^2 = 0$$

也即

$$\lim_{\substack{h \to 0 \\ h' \to 0}} \left[\frac{R_X(t+h, t+h) - R_X(t+h, t) - R_X(t, t+h) + R_X(t, t)}{h} \right.$$

$$+ \frac{R_X(t+h', t+h') - R_X(t+h', t) - R_X(t, t+h') + R_X(t, t)}{h'}$$

$$\left. - 2 \frac{R_X(t+h, t+h') - R_X(t+h, t)}{h} - \frac{R_X(t, t+h') - R_X(t, t)}{h'} \right]$$

$$= 0$$

因为极限(5.2)存在,而此极限在 $h = h'$ 时亦存在且极限的数值不变,所以上式成立。

再证必要性。设 $X(t)$ 在 t 处均方可导。利用均方极限性质(2),并知(5.1)式中极限存在,可得

$$\lim_{\substack{h \to 0 \\ h' \to 0}} E\left[\frac{X(t+h) - X(t)}{h} - \frac{X(t+h') - X(t)}{h'}\right]$$

存在,亦即极限

$$\lim_{\substack{h \to 0 \\ h' \to 0}} \frac{\frac{R_X(t+h,t+h') - R_X(t+h,t)}{h} - \frac{R_X(t,t+h') - R_X(t,t)}{h'}}$$

存在。必要性得证。证毕。

下面叙述**均方导数的性质**。对于它们的证明只需要用均方导数的定义和均方极限的性质。

(1) 若随机过程 $X(t)$ 在 t 处可导,则它在 t 处连续。

(2) 随机过程 $X(t)$ 的均方导数 $X'(t)$ 的数学期望是

$$m_{X'}(t) = E[X'(t)] = \frac{\mathrm{d}}{\mathrm{d}t} EX(t) = m'_X(t)$$

此式表明求导记号与数学期望可以交换次序;但是前者对随机过程求导,后者是对普通函数求导。

(3) 随机过程 $X(t)$ 的均方导数 $X'(t)$ 的相关函数是

$$R_{X'}(t_1, t_2) = E[X'(t_1)X'(t_2)]$$
$$= \frac{\partial^2}{\partial t_1 \partial t_2} R_X(t_1, t_2) = \frac{\partial^2}{\partial t_2 \partial t_1} R_X(t_1, t_2)$$

(4) 若 X 是随机变量,则 $X' = 0$。

(5) 若 $X(t), Y(t)$ 是随机过程,而 a, b 是常数,则

$$[aX(t) + bY(t)]' = aX'(t) + bY'(t)$$

(6) 若 $f(x)$ 是可微函数,而 $X(t)$ 是随机过程,则

$$[f(t)X(t)]' = f'(t)X(t) + f(t)X'(t)$$

上述性质除性质(3)外读者可自己进行证明。

下面证性质(3)。利用均方极限性质(1),

$$R_{X'}(t_1, t_2) = E[X'(t_1)X'(t_2)]$$

$$= E\left[\underset{h \to 0}{\text{l.i.m}} \frac{X(t_1 + h) - X(t_1)}{h} \underset{h' \to 0}{\text{l.i.m}} \frac{X(t_2 + h') - X(t_2)}{h'}\right]$$

$$= \lim_{h \to 0} \lim_{h' \to 0} \left[\frac{R_X(t_1 + h, t_2 + h') - R_X(t_1 + h, t_2)}{h}\right.$$

$$\left. - \frac{R_X(t_1, t_2 + h') - R_X(t_1, t_2)}{h'}\right]$$

$$= \lim_{h \to 0} \frac{\dfrac{\partial}{\partial t_2} R_X(t_1 + h, t_2) - \dfrac{\partial}{\partial t_2} R_X(t_1, t_2)}{h}$$

$$= \frac{\partial}{\partial t_1}\left(\frac{\partial}{\partial t_2} R_X(t_1, t_2)\right) = \frac{\partial^2}{\partial t_2 \partial t_1} R_X(t_1, t_2)$$

同理可证 $R_{X'}(t_1, t_2) = \dfrac{\partial^2}{\partial t_1 \partial t_2} R_X(t_1, t_2)$。

四、均方积分

定义 设 $\{X(t), t \in [a, b]\}$ 是随机过程，$f(t)(t \in [a, b])$ 是函数。把区间 $[a, b]$ 分成 n 个子区间，分点为 $a = t_0 < t_1 < \cdots < t_n = b$。作和式

$$\sum_{k=1}^{n} f(u_k)X(u_k)(t_k - t_{k-1})$$

其中 u_k 是子区间 $[t_{k-1}, t_k]$ 中任意一点，$k = 1, 2, \cdots, n$。令 $\Delta = \max_{1 \leqslant k \leqslant n}(t_k - t_{k-1})$。若均方极限

$$\underset{\Delta \to 0}{\text{l.i.m}} \sum_{k=1}^{n} f(u_k)X(u_k)(t_k - t_{k-1})$$

存在，且与子区间的分法和 u_k 的取法无关，则称此极限为 $f(t)X(t)$ 在区间 $[a, b]$ 上的均方积分，记为 $\int_a^b f(t)X(t)\mathrm{d}t$。此时亦称 $f(t)X(t)$ 在区间 $[a, b]$ 上是均方可积的。

下面看均方积分存在的一个充分条件。

定理 4 $f(t)X(t)$ 在区间 $[a, b]$ 上均方可积的充分条件是二重积分

$$\int_a^b \int_a^b f(s)f(t)R_X(s,t)\mathrm{d}s\mathrm{d}t$$

存在；且有 $E\left|\int_a^b f(t)X(t)\mathrm{d}t\right|^2 = \int_a^b \int_a^b f(s)f(t)R_X(s,t)\mathrm{d}s\mathrm{d}t$。

证　利用均方极限性质(5)，要积分 $\int_a^b f(t)X(t)\mathrm{d}t$ 存在只需证

$$\underset{\substack{\Delta\to 0\\ \Delta'\to 0}}{\mathrm{l.\,i.\,m}}\left[\sum_{k=1}^n f(u_k)X(u_k)(t_k - t_{k-1}) - \sum_{l=1}^m f(v_l)X(v_l)(s_l - s_{l-1})\right] = 0$$

其中，$a = s_0 < s_1 < \cdots < s_m = b$ 是区间 $[a,b]$ 的另一组分点，而 $s_{l-1} \leqslant v_l \leqslant s_l$，$\Delta' = \underset{1\leqslant l\leqslant m}{\max}(s_l - s_{l-1})$。亦即

$$\underset{\substack{\Delta\to 0\\ \Delta'\to 0}}{\lim}E\left|\sum_{k=1}^n f(u_k)X(u_k)(t_k - t_{k-1}) - \sum_{l=1}^m f(v_l)X(v_l)(s_l - s_{l-1})\right|^2 = 0$$

即

$$\underset{\substack{\Delta\to 0\\ \Delta'\to 0}}{\lim}\Bigg[\sum_{k=1}^n \sum_{j=1}^n f(u_k)f(u_j)R_X(u_k,u_j)(t_k - t_{k-1})(t_j - t_{j-1})$$

$$+ \sum_{l=1}^m \sum_{h=1}^m f(v_l)f(v_h)R_X(v_l,v_k)(s_l - s_{l-1})(s_h - s_{h-1})$$

$$- 2\sum_{k=1}^n \sum_{l=1}^m f(u_k)f(v_l)R_X(u_k,v_l)(t_k - t_{k-1})(s_l - s_{l-1})\Bigg]$$

$$= 0$$

由二重积分定义，左边极限等于

$$\int_a^b \int_a^b f(s)f(t)R_X(s,t)\mathrm{d}s\mathrm{d}t + \int_a^b \int_a^b f(s)f(t)R_X(s,t)\mathrm{d}s\mathrm{d}t$$

$$- 2\int_a^b \int_a^b f(s)f(t)R_X(s,t)\mathrm{d}s\mathrm{d}t = 0$$

充分性获证。

因为均方积分 $\int_a^b f(t)X(t)\mathrm{d}t$ 存在，利用均方极限性质(2)，有

$$\underset{\substack{\Delta\to 0\\ \Delta'\to 0}}{\lim}E\left[\sum_{k=1}^n f(u_k)X(u_k)(t_k - t_{k-1})\sum_{l=1}^m f(v_l)X(v_l)(s_l - s_{l-1})\right]$$

存在,且等于 $E\left|\int_a^b f(t)X(t)\mathrm{d}t\right|^2$。亦即

$$\int_a^b\int_a^b f(s)f(t)R_X(s,t)\mathrm{d}s\mathrm{d}t = E\left|\int_a^b f(t)X(t)\mathrm{d}t\right|^2 。$$

证毕。

　　下面叙述**均方积分的性质**。利用均方积分的定义和均方极限的性质就能对这些性质进行证明,故它们的证明在此省略。

　　(1) 若随机过程 $X(t)$ 在区间$[a,b]$上均方连续,则 $X(t)$ 在$[a,b]$上均方可积。

　　(2) $E\left[\int_a^b f(t)X(t)\mathrm{d}t\right] = \int_a^b f(t)EX(t)\mathrm{d}t = \int_a^b f(t)m_X(t)\mathrm{d}t$。此式表明数学期望与积分号可交换次序;但前者积分为随机过程的积分,而后者积分为普通积分。

　　(3) $E\left|\int_a^b f(t)X(t)\mathrm{d}t\right|^2 = \int_a^b\int_a^b f(s)f(t)R_X(s,t)\mathrm{d}s\mathrm{d}t$

　　(4) 若 α、β 是常数,则

$$\int_a^b[\alpha X(t) + \beta Y(t)]\mathrm{d}t = \alpha\int_a^b X(t)\mathrm{d}t + \beta\int_a^b Y(t)\mathrm{d}t$$

　　(5) 若 X 是随机变量,则

$$\int_a^b f(t)X\mathrm{d}t = X\int_a^b f(t)\mathrm{d}t$$

　　(6) $\int_a^b X(t)\mathrm{d}t = \int_a^c X(t)\mathrm{d}t + \int_c^b X(t)\mathrm{d}t$

　　(7) 设随机过程 $X(t)$ 在区间$[a,b]$上均方连续,则

$$Y(t) = \int_a^t X(s)\mathrm{d}s, \quad a \leqslant t \leqslant b$$

在$[a,b]$上均方可导,且 $Y'(t) = X(t)$。

　　(8) 设随机过程 $X(t)$ 在区间$[a,b]$上均方可导,且 $X'(t)$ 在此区间上均方连续,则

$$X(b) - X(a) = \int_a^b X'(t)\mathrm{d}t$$

均方积分的定义还可以推广到无限区间。

定义 设随机过程 $\{X(t),t\in[a,\infty)\}$，及函数 $f(t),t\in[a,\infty)$。若均方极限

$$\underset{b\to\infty}{l.\,i.\,m}\int_a^b f(t)X(t)\mathrm{d}t$$

存在，则称此极限为 $f(t)X(t)$ 在无穷区间 $[a,\infty)$ 上的均方积分。记为 $\int_a^\infty f(t)X(t)\mathrm{d}t$。

无限区间上的均方积分具有类似于前面均方积分从（1）到（5）的性质，只要把 b 换成 ∞ 即可。同样地还可以定义均方积分 $\int_{-\infty}^b f(t)X(t)\mathrm{d}t$ 和 $\int_{-\infty}^\infty f(t)X(t)\mathrm{d}t$，我们不再赘述。

下面介绍另一种均方积分——均方斯蒂尔吉斯积分。

*五、均方斯蒂尔吉斯积分

定义 设 $\{X(t),t\in[a,b]\}$ 是随机过程，而 $f(t)$ $(t\in[a,b])$ 是函数。把区间 $[a,b]$ 分成 n 个子区间，分点为 $a=t_0<t_1<t_2<\cdots<t_n=b$。作和式

$$\sum_{k=1}^n f(u_k)\big[X(t_k)-X(t_{k-1})\big]$$

其中 u_k 是子区间 $[t_{k-1},t_k]$ 中的任意一点，$k=1,2,\cdots,n$。令 $\Delta=\max_{1\leqslant k\leqslant n}(t_k-t_{k-1})$。若均方极限

$$\underset{\Delta\to0}{l.\,i.\,m}\sum_{k=1}^n f(u_k)\big[X(t_k)-X(t_{k-1})\big]$$

存在，且与子区间的分法和 u_k 的取法无关，则称此极限为 $f(t)$ 对 $X(t)$ 在区间 $[a,b]$ 上的均方斯蒂尔吉斯积分。记为 $\int_a^b f(t)\mathrm{d}X(t)$。此时也称 $f(t)$ 对 $X(t)$ 在区间 $[a,b]$ 上均方斯蒂尔吉斯可积。

对均方斯蒂尔吉斯积分有如下定理。

定理 5 均方斯蒂尔吉斯积分 $\int_a^b f(t)\mathrm{d}X(t)$ 存在的充分条件是二重积分

$$\int_a^b\int_a^b f(s)f(t)\mathrm{d}R_X(s,t)$$

存在。此式中积分为二重斯蒂尔吉斯积分，定义为

$$\int_a^b\int_a^b f(s)f(t)\mathrm{d}R_X(s,t) = \lim_{\substack{\Delta_1\to 0\\\Delta_2\to 0}}\sum_{j=1}^{n}\sum_{k=1}^{m}f(u_{jk})f(v_{jk})\big[R_X(s_j,t_k)$$

$$-R_X(s_{j-1},t_k)-R_X(s_j,t_{k-1})+R_X(s_{j-1},t_{k-1})\big]$$

其中 $a = s_0 < s_1 < \cdots < s_n = b$ 和 $a = t_0 < t_1 < \cdots < t_m = b$ 分别是区间 $[a,b]$ 的两组分点；而 u_{jk},v_{jk} 是满足 $s_{j-1}\leqslant u_{jk}\leqslant s_j$，$t_{k-1}\leqslant v_{jk}\leqslant t_k$ 的任意两个数值；且 $\Delta_1 = \max_{1\leqslant j\leqslant n}(s_j - s_{j-1})$，$\Delta_2 = \max_{1\leqslant k\leqslant m}(t_k - t_{k-1})$。

均方斯蒂尔斯积分具有下列性质：

(1) $E\left[\int_a^b f(t)\mathrm{d}X(t)\right] = \int_a^b f(t)\mathrm{d}EX(t) = \int_a^b f(t)\mathrm{d}m_X(t)$。

(2) $E\left|\int_a^b f(t)\mathrm{d}X(t)\right|^2 = \int_a^b\int_a^b f(s)f(t)\mathrm{d}R_X(s,t)$。

上述定理和性质的证明省略。

有限区间上的均方斯蒂尔吉斯积分，也可以推广到无限区间上。

定义　设 $\{X(t),-\infty < t < \infty\}$ 是随机过程，而 $f(t)$ $(-\infty < t < \infty)$ 是函数。若均方极限

$$\underset{\substack{a\to-\infty\\b\to\infty}}{\mathrm{l.\,i.\,m}}\int_a^b f(t)\mathrm{d}X(t)$$

存在，则称此极限为 **$f(t)$ 对 $X(t)$ 在无限区间 $(-\infty,\infty)$ 上的均方斯蒂尔吉斯积分**。记为 $\displaystyle\int_{-\infty}^{\infty}f(t)\mathrm{d}X(t)$。

上面两条均方积分性质也可推广到无限区间，只要取 $a = -\infty$ 和 $b = \infty$ 即可。

习 题

1. 设随机过程

$$X(t) = X\cos\omega_0 t, \quad -\infty < t < \infty$$

其中 ω_0 是正常数,而 X 是标准正态变量。试求 $X(t)$ 的一维概率分布。

2. 利用投掷一枚硬币的试验,定义随机过程为

$$X(t) = \begin{cases} \cos\pi t, & \text{出现正面} \\ 2t, & \text{出现反面} \end{cases}$$

假定"出现正面"和"出现反面"的概率各为 $\frac{1}{2}$。试确定 $X(t)$ 的一维分布函数 $F(x; \frac{1}{2})$ 和 $F(x; 1)$,以及二维分布函数 $F(x_1; x_2; \frac{1}{2}, 1)$。

3. 设随机过程 $\{X(t), -\infty < t < \infty\}$ 总共有三条样本曲线

$$X(t, \omega_1) = 1, \quad X(t, \omega_2) = \sin t, \quad X(t, \omega_3) = \cos t$$

且 $P(\omega_1) = P(\omega_2) = P(\omega_3) = \frac{1}{3}$。试求数学期望 $EX(t)$ 和相关函数 $R_X(t_1, t_2)$。

4. 设随机过程

$$X(t) = e^{-Xt}, \quad (t > 0)$$

其中 X 是具有分布密度 $f(x)$ 的随机变量。试求 $X(t)$ 的一维分布密度。

5. 在题 4 中,假定随机变量 X 具有在区间 $(0, T)$ 中的均匀分布。试求随机过程的数学期望 $EX(t)$ 和自相关函数 $R_X(t_1, t_2)$。

6. 设随机过程 $\{X(t), -\infty < t < \infty\}$ 在每一时刻 t 的状态只能取 0 或 1 的数值,而在不同时刻的状态是相互独立的,且对于任意固定 t 有,

$$P\{X(t) = 1\} = p, \quad P\{X(t) = 0\} = 1 - p$$

其中 $0 < p < 1$。试求 $X(t)$ 的一维和二维分布,并求 $X(t)$ 的数学期望和自相关函数。

7. 设 $\{X_n, n \geq 1\}$ 是独立同分布的随机序列,其中 X_j 的分布列为

$$
\begin{array}{c|c|c}
X_j & 1 & -1 \\
\hline
p & \dfrac{1}{2} & \dfrac{1}{2}
\end{array} \quad, \quad j = 1, 2, \cdots
$$

定义 $Y_n = \sum_{j=1}^{n} X_j$。试对随机序列 $\{Y_n, n \geq 1\}$ 求

(1) Y_1 的概率分布列;

(2) Y_2 的概率分布列;

(3) Y_n 的数学期望;

(4) Y_n 的相关函数 $R_Y(n, m)$。

8. 设随机过程 $\{X(t), -\infty < t < \infty\}$ 的数学期望为 $m_X(t)$,协方差函数 $C_X(t_1, t_2)$,而 $\varphi(t)$ 是一个函数。试求随机过程的

$$
Y(t) = X(t) + \varphi(t)
$$

数学期望和协方差函数。

9. 给定随机过程 $\{X(t), -\infty < t < \infty\}$。对于任意一个数 x,定义另一个随机过程

$$
Y(t) = \begin{cases} 1, & X(t) \leqslant x \\ 0, & X(t) > x \end{cases}
$$

试证:$Y(t)$ 的数学期望和相关函数分别为随机过程 $X(t)$ 的一维和二维分布函数(两个自变量都取 x)。

10. 给定一个随机过程 $X(t)$ 和常数 a,试用 $X(t)$ 的相关函数表示随机过程

$$
Y(t) = X(t + a) - X(t)
$$

的相关函数。

11. 设随机过程

$$
X(t) = A\cos(\omega_0 t + \Phi), \quad -\infty < t < \infty
$$

其中 ω_0 为正常数,A 和 Φ 是相互独立的随机变量,且 A 服从在区间 $[0,1]$ 上的均匀分布,而 Φ 服从在区间 $[0,2\pi]$ 上的均匀分布.试求 $X(t)$ 的数学期望和相关函数.

12. 设随机过程

$$X(t) = \cos\omega t, \quad -\infty < t < \infty$$

其中 ω 是在区间 $\left(\omega_0 - \dfrac{1}{2}\Delta, \omega_0 + \dfrac{1}{2}\Delta\right)$ 中均匀分布的随机变量.试求 $X(t)$ 的数学期望和自协方差函数.

13. 设随机过程 $X(t) \equiv K$(随机变量),而 $EX = a$,$DX = \sigma^2$,试求 $X(t)$ 的数学期望和协方差函数.

14. 设随机过程 $X(t) = X + Yt$,$-\infty < t < \infty$,而随机矢量 $(X,Y)^\tau$ 的协方差阵为

$$\begin{bmatrix} \sigma_1^2 & \gamma \\ \gamma & \sigma_2^2 \end{bmatrix}$$

试求 $X(t)$ 的协方差函数.

15. 设随机过程 $X(t) = X + Yt + Zt^2$,$-\infty < t < \infty$,其中 X,Y,Z 是互相独立的随机变量,各自的数学期望为零,方差为 1.试求 $X(t)$ 的协方差函数.

16. 设随机过程 $X(t)$ 的导数存在,试证

$$E\left[X(t)\frac{\mathrm{d}X(t)}{\mathrm{d}t}\right] = \left.\frac{\partial R_X(t_1,t)}{\partial t_1}\right|_{t_1 = t}$$

17. 设 X,Y 是相互独立分别服从正态分布 $N(0,\sigma^2)$ 的随机变量,作随机过程 $X(t) = Xt + Y$.试求下列随机变量的数学期望:

$$Z_1 = \int_0^1 X(t)\mathrm{d}t, \quad Z_2 = \int_0^1 X^2(t)\mathrm{d}t$$

18. 试证均方导数的下列性质:

(1) $E\left[\dfrac{\mathrm{d}X(t)}{\mathrm{d}t}\right] = \dfrac{\mathrm{d}EX(t)}{\mathrm{d}t}$;

(2) 若 a,b 是常数,则 $[aX(t) + bY(t)]' = aX'(t) + bY'(t)$;

(3) 若 $f(t)$ 是可微函数,则 $[f(t)X(t)]' = f'(t)X(t) +$

$f(t)X'(t)$。

19. 试证均方积分的下列性质：

(1) $E\left[\int_a^b f(t)X(t)\mathrm{d}t\right] = \int_a^b f(t)EX(t)\mathrm{d}t$；

(2) 若 α、β 是常数，则

$$\int_a^b [\alpha X(t) + \beta Y(t)]\mathrm{d}t = \alpha\int_a^b X(t)\mathrm{d}t + \beta\int_a^b Y(t)\mathrm{d}t$$

20. 设 $\{X(t), a \leqslant t \leqslant b\}$ 是均方可导的随机过程，试证

$$\mathop{\mathrm{l.i.m}}_{t \to t_0} g(t)X(t) = g(t_0)X(t_0)$$

这里 $g(t)$ 是在区间 $[a,b]$ 上的连续函数。

第二章　　平稳过程

平稳过程是一类统计特性不随时间推移而变的随机过程。在工程技术中这类过程见的较多。本章介绍平稳过程的一些基本知识及其应用,包括平稳过程概念及其相关函数、各态历经性、谱密度、平稳过程谱分解、线性系统中的平稳过程等。

§1　　平稳过程概念

在自然界中有一类随机过程,它的特征是产生随机现象的主要因素不随时间而变。例如,无线电设备中热噪声电压 $X(t)$ 是由于线路中电子的热运动引起的,这种热扰动不随时间而变;又如,连续测量飞机飞行速度产生的测量误差 $X(t)$,由很多因素(如仪器振动、电磁波干扰,气候等)引起,但主要因素不随时间而变;再如棉纱各处直径不同是由于纺纱机运行,棉条不均,温湿度等引起,这些主要因素也不随时间而变。因为产生随机现象的主要因素不随时间而变,所以随机过程的统计特性不随时间推移而变。对任意 n 个时刻 $t_1,t_2,\cdots,t_n$ 上的 n 维分布函数与 $t_1+\tau,t_2+\tau,\cdots,t_n+\tau(\tau$ 为任意实数)上的 n 维分布函数相同,这类随机过程称为平稳随机过程。

定义　　设随机过程 $\{X(t),t\in T\}$ 的有限维分布函数族为 $\{F(x_1,x_2,\cdots,x_n;t_1,t_2,\cdots,t_n)\},t_1,t_2,\cdots,t_n\in T,n\geqslant 1\}$。若对任意 n 和任意 $t_1,t_2,\cdots,t_n\in T$,及使 $t_1+\tau,t_2+\tau,\cdots,t_n+\tau\in T$ 的任意

τ,有

$$F(x_1, x_2, \cdots, x_n; t_1, t_2, \cdots, t_n)$$
$$= F(x_1, x_2, \cdots, x_n; t_1 + \tau, t_2 + \tau, \cdots, t_n + \tau) \qquad (1.1)$$

则称$\{X(t), t \in T\}$是平稳(随机)过程。

对连续概率分布情形,定义中(1.1)式条件可换成

$$f(x_1, x_2, \cdots, x_n; t_1, t_2, \cdots, t_n)$$
$$= f(x_1, x_2, \cdots, x_n; t_1 + \tau, t_2 + \tau, \cdots, t_n + \tau) \qquad (1.2)$$

当(1.2)式成立时,称$\{X(t), t \in T\}$是平稳(随机)过程。

当T是离散集时,如取$T = \{\cdots, -2, -1, 0, 1, 2, \cdots\}$,$\{X(t), t \in T\}$是随机序列,可记为$\{X(n), n = 0, \pm 1, \pm 2, \cdots\}$。对随机序列,上述定义中的$\tau$应取整数$m$。符合平稳过程定义的随机序列,称平稳(随机)序列。

下面讨论平稳过程的数字特征 —— 数学期望、相关函数。这里假定它的一、二阶矩是存在的。为方便计,讨论连续概率分布情况。

对一维分布密度,有

$$f(x_1; t_1) = f(x_1; t_1 + \tau)$$

这时一维分布密度与t_1无关。对数学期望有

$$m_X(t_1) = \int_{-\infty}^{\infty} x_1 f(x_1; t_1) \mathrm{d}x_1 = \int_{-\infty}^{\infty} x_1 f(x_1; t_1 + \tau) \mathrm{d}x_1$$
$$= m_X(t_1 + \tau)$$

数学期望亦与t_2无关,即平稳过程的数学期望是常数,记$m_X(t) = m_X$。

对二维分布密度,有

$$f(x_1, x_2; t_1, t_2) = f(x_1, x_2; t_1 + \tau, t_2 + \tau)$$

二维分布密度仅与时间间隔$t_2 - t_1$有关。对相关函数有

$$R_X(t_1, t_2) = \int_{-\infty}^{\infty} \int_{-\infty}^{\infty} x_1 x_2 f(x_1, x_2; t_1, t_2) \mathrm{d}x_1 \mathrm{d}x_2$$
$$= \int_{-\infty}^{\infty} \int_{-\infty}^{\infty} x_1 x_2 f(x_1, x_2; t_1 + \tau, t_2 + \tau) \mathrm{d}x_1 \mathrm{d}x_2$$

$$= R_X(t_1 + \tau, t_2 + \tau)$$

相关函数亦仅与时间间隔 $t_2 - t_1$ 有关。记 $R_X(t_1, t_2) = R_X(t_2 - t_1)$。通常写为

$$R_X(t, t+\tau) = R_X(\tau) \qquad (1.3)$$

与 t 无关,平稳过程的相关函数是一元函数。

平稳过程的数学期望是常数,它与样本函数的图像如图 2-1。

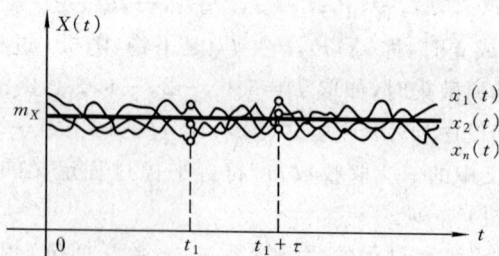

图 2-1

下面考察平稳过程的协方差函数和方差函数。利用协方差函数与相关函数的关系,有

$$C_X(t, t+\tau) = R_X(t, t+\tau) - m_X(t)m_X(t+\tau)$$
$$= R_X(\tau) - m_X^2 \qquad (1.4)$$

此时协方差函数与 t 无关,亦是一元函数。记 $C_X(\tau) = C_X(t, t+\tau)$。(1.4) 式可改写为

$$C_X(\tau) = R_X(\tau) - m_X^2 \qquad (1.5)$$

平稳过程的方差可由协方差函数获得

$$D_X(t) = C_X(t, t) = C_X(0) = R_X(0) - m_X^2 \qquad (1.6)$$

因而方差与 t 无关,它是一个常数。记为 D_X。

平稳过程还有另一种意义,它是用一阶矩数学期望和二阶矩相关函数进行定义。

定义   设随机过程 $\{X(t), t \in T\}$ 的一、二阶矩存在,若有数学期望

$$m_X(t) = m_X（常数） \tag{1.7}$$

和相关函数

$$R_X(t, t+\tau) = R_X(\tau) \tag{1.8}$$

与 t 无关,则称 $\{X(t), t \in T\}$ 为**弱平稳过程**。

前面用有限维分布函数满足(1.1)式定义的平稳过程,相对地称为**强平稳过程**。弱平稳过程亦称宽平稳过程或广义平稳过程;相对地,强平稳过程也称为严平稳过程或狭义平稳过程。

下面讨论强平稳过程和弱平稳过程的关系。一般地说,强平稳过程不一定是弱平稳的,这是因为强平稳过程定义只涉及有限维分布,而并不要求一、二阶矩存在。但是,对二阶矩过程,强平稳过程必定是弱平稳的。反过来,弱平稳过程是否是强平稳的呢?从定义看,弱平稳过程只要求数学期望与 t 无关,导不出一维分布与 t 无关;又相关函数 $R_X(t, t+\tau)$ 与 t 无关,导不出二维分布 $F(x_1, x_2; t, t+\tau)$ 与 t 无关;所以,弱平稳过程不一定是强平稳的。

定理 正态过程是强平稳过程的充要条件是它为弱平稳过程,即正态过程的强平稳性和弱平稳性等价。

证 必要性显然,这是因为正态过程是二阶矩过程。下面证充分性。若正态过程 $\{X(t), t \in T\}$ 是弱平稳的,则有 $m_X(t) = m_X$, $R_X(t, t+\tau) = R_X(\tau)$,因此 $C_X(t, t+\tau) = C_X(\tau)$。正态过程的有限维分布密度完全地为数学期望和协方差函数所确定。它的 n 维分布密度为

$$f(x_1, x_2, \cdots, x_n; t_1+\tau, t_2+\tau, \cdots, t_n+\tau)$$
$$= \frac{1}{(2\pi)^{\frac{n}{2}} |\boldsymbol{C}|^{\frac{1}{2}}} \exp\left\{-\frac{1}{2}(\boldsymbol{x}-\boldsymbol{m}_X)^{\tau}\boldsymbol{C}^{-1}(\boldsymbol{x}-\boldsymbol{m}_X)\right\}$$

其中

$$\boldsymbol{x} = (x_1, x_2, \cdots, x_n)^{\tau}$$
$$\boldsymbol{m}_X = (m_X(t_1+\tau), m_X(t_2+\tau), \cdots, m_X(t_n+\tau))^{\tau}$$
$$= (m_X, m_X, \cdots, m_X)^{\tau} = (m_X(t_1), m_X(t_2), \cdots, m_X(t_n))^{\tau}$$

而协方差阵

$$\boldsymbol{C} = \begin{bmatrix} C_X(t_1+\tau,t_1+\tau) & C_X(t_1+\tau,t_2+\tau) & \cdots & C_X(t_1+\tau,t_n+\tau) \\ C_X(t_2+\tau,t_1+\tau) & C_X(t_2+\tau,t_2+\tau) & \cdots & C_X(t_2+\tau,t_n+\tau) \\ \vdots & \vdots & & \vdots \\ C_X(t_n+\tau,t_1+\tau) & C_X(t_n+\tau,t_2+\tau) & \cdots & C_X(t_n+\tau,t_n+\tau) \end{bmatrix}$$

$$= \begin{bmatrix} C_X(0) & C_X(t_2-t_1) & \cdots & C_X(t_n-t_1) \\ C_X(t_1-t_2) & C_X(0) & \cdots & C_X(t_n-t_2) \\ \vdots & \vdots & & \vdots \\ C_X(t_1-t_n) & C_X(t_2-t_n) & \cdots & C_X(0) \end{bmatrix}$$

$$= \begin{bmatrix} C_X(t_1,t_1) & C_X(t_1,t_2) & \cdots & C_X(t_1,t_n) \\ C_X(t_2,t_1) & C_X(t_2,t_2) & \cdots & C_X(t_2,t_n) \\ \vdots & \vdots & & \vdots \\ C_X(t_n,t_1) & C_X(t_n,t_2) & \cdots & C_X(t_n,t_n) \end{bmatrix}$$

所以

$$f(x_1,x_2,\cdots,x_n;t_1+\tau,t_2+\tau,\cdots,t_n+\tau)$$
$$= f(x_1,x_2,\cdots,x_n;t_1,t_2,\cdots,t_n)$$

故 $\{X(t),t \in (-\infty,\infty)\}$ 是强平稳过程。证毕。

本书下面讨论的平稳过程都是指弱平稳过程。在本章中,由于以后的讨论只涉及平稳过程的一、二阶矩,我们把这种只涉及一、二阶矩的平稳过程理论称为**平稳过程的相关理论**。

举一些平稳过程的例子。

例 1 设随机序列 $\{X(n),n=0,\pm 1,\pm 2,\cdots\}$,其中 $X(n)$ 是两两不相关的随机变量[①],而 $EX(n)=0,DX(n)=\sigma^2$。

因为 $EX(n)$ 是常数,又相关函数

$$E[X(n)X(n+m)] = \begin{cases} \sigma^2, & m=0 \\ 0, & m \neq 0 \end{cases}$$

所以 $X(n)$ 是平稳随机序列。这个平稳随机序列称为**离散白噪声**。

---

① 在有些书上加 $X(1),X(2),\cdots$ 相互独立的条件。显然,本书所加的条件较弱。

如果随机变量 $X(n)$ 又服从正态分布 $N(0,\sigma^2)$，那么称 $X(n)$ 为**正态白噪声**。

例2 设 $\{X(n), n=0,\pm 1,\pm 2,\cdots\}$ 是例 1 中的随机序列。作

$$Y(n) = \sum_{k=0}^{N} a_k X(n-k), \quad n=0,\pm 1,\pm 2,\cdots$$

其中 N 是自然数，而 $a_0,a_1,\cdots,a_N$ 是常数。我们称 $Y(n)$ 是**离散白噪声 $X(n)$ 的滑动和**。

数学期望

$$EY(n) = \sum_{k=0}^{N} a_k EX(n-k) = 0$$

又相关函数

$$\begin{aligned}
R_Y(n,n+m) &= E[Y(n)Y(n+m)] \\
&= E\Big[\sum_{k=0}^{N} a_k X(n-k) \sum_{j=0}^{N} a_j X(n+m-j)\Big] \\
&= \sum_{k=0}^{N}\sum_{j=0}^{N} a_k a_j E[X(n-k)X(n+m-j)] \\
&= \sum_{\substack{k=0 \\ 0\leqslant m+k\leqslant N}}^{N} a_k a_{m+k}\sigma^2
\end{aligned}$$

它与 n 无关，所以 $Y(n)$ 是平稳序列。

另外，作随机序列

$$z(n) = \sum_{k=-\infty}^{\infty} a_k X(n-k), \quad n=0,\pm 1,\pm 2,\cdots$$

其中由常数系数构成的级数 $\sum\limits_{k=-\infty}^{\infty} a_k^2$ 收敛。我们称 $z(n)$ 是**离散白噪声 $X(n)$ 的无限滑动和**。上式中的级数应理解为

$$z(n) = \mathop{\rm l.i.m}\limits_{\substack{M\to\infty \\ N\to\infty}} \sum_{k=-M}^{N} a_k X(n-k) \text{[①]}$$

---

① 利用第一章 §5 均方极限性质(5)，由所加条件 $\sum\limits_{k=-\infty}^{\infty} a_k^2 < \infty$ 可以得到此均方极限必定存在。

数学期望

$$Ez(n) = \lim_{\substack{M \to \infty \\ N \to \infty}} \sum_{k=-M}^{N} a_k EX(n-k) = \sum_{k=-\infty}^{\infty} a_k EX(n-k) = 0$$

又相关函数

$$R_Z(n, n+m) = E[z(n)z(n+m)]$$

$$= E\left[\sum_{k=-\infty}^{\infty} a_k X(n-k) \sum_{j=-\infty}^{\infty} a_j X(n+m-j)\right]$$

$$= E\left[\sum_{k=-\infty}^{\infty} \sum_{j=-\infty}^{\infty} a_k a_j X(n-k) X(n+m-j)\right]$$

$$= \sum_{k=-\infty}^{\infty} \sum_{j=-\infty}^{\infty} a_k a_j E[X(n-k) X(n+m-j)]$$

$$= \sum_{k=-\infty}^{\infty} \sum_{j=-\infty}^{\infty} a_k a_j R_X(m-j+k) = \sum_{k=-\infty}^{\infty} a_k a_{m+k} \sigma^2$$

它与 n 无关,所以 $z(n)$ 也是平稳序列。

例3 随机相位正弦波 $X(t) = a\cos(\omega_0 t + \Phi)$,其中 a、ω_0 是正常数,而随机变量 Φ 服从在 $[0, 2\pi]$ 区间上的均匀分布。在第一章 §2 例1 中,已经计算得到

$$m_X(t) = 0$$

和

$$R_X(t_1, t_2) = \frac{a^2}{2}\cos\omega_0(t_2 - t_1)$$

即

$$R_X(\tau) = R_X(t, t+\tau) = \frac{a^2}{2}\cos\omega_0\tau$$

表明数学期望是常数,相关函数仅与时间间隔有关,所以 $X(t)$ 是平稳过程。

例4 设随机过程 $X(t) = A\cos\omega_0 t + B\sin\omega_0 t$, $-\infty < t < \infty$,其中 ω_0 是正常数,而 A、B 是相互独立随机变量,且有

$$EA = EB = 0, \quad DA = DB = \sigma^2 > 0$$

先算数学期望

$$EX(t) = EA \cdot \cos\omega_0 t + EB \cdot \sin\omega_0 t = 0$$

又相关函数

$R_X(t, t+\tau)$

$= E\big[(A\cos\omega_0 t + B\sin\omega_0 t)(A\cos\omega_0(t+\tau) + B\sin\omega_0(t+\tau))\big]$

$= EA^2 \cdot \cos\omega_0 t\cos\omega_0(t+\tau) + EB^2 \cdot \sin\omega_0 t\sin\omega_0(t+\tau)$

$= \sigma^2 \cos\omega_0\tau$

仅与 τ 有关,故 $X(t)$ 是平稳过程[①]。

例5 随机电报信号 $X(t)$ $(-\infty < t < \infty)$ 是只取 $+I$ 或 $-I$ 变化的电流信号。它的样本函数如图 2-2 所示。对固定的 t,

$P\{X(t) = +I\}$

$= P\{X(t) = -I\} = \dfrac{1}{2}$

而正负号的变化是随机的。

在 $[t, t+\tau]$ 时间内正负号变

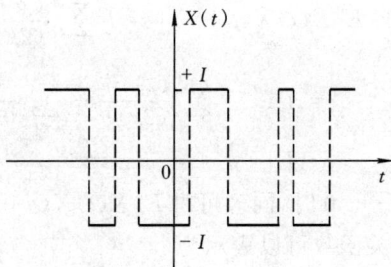

图 2-2

化的次数记为 $N(t, t+\tau)$。设随机变量 $N(t, t+\tau)$ 服从参数为 $\lambda\tau$ 的泊松分布,其中 $\lambda > 0$。下面讨论 $X(t)$ 的平稳性。

先算数学期望

$$EX(t) = I \cdot \frac{1}{2} + (-I) \cdot \frac{1}{2} = 0$$

再算相关函数。当 $\tau > 0$ 时,

$R_X(t, t+\tau) = E[X(t)X(t+\tau)]$

$= I^2 P\{X(t)X(t+\tau) = I^2\} + (-I^2)P\{X(t)X(t+\tau) = -I^2\}$

这里事件 $\{X(t)X(t+\tau) = I^2\}$ 表示 $X(t)$ 与 $X(t+\tau)$ 是同号的,要求在区间 $[t, t+\tau]$ 中正负号变换 0 次,2 次,4 次,…,其概率

---

① 在本例中如果把随机变量 A、B 相互独立改为不相关,可以得到同样结论。

$$P\{X(t)X(t+\tau) = I^2\} = \sum_{k=0}^{\infty} \frac{(\lambda\tau)^{2k}}{(2k)!} e^{-\lambda\tau}$$

又事件 $\{X(t)X(t+\tau) = -I^2\}$ 表示 $X(t)$ 与 $X(t+\tau)$ 异号,要求在区间 $[t,t+\tau]$ 中正负号变换 1 次,3 次,$\cdots$,其概率

$$P\{X(t)X(t+\tau) = -I^2\} = \sum_{k=0}^{\infty} \frac{(\lambda\tau)^{2k+1}}{(2k+1)!} e^{-\lambda\tau}$$

所以

$$E[X(t)X(t+\tau)] = I^2 \sum_{k=0}^{\infty} \frac{(\lambda t)^{2k}}{(2k)!} e^{-\lambda\tau} - I^2 \sum_{k=0}^{\infty} \frac{(\lambda\tau)^{2k+1}}{(2k+1)!} e^{-\lambda\tau}$$

$$= I^2 e^{-\lambda\tau} \left[\sum_{k=0}^{\infty} \frac{(\lambda\tau)^{2k}}{(2k)!} - \sum_{k=0}^{\infty} \frac{(\lambda\tau)^{2k+1}}{(2k+1)!} \right]$$

$$= I^2 e^{-\lambda\tau} e^{-\lambda\tau} = I^2 e^{-2\lambda\tau}$$

当 $\tau < 0$ 时,同理可得 $E[X(t)X(t+\tau)] = I^2 e^{-2\lambda\tau}$。综合两种情况,相关函数可以表示为

$$R_X(t,t+\tau) = I^2 e^{-2\lambda|\tau|}$$

它与 t 无关,故随机电报信号是平稳过程。

下面介绍复平稳过程。

定义 设 $\{Z(t), t \in T\}$ 是复随机过程。若

$$m_Z(t) = m_Z(\text{复常数}), t \in T$$

且 $R_Z(t_1,t_2)$ 仅与 $t_2 - t_1$ 有关,而与 t_1 无关,即

$$R_Z(t,t+\tau) = E[Z(t)\overline{Z(t+\tau)}] = R_Z(\tau), \quad t,t+\tau \in T$$

则称 $\{Z(t), t \in T\}$ 是复平稳过程。

例 6 设复随机过程

$$Z(t) = Z_1 e^{i\lambda_1 t} + Z_2 e^{i\lambda_2 t}, \quad -\infty < t < \infty$$

其中 λ_1 和 λ_2 是实数,且 $\lambda_1 \neq \lambda_2$;而 Z_1, Z_2 是不相关的复随机变量,有 $EZ_1 = EZ_2 = 0, E|Z_1|^2 = \sigma_1^2, E|Z_2|^2 = \sigma_2^2$。试讨论它的平稳性。

数学期望

$$EZ(t) = EZ_1 \cdot e^{i\lambda_1 t} + EZ_2 \cdot e^{i\lambda_2 t} = 0$$

又相关函数

$$R_Z(t,t+\tau) = E\big[Z(t)\,\overline{Z(t+\tau)}\big]$$
$$= E\big[(Z_1\mathrm{e}^{\mathrm{i}\lambda_1 t} + Z_2\mathrm{e}^{\mathrm{i}\lambda_2 t})(\overline{Z}_1\mathrm{e}^{-\mathrm{i}\lambda_1(t+\tau)} + \overline{Z}_2\mathrm{e}^{-\mathrm{i}\lambda_2(t+\tau)})\big]$$
$$= E\mid Z_1\mid^2\mathrm{e}^{-\mathrm{i}\lambda_1\tau} + E\mid Z_2\mid^2\mathrm{e}^{-\mathrm{i}\lambda_2\tau}$$
$$= \sigma_1^2\mathrm{e}^{-\mathrm{i}\lambda_1\tau} + \sigma_2^2\mathrm{e}^{-\mathrm{i}\lambda_2\tau}$$

与 t 无关,所以 $Z(t)$ 是复平稳过程。

另外,设随机过程

$$Z(t) = \sum_{k=1}^{n} Z_k\mathrm{e}^{\mathrm{i}\lambda_k t}, \quad -\infty < t < \infty$$

其中 $\lambda_l \neq \lambda_j\,(l \neq j, l,j = 1,2,\cdots,n)$;而 $Z_1, Z_2, \cdots, Z_n$ 是两两不相关的复随机变量,且 $EZ_k = 0, DZ_k = \sigma_k^2$。同样地可以得到

$$EZ(t) = 0$$

和

$$R_Z(t,t+\tau) = E\big[Z(t)\,\overline{Z(t+\tau)}\big] = \sum_{k=1}^{n}\sigma_k^2\mathrm{e}^{-\mathrm{i}\lambda_k\tau}$$

相关函数与 t 无关,所以这个 $Z(t)$ 也是平稳过程。

复平稳过程的协方差函数
$$C_Z(t_1,t_2) = R_Z(t_1,t_2) - m_Z(t_1)\overline{m_Z(t_2)}$$
$$= R_Z(t_2 - t_1) - \mid m_Z\mid^2$$

它仅与时间间隔 $t_2 - t_1$ 有关。可以记 $C_Z(\tau) = C_Z(t,t+\tau)$。

方差
$$D_Z(t) = C_Z(t,t) = C_Z(0)$$

它是非负的实常数。

§2　相关函数的性质

一、自相关函数的性质

平稳过程 $\{X(t), t \in T\}$ 的自相关函数具有如下性质:

(1) $R_X(0) = EX^2(t) \geqslant 0$

证　$R_X(0) = R_X(t,t) = EX^2(t) \geqslant 0$。

(2) $|R_X(\tau)| \leqslant R_X(0)$

证 利用许瓦尔兹不等式 $E|XY| \leqslant \sqrt{EX^2} \cdot \sqrt{EY^2}$,可以得到

$$|R_X(\tau)| = |R_X(t,t+\tau)| = |EX(t)X(t+\tau)|$$
$$\leqslant \sqrt{EX^2(t)} \cdot \sqrt{EX^2(t+\tau)} = \sqrt{R_X(0)} \cdot \sqrt{R_X(0)}$$
$$= R_X(0)$$

(3) 相关函数 $R_X(\tau)$ 是偶函数,即 $R_X(-\tau) = R_X(\tau)$。

证 $R_X(-\tau) = R_X(t,t-\tau) = E[X(t)X(t-\tau)]$
$$= E[X(t-\tau)X(t)] = R_X(t-\tau,t) = R_X(\tau)$$

(4) 相关函数 $R_X(\tau)$ 具有非负定性,即对任意自然数 n,任意 n 个实数 $t_1,t_2,\cdots,t_n$ 和复数 $z_1,z_2,\cdots,z_n$,有

$$\sum_{k=1}^{n} \sum_{j=1}^{n} R_X(\tau_j - \tau_k)z_k\bar{z}_j \geqslant 0$$

证 由第一章 §2 中相关函数 $R_X(t_1,t_2)$ 的非负定性

$$\sum_{k=1}^{n} \sum_{j=1}^{n} R_X(\tau_j - \tau_k)z_k\bar{z}_j = \sum_{k=1}^{n} \sum_{j=1}^{n} R_X(\tau_k,\tau_j)z_k\bar{z}_j \geqslant 0$$

由协方差函数定义 $C_X(\tau) = E[(X(t) - m_X)(X(t+\tau) - m_X)]$,易见协方差函数也有同样的四条性质,而第一条性质应修改为 $C_X(0) = D_X$。

下面讨论连续平稳过程的相关函数。

如果平稳过程 $\{X(t),t \in T\}$ 在 T 上均方连续,则称 $X(t)$ 是在 T 上**连续的平稳过程**。

定理 设 $\{X(t),t \in T\}$ 是平稳过程,则它在 T 上连续的充分必要条件是相关函数 $R_X(\tau)$ 在 $\tau = 0$ 处连续,并且此时 $R_X(\tau)$ 在 T 上连续。

对二阶矩过程 $\{X(t),t \in T\}$,它在 T 上连续的充分必要条件是 $R_X(t_1,t_2)$ 在所有 (t,t) 点上连续,而 $t \in T$。但对平稳过程,这个条件变成 $R_X(\tau)$ 在 $\tau = 0$ 连续。

证 先证充分性。设 $R_X(\tau)$ 在 $\tau = 0$ 连续。对任意 $t_0 \in T$,

$$E \mid X(t) - X(t_0) \mid^2 = R_X(t,t) - 2R_X(t,t_0) + R_X(t_0,t_0)$$
$$= 2[R_X(0) - R_X(t_0 - t)] \qquad (2.1)$$

当 $t \to t_0$ 时,有 $t_0 - t \to 0$,又由于 $R_X(\tau)$ 在 $\tau = 0$ 连续,得到

$$E \mid X(t) - X(t_0) \mid^2 \to 0$$

再证必要性。设 $X(t)$ 在 $t = t_0$ 连续。在(2.1)式中,令 $t_0 - t = \tau$,得到

$$E \mid X(t_0 - \tau) - X(t_0) \mid^2 = 2[R_X(0) - R_X(\tau)]$$

由于 $X(t)$ 在 t_0 点连续,故有当 $\tau \to 0$ 时左边趋向于零;因此

$$\lim_{\tau \to 0} R_X(\tau) = R_X(0)$$

即 $R_X(\tau)$ 在 $\tau = 0$ 连续。

最后需要证明 $R_X(\tau)$ 在 T 上连续。事实上,对任意 $\tau_0 \in T$,

$$\mid R_X(\tau) - R_X(\tau_0) \mid$$
$$= \mid E[X(t)X(t+\tau)] - E[X(t)X(t+\tau_0)] \mid$$
$$= \mid E\{X(t)[X(t+\tau) - X(t+\tau_0)]\} \mid$$
$$\leqslant \sqrt{EX^2(t)} \sqrt{E \mid X(t+\tau) - X(t+\tau_0) \mid^2}$$

让 $\tau \to \tau_0$,因为 $X(t)$ 在 $t + \tau_0$ 处连续,所以 $E \mid X(t+\tau) - X(t_0 + \tau) \mid^2 \to 0$,故有

$$\mid R_X(\tau) - R_X(\tau_0) \mid \to 0$$

即

$$\lim_{\tau \to \tau_0} R_X(\tau) = R_X(\tau_0) \qquad 证毕。$$

二、互相关函数及其性质

定义　设两个平稳过程 $X(t),Y(t)$ $(t \in T)$。若互相关函数
$$R_{XY}(t,t+\tau) = E[E(t)Y(t+\tau)]$$

不依赖于 t,则称 $X(t)$ 与 $Y(t)$ 是**平稳相关的**或**平稳联系的**。记为 $R_{XY}(\tau) = R_{XY}(t,t+\tau)$。

显然,此时互协方差函数
$$C_{XY}(t,t+\tau) = R_{XY}(t,t+\tau) - m_X(t)m_Y(t+\tau)$$
$$= R_{XY}(\tau) - m_X m_Y$$

也不依赖于 t。可记 $C_{XY}(\tau) = C_{XY}(t,t+\tau)$。

平稳相关随机过程的互相关函数具有如下性质：

(1) $R_{XY}(-\tau) = R_{YX}(\tau)$;

(2) $|R_{XY}(\tau)| \leqslant \sqrt{R_X(0)} \cdot \sqrt{R_Y(0)}$。

这两条性质的证明与自相关函数完全相同，希望读者自己证。显然，互协方差函数 $C_{XY}(\tau)$ 也有相应的两条性质。

§3　各态历经性

一、各态历经性概念

平稳过程的数学期望和相关函数怎样通过试验近似地确定呢？一种很自然的方法是进行多次试验得到多个样本函数，用在某固定时刻的试验平均值去近似数学期望。

如果做 n（n 很大）次试验观察得到的样本函数为 $x_1(t)$, $x_2(t),\cdots,x_n(t)$。对于固定的 t_1，数学期望

$$m_X = EX(t_1) \approx \frac{1}{n}\sum_{k=1}^{n} x_k(t_1)$$

而相关函数

$$R_X(\tau) = E[X(t_1)X(t_1+\tau)] \approx \frac{1}{n}\sum_{k=1}^{n} x_k(t_1)x_k(t_1+\tau)$$

（参见图 2-1）。用这样的方法近似计算数学期望和相关函数，需要 n 个样本函数，而且为了使计算较为精确便需要 n 相当大。但是，在工程技术中常常很难测量得到很多个样本函数。考虑到平稳过程的统计特性不随时间推移而变，那么能否利用一个样本函数去近似计算数学期望和相关函数呢？答案是肯定的。本节讨论利用一个样本函数近似计算平稳过程的数学期望和相关函数的理论和方法。

设 $\{X(t), -\infty < t < \infty\}$ 是平稳过程。如果下面均方极限存在，并记为

$$\langle X(t)\rangle = \operatorname*{l.i.m}_{T\to\infty}\frac{1}{2T}\int_{-T}^{T}X(t)\mathrm{d}t$$

则称之为**平稳过程 $X(t)$ 在区间 $(-\infty,\infty)$ 上的时间平均**。对固定的 τ，又若下面形式的均方极限存在，且可记为

$$\langle X(t)X(t+\tau)\rangle = \operatorname*{l.i.m}_{T\to\infty}\frac{1}{2T}\int_{-T}^{T}X(t)X(t+\tau)\mathrm{d}t$$

则称之为**平稳过程 $X(t)$ 在区间 $(-\infty,\infty)$ 上的时间相关函数**。

从定义看，平稳过程的时间平均和时间相关函数分别是随机变量。后面将叙述利用一个样本函数近似计算时间平均和时间相关函数的抽样值的方法。

我们希望得到

$$\langle X(t)\rangle = m_X, \quad \text{a.s.} \tag{3.1}$$

和对固定 τ

$$\langle X(t)X(t+\tau)\rangle = R_X(\tau), \quad \text{a.s.} \tag{3.2}$$

这里记号 a.s. 是英文名词 all most sure 的缩写，概率论中通常解释为概率为 1 地成立。(3.1) 和 (3.2) 式分别表示

$$P\{\langle X(t)\rangle = m_X\} = 1$$

和对固定 τ

$$P\{\langle X(t)X(t+\tau)\rangle = R_X(\tau)\} = 1$$

数学期望 m_X 也称为**空间平均**。理论上说，它是随机过程的多个样本函数在 t_1 时刻的值的理论平均值。(3.1) 式表示时间平均概率为 1 地等于空间平均。若 (3.1) 式成立，则称**平稳过程 $X(t)$ 具有数学期望的各态历经性，即遍历性**(Ergodic)。我们的目的是通过时间平均获得空间平均。另外，(3.2) 式也表示时间相关函数概率为 1 地等于相关函数。当 τ 固定时，后者相当于随机过程 $X(t)X(t+\tau)$ 在 t_1 时刻的空间平均。若 (3.2) 式成立，则称**平稳过程 $X(t)$ 具有相关函数的各态历经性，即遍历性**(Ergodic)。我们的目的是通过时间相关函数获得相关函数。**数学期望的各态历经性和相关函数的各态历经性统称为平稳过程的各态历经性**。如果要

求平稳过程具有各态历经性,需要对过程自身加上一定的条件。

下面举一个具有各态历经性的平稳过程例子。

例 1 具有随机初相位正弦波

$$X(t) = a\cos(\omega_0 t + \Phi), \quad -\infty < t < \infty$$

其中 a、ω_0 是正常数,而 Φ 在区间 $[0, 2\pi]$ 中均匀分布。试讨论 $X(t)$ 的各态历经性。

解 在 §1 例 3 中已说明 $X(t)$ 是平稳过程,并计算得到

$$m_X = 0, \quad R_X(\tau) = \frac{a^2}{2}\cos\omega_0\tau$$

现在计算时间平均和时间相关函数。时间平均

$$\begin{aligned}
\langle X(t) \rangle &= \underset{T\to\infty}{\text{l.i.m}} \frac{1}{2T}\int_{-T}^{T} a\cos(\omega_0 t + \Phi)\mathrm{d}t \\
&= \underset{T\to\infty}{\text{l.i.m}} \frac{a}{2T}\int_{-T}^{T}[\cos\omega_0 t\cos\Phi - \sin\omega_0 t\sin\Phi]\mathrm{d}t \\
&= \underset{T\to\infty}{\text{l.i.m}} \frac{a}{2T}\cos\Phi\int_{-T}^{T}\cos\omega_0 t\mathrm{d}t \\
&= \underset{T\to\infty}{\text{l.i.m}} \frac{a\cos\Phi\sin\omega_0 T}{\omega_0 T} = 0
\end{aligned}$$

上面最后一个等号成立用了第一章 §5 中均方极限性质(4)。时间相关函数

$$\begin{aligned}
&\langle X(t)X(t+T) \rangle \\
&= \underset{T\to\infty}{\text{l.i.m}} \frac{a^2}{2T}\int_{-T}^{T}\cos(\omega_0 t + \Phi)\cos[\omega_0(t+\tau) + \Phi]\mathrm{d}t \\
&= \underset{n\to\infty}{\text{l.i.m}} \frac{a^2}{2T}\frac{1}{2}\int_{-T}^{T}[\cos(2\omega_0 t + \omega_0\tau + 2\Phi) + \cos\omega_0\tau]\mathrm{d}t \\
&= \frac{1}{2}a^2\cos\omega_0\tau
\end{aligned}$$

因此

$$\langle X(t) \rangle = m_X, \quad \langle X(t)X(t+\tau) \rangle = R_X(\tau)$$

故平稳过程 $X(t)$ 具有数学期望和相关函数的各态历经性。

应该指出,并不是任意平稳过程都具有各态历经性。下面举一

个简单的例子。

例2 随机过程 $X(t) = X, -\infty < t < \infty$,其中 X 是具有一、二阶矩的随机变量,但不服从单点分布或两点分布 $P\{X = \pm a\} = 1 (a > 0)$。试讨论它的各态历经性。

解 容易算得

$$m_X = EX, \quad R_X(\tau) = EX^2$$

故 $X(t)$ 是平稳过程。再算时间平均和时间相关函数。时间平均

$$\langle X(t) \rangle = \underset{T \to \infty}{\mathrm{l.i.m}} \frac{1}{2T} \int_{-T}^{T} X \mathrm{d}t = X$$

而时间相关函数

$$\langle X(t)X(t+\tau) \rangle = \underset{T \to \infty}{\mathrm{l.i.m}} \frac{1}{2T} \int_{-T}^{T} X^2 \mathrm{d}t = X^2$$

由于 X 不服从单点分布或两点分布 $P\{X = \pm a\} = 1 (a > 0)$,因此 $P\{X = EX\} = 1$ 和 $P\{X^2 = EX^2\} = 1$ 不成立,所以这个平稳过程 $X(t)$ 不具有数学期望和相关函数的各态历经性。

二、各态历经定理

一个平稳过程需要加什么条件才能具有各态历经性呢?下面介绍两个定理。

定理1(数学期望各态历经定理) 设 $\{X(t), -\infty < t < \infty\}$ 是平稳过程,则

$$\langle X(t) \rangle = m_X, \quad \mathrm{a.\,s.}$$

的充分必要条件是

$$\lim_{T \to \infty} \frac{1}{T} \int_{0}^{2T} \left(1 - \frac{\tau}{2T}\right) [R_X(\tau) - m_X^2] \mathrm{d}\tau = 0 \tag{3.3}$$

证 先分析计算 $\langle X(t) \rangle$ 的数学期望和方差。数学期望

$$E\langle X(t) \rangle = E\left[\underset{T \to \infty}{\mathrm{l.i.m}} \frac{1}{2T} \int_{-T}^{T} X(t) \mathrm{d}t\right]$$

$$= \lim_{T \to \infty} \frac{1}{2T} E\left[\int_{-T}^{T} X(t) \mathrm{d}t\right]$$

$$= \lim_{T \to \infty} \frac{1}{2T} \int_{-T}^{T} EX(t)\,\mathrm{d}t = m_X \qquad (3.4)$$

方差

$$D\langle X(t)\rangle = E\{\langle X(t)\rangle^2\} - (E\langle X(t)\rangle)^2$$

$$= E\left\{\left[\underset{T \to \infty}{\mathrm{l.\,i.\,m}}\frac{1}{2T}\int_{-T}^{T}X(t)\,\mathrm{d}t\right]^2\right\} - m_X^2$$

$$= \lim_{T \to \infty}E\left[\frac{1}{2T}\int_{-T}^{T}X(t)\,\mathrm{d}t\right]^2 - m_X^2$$

$$= \lim_{T \to \infty}\frac{1}{4T^2}E\left[\int_{-T}^{T}X(t_1)\,\mathrm{d}t_1\int_{-T}^{T}X(t_2)\,\mathrm{d}t_2\right] - m_X^2$$

$$= \lim_{T \to \infty}\frac{1}{4T^2}\int_{-T}^{T}\int_{-T}^{T}R_X(t_2 - t_1)\,\mathrm{d}t_1\mathrm{d}t_2 - m_X^2 \qquad (3.5)$$

上面第三个等号成立用到了第一章 §5 均方极限性质(2)。作积分变量变换 $\tau_1 = t_1 + t_2, \tau_2 = t_2 - t_1$。雅可比行列式

$$\frac{\partial(t_1,t_2)}{\partial(\tau_1,\tau_2)} = \left[\frac{\partial(\tau_1,\tau_2)}{\partial(t_1,t_2)}\right]^{-1} = \left[\begin{vmatrix} 1 & 1 \\ -1 & 1 \end{vmatrix}\right]^{-1} = \frac{1}{2}$$

积分区域的变化见图 2-3。变换后的积分区域记为 H。

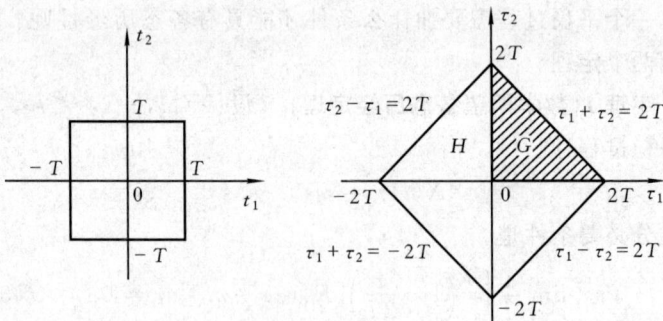

图 2-3

积分

$$\int_{-T}^{T}\int_{-T}^{T} R_X(t_2 - t_1)\,\mathrm{d}t_1\,\mathrm{d}t_2 = \iint_{H} R_X(\tau_2)\,\frac{1}{2}\,\mathrm{d}\tau_1\,\mathrm{d}\tau_2$$

$$= 4\iint_{H} R_X(\tau_2)\,\frac{1}{2}\,\mathrm{d}\tau_1\,\mathrm{d}\tau_2 = 2\int_0^{2T}\mathrm{d}\tau_2 \int_0^{2T-\tau} R_X(\tau_2)\,\mathrm{d}\tau_1$$

$$= 2\int_0^{2T}(2T-\tau)R_X(\tau)\,\mathrm{d}\tau \tag{3.6}$$

其中第二个等式用到了 $R_X(\tau_2)$ 是偶函数的性质。把(3.6)式代入(3.5)式,得

$$D\langle X(t)\rangle = \lim_{T\to\infty}\frac{1}{T}\int_0^{2T}\left(1 - \frac{\tau}{2T}\right)R_X(\tau)\,\mathrm{d}\tau - m_X^2$$

$$= \lim_{T\to\infty}\frac{1}{T}\int_0^{2T}\left(1 - \frac{\tau}{2T}\right)[R_X(\tau) - m_X^2]\,\mathrm{d}\tau \tag{3.7}$$

这里利用了积分 $\dfrac{1}{T}\displaystyle\int_0^{2T}\left(1 - \frac{\tau}{2T}\right)\mathrm{d}\tau = 1$。

现在来证明定理本身的结论。由(3.4)式,

$$\langle X(t)\rangle = m_X, \quad \text{a. s.}$$

可改写为

$$\langle X(t)\rangle = E\langle X(t)\rangle, \quad \text{a. s.}$$

又此式成立的充要条件是 $D\langle X(t)\rangle = 0$。根据(3.7)式,即是

$$\lim_{x\to\infty}\frac{1}{T}\int_0^{2T}\left(1 - \frac{\tau}{2T}\right)[R_X(\tau) - m_X^2]\,\mathrm{d}\tau = 0$$

证毕。

推论 若平稳过程 $X(t)$ 满足条件 $\lim\limits_{\tau\to\infty}R_X(\tau) = m_X^2$,即 $\lim\limits_{\tau\to\infty}C_X(\tau) = 0$,则 $\langle X(t)\rangle = m_X$,a. s. 。

这个推论给出了平稳过程具有数学期望各态历经性的充分条件。表明当时间间隔无限变大时两个状态线性联系无限变弱的平稳过程具有数学期望各态历经性。

证 只要证明(3.3)式成立即可。现在用极限的定义进行证明。由条件,任给 $\varepsilon > 0$,可以找到正数 T_1(固定),当 $\tau \geqslant T_1$,有 $|R_X(\tau) - m_X^2| < \varepsilon$。因而

$$\left| \frac{1}{T}\int_0^{2T}\left(1-\frac{\tau}{2T}\right)[R_X(\tau)-m_X^2]\mathrm{d}\tau \right| \leqslant \frac{1}{T}\int_0^{2T}\mid R_X(\tau)-m_X^2\mid\mathrm{d}\tau$$

$$= \frac{1}{T}\int_0^{T_1}\mid C_X(\tau)\mid\mathrm{d}\tau + \frac{1}{T}\int_{T_2}^{2T}\mid R_X(\tau)-m_X^2\mid\mathrm{d}\tau$$

$$\leqslant \frac{T_1}{T}C_X(0) + \frac{1}{T}(2T-T_1)\varepsilon \leqslant \frac{T_1}{T}C_X(0) + 2\varepsilon$$

只要取 $T > \dfrac{T_1}{C_X(0)\varepsilon}$，就有

$$\left| \frac{1}{T}\int_0^{2T}\left(1-\frac{\tau}{2T}\right)[R_X(\tau)-m_X^2]\mathrm{d}\tau \right| < 3\varepsilon$$

(3.3)式成立。证毕。

下面举一个例子。

例 3 在 §1 例 4 中随机过程 $X(t) = A\cos\omega_0 t + B\sin\omega_0 t$。已经算得 $m_X = 0, R_X(\tau) = \sigma^2\cos\omega_0\tau$。试讨论这个平稳过程是否具有数学期望各态历经性。

解 为此，验证条件(3.3)。计算

$$\lim_{T\to\infty}\frac{1}{T}\int_0^{2T}\left(1-\frac{\tau}{2T}\right)\sigma^2\cos\omega_0\tau\mathrm{d}\tau = \lim_{T\to\infty}\frac{\sigma^2}{T}\frac{1-\cos 2\omega_0 T}{2T\omega_0^2} = 0$$

所以此平稳过程具有数学期望各态历经性。

下面讨论相关函数的各态历经性。当 τ 固定，相关函数

$$R_X(\tau) = E[X(t)X(t+\tau)]$$

可以看成是随机过程 $\{X(t)X(t+\tau), -\infty < t < \infty\}$ 的数学期望。

令 $Y_\tau(t) = X(t)X(t+\tau)$。若要对 $Y_\tau(t)$ 用数学期望的各态历经定理(定理1)，首先要求它是平稳过程。可以验证，如果 $X(t)$ 是强平稳过程，则 $Y_\tau(t)$ 是强平稳过程。现在 $X(t)$ 是弱平稳过程，考察 $Y_\tau(t)$ 的平稳性。它的数学期望

$$EY_\tau(t) = R_X(\tau)$$

与 t 无关，而相关函数

$$E[Y_\tau(t)Y_\tau(t+\tau_1)] = E[X(t)X(t+\tau)X(t+\tau_1)X(t+\tau+\tau_1)]$$

涉及到 $X(t)$ 的四阶矩；但是，$X(t)$ 是二阶矩过程，不能得到这个

四阶矩与 t 无关。于是，随机过程 $Y_\tau(t)$ 的平稳性不能由 $X(t)$ 的平稳性推得，需要作为假定条件。对 $Y_\tau(t)$ 用定理 1 可得下面定理。

定理 2（相关函数各态历经定理） 设对任意给定的 $\tau\{X(t)X(t+\tau)\}, -\infty < t < \infty\}$ 是平稳过程，则

$$\langle X(t)X(t+\tau)\rangle = R_X(\tau), \quad \text{a. s.}$$

成立的充分必要条件是

$$\lim_{T\to\infty} \frac{1}{T}\int_0^{2T} \left(1 - \frac{\tau_1}{2T}\right)\left[B_\tau(\tau_1) - R_X^2(\tau)\right]d\tau_1 = 0$$

其中

$$B_\tau(\tau_1) = E\left[X(t)X(t+\tau)X(t+\tau_1)X(t+\tau+\tau_1)\right]$$

在实际应用中通常讨论的是时间为 $0 \leqslant t < \infty$ 的平稳过程 $X(t)$。此时时间平均和时间相关函数也需要用 $X(t)$ 在 $0 \leqslant t < \infty$ 范围内的值作定义。类似于定理 1 和定理 2 有下面两个定理。

定理 3（数学期望各态历经定理） 设 $\{X(t), 0 \leqslant t < \infty\}$ 是平稳过程，则

$$\underset{T\to\infty}{\text{l. i. m}} \frac{1}{T}\int_0^T X(t)dt = m_X, \quad \text{a. s.} \tag{3.8}$$

成立的充分必要条件是

$$\lim_{T\to\infty} \frac{1}{T}\int_0^T \left(1 - \frac{\tau}{T}\right)\left[R_X(\tau) - m_X^2\right]d\tau = 0$$

定理 4（相关函数各态历经定理） 设 $\{X(t)X(t+\tau), 0 \leqslant t < \infty\}$ 是平稳过程，这里 $\tau \geqslant 0$，则

$$\underset{T\to\infty}{\text{l. i. m}} \frac{1}{T}\int_0^T X(t)X(t+\tau)dt = R_X(\tau), \quad \text{a. s.} \tag{3.9}$$

成立的充分必要条件是

$$\lim_{T\to\infty} \frac{1}{T}\int_0^T \left(1 - \frac{\tau_1}{T}\right)\left[B_\tau(\tau_1) - R_X^2(\tau)\right]d\tau_1 = 0$$

其中 $B_\tau(\tau_1)$ 如定理 2 中给出。

平稳序列 $\{X(n), n = 0, 1, 2, \cdots\}$ 也有相应的各态历经定理，叙述如下：

定理 5(数学期望各态历经定理) 设$\{X(n),n=0,1,2,\cdots\}$是平稳序列,则

$$\underset{n\to\infty}{\text{l.i.m}}\frac{1}{n+1}\sum_{j=0}^{n}X(j)=m_X,\quad \text{a.s.}\qquad(3.10)$$

成立的充分必要条件是

$$\lim_{n\to\infty}\frac{1}{n+1}\sum_{j=0}^{n}\left(1-\frac{j}{n+1}\right)[R(j)-m_X^2]=0$$

定理 6(相关函数各态历经定理) 设$\{X(n)X(n+m),n=0,1,2,\cdots\}$是平稳序列,这里$m$是固定的非负整数,则

$$\underset{n\to\infty}{\text{l.i.m}}\frac{1}{n+1}\sum_{j=0}^{n}X(j)X(j+m)=R_X(m),\quad \text{a.s.}\qquad(3.11)$$

成立的充分必要条件是

$$\lim_{n\to\infty}\frac{1}{n+1}\sum_{j=0}^{n}\left(1-\frac{j}{n+1}\right)[B_m(j)-R_X^2(m)]=0$$

其中

$$B_m(j)=E[X(n)X(n+m)X(n+j)X(n+m+j)]$$

三、各态历经定理的应用

本节最后要解决对具有各态历经性的平稳过程,利用一个样本函数近似计算数学期望和相关函数的问题。在表示各态历经性的(3.8)和(3.9)式中,用了均方收敛的极限。我们先讨论均方收敛和依概率收敛的关系。

定义 设随机变量序列$\{X_n,n=1,2,\cdots\}$和随机变量X。若对任意$\varepsilon>0$,有

$$\lim_{n\to\infty}P\{|X_n-X|\geqslant\varepsilon\}=0$$

或

$$\lim_{n\to\infty}P\{|X_n-X|<\varepsilon\}=1$$

则称 X_n 依概率收敛到 X,记为 $\underset{n\to\infty}{p\lim}X_n=X$。

定理 7 若$\underset{n\to\infty}{\text{l.i.m}}X_n=X$,则 $\underset{n\to\infty}{p\lim}X_n=X$。

此定理表明 X_n 均方收敛到 X 必有依概率收敛到 X,亦即均方收敛比依概率收敛强。

证　利用广义切比雪夫不等式 $P\{|Y|\geqslant\varepsilon\}\leqslant\dfrac{1}{\varepsilon^2}E|Y|^2$,有

$$P\{|X_n-X|\geqslant\varepsilon\}\leqslant\frac{1}{\varepsilon^2}E|X_n-X|^2$$

由定理条件,当 $n\to\infty$ 时 $E|X_n-X|^2\to 0$,因而

$$P\{|X_n-X|\geqslant\varepsilon\}\to 0$$

即 X_n 依概率收敛到 X。证毕。

设平稳过程 $\{X(t),0\leqslant t<\infty\}$,它的一个样本函数为 $x(t)$,$0\leqslant t<\infty$。(3.8) 式表示数学期望的各态历经性,即

$$\underset{T\to\infty}{\text{l.i.m}}\frac{1}{T}\int_0^T X(t)\mathrm{d}t=m_X$$

此式中积分可以采用把 $[0,T]$ 区间等分方式进行计算,即

$$\int_0^T X(t)\mathrm{d}t=\underset{N\to\infty}{\text{l.i.m}}\sum_{k=1}^N X(t_k)\Delta t=\underset{N\to\infty}{\text{l.i.m}}\frac{T}{N}\sum_{k=1}^N X\left(k\frac{T}{N}\right)$$

其中 $0=t_0<t_1<t_2<\cdots<t_N=T$,而 $\Delta t=t_k-t_{k-1}=\dfrac{T}{N}$,$t_k=k\Delta t$。于是

$$\underset{T\to\infty}{\text{l.i.m}}\frac{1}{T}\underset{N\to\infty}{\text{l.i.m}}\frac{T}{N}\sum_{k=1}^N X\left(k\frac{T}{N}\right)=m_X$$

即

$$\underset{T\to\infty}{\text{l.i.m}}\ \underset{N\to\infty}{\text{l.i.m}}\frac{1}{N}\sum_{k=1}^N X\left(k\frac{T}{N}\right)=m_X$$

利用上述定理得到,对任给 $\varepsilon>0$,有

$$\lim_{T\to\infty}\lim_{N\to\infty}P\left\{\left|\frac{1}{N}\sum_{k=1}^N X\left(k\frac{T}{N}\right)-m_X\right|<\varepsilon\right\}=1$$

当 T 和 N 相当大,且 $\dfrac{T}{N}$ 很小时,

$$P\left\{\left|\frac{1}{N}\sum_{k=1}^N X\left(k\frac{T}{N}\right)-m_X\right|<\varepsilon\right\}\approx 1$$

根据实际推断原理,一次抽样得到样本函数 $x(t)$,事件

$$\left\{\left|\frac{1}{N}\sum_{k=1}^{N}x\left(k\frac{T}{N}\right)-m_X\right|<\varepsilon\right\}$$

可以认为一定发生,于是

$$m_X \approx \frac{1}{N}\sum_{k=1}^{n}x\left(k\frac{T}{N}\right) \tag{3.12}$$

由此式可见,近似计算 m_X 实际上只需用到样本函数 $x(t)$ 在 $k\dfrac{T}{N}$ $(1 \leqslant k \leqslant N)$ 点上的函数值。这些点可以称为采样点,见图 2-4。我们实际地测量 $x\left(k\dfrac{T}{N}\right)$ $(1 \leqslant k \leqslant N)$ 的值,然后可用(3.12)式近似计算得到 m_X 的数值。但是,要求 T 和 N 都很大,且 $\dfrac{T}{N}$ 很小。

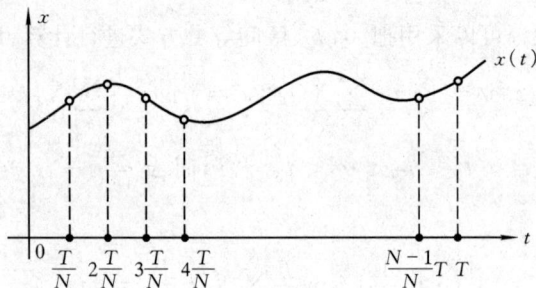

图 2-4

下面介绍相关函数 $R_X(\tau)$ 的近似计算。考察 $\tau = r\dfrac{T}{N}$,其中 r 固定,$r = 0,1,2,\cdots,m$。类似地,由(3.9)式可得

$$\underset{T\to\infty}{\text{l. i. m}}\,\underset{N\to\infty}{\text{l. i. m}}P\left\{\left|\frac{1}{N-r}\sum_{k=1}^{N-r}X\left(k\frac{T}{N}\right)X\left(k\frac{T}{N}+r\frac{T}{N}\right)\right.\right.$$

$$\left.\left.-R_X\left(r\frac{T}{N}\right)\right|\geqslant\varepsilon\right\}=0$$

因而

$$R_X\left(r\,\frac{T}{N}\right)\approx\frac{1}{N-r}\sum_{k=1}^{N-r}x\left(k\,\frac{T}{N}\right)x\left((k+r)\,\frac{T}{N}\right) \tag{3.13}$$

此式要求 T 很大，$N-r$ 也很大，且 $\dfrac{T}{N}$ 很小。通常取 $m=\dfrac{N}{5}\sim\dfrac{N}{2}$，便能够符合 $N-r$ 很大的要求。

（3.13）式右边的时间相关函数近似值可用计算机进行计算。在实时处理时，也可用仪器——相关分析仪获得时间相关函数。

最后指出，在实际问题中各态历经性的充要条件（如定理 3、定理 4）很难检验，因为条件中出现的 $R_X(\tau)$，$B_\tau(\tau_1)$ 都是不知道的。工程中对各态历经性常采用先用后由实践作检验的方法。

§4　平稳过程的（功率）谱密度

本节介绍平稳过程的谱密度。它在物理中表示功率谱密度，是一个重要的物理量。谱密度在平稳过程的理论和实际应用中扮演着重要角色。我们先从数学角度引进谱密度。

一、相关函数谱分解

设平稳过程 $\{X(t),-\infty<t<\infty\}$ 的相关函数是 $R_X(\tau)$。所谓相关函数的谱分解，是指把它表示成傅里叶积分的形式。由下面定理给出。

维纳-辛钦（Wiener – Khintchine）定理　　设连续平稳过程 $\{X(t),-\infty<t<\infty\}$ 的相关函数是 $R_X(\tau)$，则 $R_X(\tau)$ 可以表示为

$$R_X(\tau)=\frac{1}{2\pi}\int_{-\infty}^{\infty}\mathrm{e}^{\mathrm{i}\tau\omega}\,\mathrm{d}\widetilde{F}(\omega),\quad-\infty<\tau<\infty \tag{4.1}$$

其中，$\widetilde{F}(\omega)$ 是有界非降函数，且

$$\widetilde{F}(-\infty)=0,\quad\widetilde{F}(+\infty)=2\pi R_X(0)$$

（4.1）式称为维纳-辛钦公式。

证   令 $\widetilde{R}_X(\tau) = R_X(\tau)/R_X(0)$ [①]。显然 $\widetilde{R}_X(0) = 1$。因为平稳过程是连续的,所以相关函数 $R_X(\tau)$ 在 $-\infty < \tau < \infty$ 连续,因而 $\widetilde{R}_X(\tau)$ 连续。又由相关函数 $R_X(\tau)$ 的非负定性,易得 $\widetilde{R}_X(\tau)$ 的非负定性(注意 $R_X(0) > 0$)。利用附录 §2 中的波赫纳尔-辛钦定理,得到 $\widetilde{R}_X(\tau)$ 是一个特征函数,可表示为

$$\widetilde{R}_X(\tau) = \int_{-\infty}^{\infty} \mathrm{e}^{\mathrm{i}\tau\omega} \mathrm{d}F(\omega)$$

其中,$F(\omega)$ 是概率分布函数;亦即

$$\frac{R_X(\tau)}{R_X(0)} = \frac{1}{2\pi} \int_{-\infty}^{\infty} \mathrm{e}^{\mathrm{i}\tau\omega} \mathrm{d}(2\pi F(\omega))$$

改写为

$$R_X(\tau) = \frac{1}{2\pi} \int_{-\infty}^{\infty} \mathrm{e}^{\mathrm{i}\tau\omega} \mathrm{d}\widetilde{F}(\omega)$$

其中,$\widetilde{F}(\omega) = 2\pi R_X(0) F(\omega)$,而 $\widetilde{F}(\omega)$ 符合定理要求。证毕。

(4.1) 式中 $\widetilde{F}(\omega)$ 称为**平稳过程 $X(t)$ 的(自)谱函数**。如果存在负函数 $S_X(\omega)$ 使

$$\widetilde{F}(\omega) \int_{-\infty}^{\omega} S_X(\omega) \mathrm{d}\omega, \quad -\infty < \omega < \infty$$

那么称 $S_X(\omega)$ **为平稳过程 $X(t)$ 的(自)谱密度**。它的物理意义将在后面解释。

如果自相关函数 $R_X(\tau)$ 满足条件 $\int_{-\infty}^{\infty} |R_X(\tau)| \mathrm{d}\tau < \infty$,那么 $\widetilde{F}(\omega)$ 可微,故有 $\widetilde{F}'(\omega) = S_X(\omega)$。此时 (4.1) 式可变成

$$R_X(\tau) = \frac{1}{2\pi} \int_{-\infty}^{\infty} \mathrm{e}^{\mathrm{i}\tau\omega} S_X(\omega) \mathrm{d}\omega, \quad -\infty < \tau < \infty \qquad (4.2)$$

利用傅里叶变换理论,将 (4.2) 式反演可得

$$S_X(\omega) = \int_{-\infty}^{\infty} \mathrm{e}^{-\mathrm{i}\tau\omega} R_X(\tau) \mathrm{d}\tau, \quad -\infty < \omega < \infty \qquad (4.3)$$

由此可见,$S_X(\omega)$ 是 $R_X(\tau)$ 的傅里叶变换,而 $R_X(\tau)$ 是 $S_X(\omega)$ 的反

---

① 这里要求 $R_X(0) > 0$,而 $R_X(0) = 0$ 时定理显然成立。

傅里叶变换。

对于平稳序列也有类似于上面的结论。

定理 设平稳序列 $\{X(n), n = 0, \pm 1, \pm 2, \cdots\}$ 的相关函数是 $R_X(m)$，则

$$R_X(m) = \frac{1}{2\pi}\int_{-\pi}^{\pi} \mathrm{e}^{\mathrm{i}m\omega}\mathrm{d}\widetilde{F}(\omega), \quad m = 0, \pm 1, \pm 2, \cdots \quad (4.4)$$

其中 $\widetilde{F}(\omega)$ 是 $[-\pi, \pi]$ 上有界非降函数，且 $\widetilde{F}(-\pi) = 0, \widetilde{F}(\pi) = 2\pi R_X(0)$。

此定理可以用附录 §2 中赫尔格洛兹定理进行证明。

(4.4) 式中 $\widetilde{F}(\omega), \omega \in [-\pi, \pi]$ 称为**平稳序列的(自)谱函数**。如果存在非负函数 $S_X(\omega)$ 使

$$\widetilde{F}(\omega) = \int_{-\pi}^{\omega} S_X(\omega)\mathrm{d}\omega, \quad -\pi \leqslant \omega \leqslant \pi$$

那么称 $S_X(\omega), \omega \in [-\pi, \pi]$ 为**平稳序列 $X(n)$ 的(自)谱密度**。如果 $R_X(m)$ 满足条件 $\sum_{m=-\infty}^{\infty} |R_X(m)| < \infty$，可以证明 $\widetilde{F}(\omega)$ 可微，故有 $\widetilde{F}'(\omega) = S_X(\omega), -\pi < \omega < \pi$。此时，(4.4) 式可变成

$$R_X(m) = \frac{1}{2\pi}\int_{-\pi}^{\pi} \mathrm{e}^{\mathrm{i}m\omega}S_X(\omega)\mathrm{d}\omega, \quad m = 0, \pm 1, \pm 2, \cdots \quad (4.5)$$

它的反演公式是

$$S_X(\omega) = \sum_{m=-\infty}^{\infty} \mathrm{e}^{-\mathrm{i}m\omega}R_X(m), \quad -\pi \leqslant \omega \leqslant \pi \quad (4.6)$$

下面举一些计算平稳序列谱密度的例子。

例 1 在 §1 例 1 中离散白噪声的相关函数是

$$R_X(m) = \begin{cases} \sigma^2, & m = 0 \\ 0, & m \neq 0 \end{cases}$$

由 (4.6) 式，它的谱密度 $S_X(\omega) = \sigma^2, -\pi \leqslant \omega \leqslant \pi$。结果表明，离散白噪声的谱密度在区间 $[-\pi, \pi]$ 中是常数。

例 2 在 §1 例 2 中离散白噪声的有限滑动和 $Y(n)$ 的相关函数是

$$R_Y(m) = \sum_{k=0}^{N} a_k a_{m+k} \sigma^2$$

求 $Y(n)$ 的谱密度。

解　为方便起见规定：当 $l < 0$ 或 $l > N$ 时，$a_l = 0$。由 (4.6) 式，$Y(n)$ 的谱密度

$$S_Y(\omega) = \sum_{m=-\infty}^{\infty} e^{-im\omega} \sum_{k=0}^{N} a_k a_{m+k} \sigma^2$$

$$= \sigma^2 \sum_{k=0}^{N} \sum_{m=-\infty}^{\infty} e^{-im\omega} a_k a_{m+k} = \sigma^2 \sum_{k=0}^{N} \sum_{m=-k}^{N-k} e^{-im\omega} a_k a_{m+k}$$

$$\xrightarrow{\text{令} l=m+k} \sigma^2 \sum_{k=0}^{N} \sum_{l=0}^{N} e^{-i(l-k)\omega} a_k a_l$$

$$= \sigma^2 \sum_{k=0}^{N} a_k e^{ik\omega} \overline{\sum_{l=0}^{N} a_l e^{il\omega}} = \sigma^2 \left| \sum_{k=0}^{N} a_k e^{ik\omega} \right|^2$$

例 3　在 §1 例 2 中离散白噪声的无限滑动和 $Z(n)$ 的相关函数是

$$R_z(m) = \sum_{k=-\infty}^{\infty} a_k a_{m+k} \sigma^2, \quad m = 0, \pm 1, \pm 2, \cdots$$

求 $Z(n)$ 的谱密度。

解　由 (4.6) 式，$Z(n)$ 的谱密度

$$S_Z(\omega) = \sum_{m=-\infty}^{\infty} e^{-im\omega} \sum_{k=-\infty}^{\infty} a_k a_{m+k} \sigma^2$$

$$= \sum_{k=-\infty}^{\infty} \sum_{m=-\infty}^{\infty} a_k a_{m+k} e^{ik\omega} e^{-i(m+k)\omega} \sigma^2$$

$$= \sigma^2 \sum_{k=-\infty}^{\infty} a_k e^{ik\omega} \sum_{m=-\infty}^{\infty} a_{m+k} e^{-i(m+k)\omega}$$

$$= \sigma^2 \sum_{k=-\infty}^{\infty} a_k e^{ik\omega} \overline{\sum_{j=-\infty}^{\infty} a_j e^{ij\omega}}$$

$$= \sigma^2 \left| \sum_{k=-\infty}^{\infty} a_k e^{ik\omega} \right|^2$$

二、谱密度的物理意义

上面纯粹从数学观点定义了平稳过程的谱密度。而这个名称来自无线电技术,在物理中它表示功率谱密度。下面我们利用频谱分析方法介绍平稳过程 $\{X(t), -\infty < t < \infty\}$ 的功率谱密度。分三步讨论:(1) 先讲确定性信号的功率谱密度;(2) 然后讲平稳随机信号的功率谱密度;(3) 再进一步获得平稳随机信号功率谱密度与相关函数之间的傅里叶变换关系,从而说明谱密度和功率谱密度是一致的。现在进行详细讨论。

1. **确定性信号的功率谱密度** 对确定性信号 $x(t)$, $-\infty < t < \infty$ 作频谱分析。$x(t)$ 可表示 t 时刻的电流强度或电压。根据电学中电功率公式 $W = I^2 R = U^2/R$,如果取电阻 R 为 1 欧姆,那么 $x^2(t)$ 表示信号在 t 时刻功率。下面利用傅里叶分析中的定理对信号 $x(t)$ 作谱分解。

定理 若函数 $x(t)$ $(-\infty < t < \infty)$ 满足狄氏条件和 $\int_{-\infty}^{\infty} |x(t)| \, \mathrm{d}t < \infty$,则 $x(t)$ 可表示为

$$x(t) = \frac{1}{2\pi} \int_{-\infty}^{\infty} \mathrm{e}^{\mathrm{i}\omega t} F_x(\omega) \mathrm{d}\omega, \quad -\infty < t < \infty \quad (4.7)$$

其中

$$F_x(\omega) = \int_{-\infty}^{\infty} x(t) \mathrm{e}^{-\mathrm{i}\omega t} \mathrm{d}t, \quad -\infty < t < \infty \quad (4.8)$$

(4.7) 式说明信号 $x(t)$ 可以表示成谐分量 $\frac{1}{2\pi} F_x(\omega) \mathrm{d}\omega \mathrm{e}^{\mathrm{i}\omega t}$ 的无限叠加,其中 ω 称为圆频率。$F_x(\omega)$ 一般是复函数,称之为**信号 $x(t)$ 的频谱**。$\frac{1}{2\pi} |F_x(\omega)| \mathrm{d}\omega$ 是圆频率为 ω 的谐分量的振幅。利用 $\omega = 2\pi f$,其中 f 表示频率。振幅便为 $|F_x(2\pi f)| \mathrm{d}f$,而谐分量也可表示为 $F_x(2\pi f) \mathrm{d}f \mathrm{e}^{\mathrm{i}2\pi f t}$。由频谱分析理论,谐分量在频带 $[f, f + \mathrm{d}f]$ 中的能量为 $|F_x(2\pi f)|^2 \mathrm{d}f$。

由 (4.8) 式,显然 $F_x(-\omega) = F_x^*(\omega)$($*$ 号表示复数的共轭)。

　　现在讨论信号 $x(t)$ 的总能量和谐分量的能量之间的关系。

巴塞伐(Parseval)等式　　若 $\int_{-\infty}^{\infty} x^2(t)\mathrm{d}t < \infty$,则

$$\int_{-\infty}^{\infty} x^2(t)\mathrm{d}t = \frac{1}{2\pi}\int_{-\infty}^{\infty} | F_x(\omega) |^2\mathrm{d}\omega \qquad (4.9)$$

此式左端表示信号 $x(t)$ 的总能量,这是因为 $x^2(t)\mathrm{d}t$ 为时间 $(t, t+\mathrm{d}t)$ 中的电功;而右端改写为 $\int_{-\infty}^{\infty} | F_x(2\pi f) |^2\mathrm{d}f$,其中 $| F_x(2\pi f) |^2\mathrm{d}f$ 为谐分量在频带 $[f, f+\mathrm{d}f]$ 中的能量。(4.9)式表明信号的总能量等于各谐分量能量的叠加。在频率域中, $| F_x(2\pi f) |^2$ 表示在频率 f 处的能(量)谱密度,见图 $2-5$,亦即 $| F_x(\omega) |^2$ 表示在圆频率 ω 处的能(量)谐密度。但是,通常总能量 $\int_{-\infty}^{\infty} x^2(t)\mathrm{d}t = \infty$,例如周期性信号就是这样;然而平均功率

$$\lim_{T\to\infty} \frac{1}{2T}\int_{-T}^{T} x^2(t)\mathrm{d}t$$

往往是有限的。

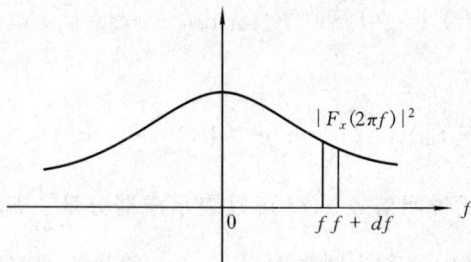

图 $2-5$

　　作 $x(t)$ 的截尾函数

$$x_T(t) = \begin{cases} x(t), & | t | \leqslant T \\ 0, & | t | > T \end{cases}$$

它在区间 $(-\infty, \infty)$ 上绝对可积。由(4.8)式,

$$F_x(\omega, T) = \int_{-\infty}^{\infty} x_T(t) e^{-i\omega t} dt = \int_{-T}^{T} x(t) e^{-i\omega t} dt \tag{4.10}$$

对 $x_T(t)$ 用巴塞伐等式得到 $x(t)$ 在时间 $(-T, T)$ 内总能量

$$\int_{-T}^{T} x^2(t) dt = \frac{1}{2\pi} \int_{-\infty}^{\infty} | F_x(\omega, T) |^2 d\omega \tag{4.11}$$

两边除以 $2T$，再让 $T \to \infty$ 取极限得 $x(t)$ 在时间 $(-\infty, \infty)$ 内平均功率

$$\lim_{T \to \infty} \frac{1}{2T} \int_{-T}^{T} x^2(t) dt = \lim_{T \to \infty} \frac{1}{2\pi} \int_{-\infty}^{\infty} | F_x(\omega, T) |^2 \frac{1}{2T} d\omega \tag{4.12}$$

即

$$\lim_{T \to \infty} \frac{1}{2T} \int_{-T}^{T} x^2(t) dt = \frac{1}{2\pi} \int_{-\infty}^{\infty} \lim_{T \to \infty} \frac{1}{2T} | F_x(\omega, T) |^2 d\omega$$

在频率域中看右端，其中

$$\lim_{T \to \infty} \frac{1}{2T} | F_x(\omega, T) |^2$$

称为信号 $x(t)$ 在 ω 处的功率谱密度。

2. **平稳随机信号的功率谱密度**　　设平稳随机信号为 $X(t)$，$-\infty < t < \infty$，上面的 $x(t)$ 可以看成它的样本函数。如果 1 中对随机信号 $X(t)$ 做讨论，只要把 $x(t)$ 换成 $X(t)$ 即可。把 (4.10) 和 (4.11) 式的 $x(t)$ 换成 $X(t)$，得

$$F_X(\omega, T) = \int_{-T}^{T} X(t) e^{-i\omega t} dt \tag{4.13}$$

和

$$\frac{1}{2T} \int_{-T}^{T} X^2(t) dt = \frac{1}{2\pi} \int_{-\infty}^{\infty} \frac{1}{2T} | F_X(\omega, T) |^2 d\omega \tag{4.14}$$

在后一等式两边取数学期望，再让 $T \to \infty$ 取极限，得

$$\lim_{T \to \infty} E\left[\frac{1}{2T} \int_{-T}^{T} X^2(t) dt \right] = \frac{1}{2\pi} \int_{-\infty}^{\infty} \lim_{T \to \infty} \frac{1}{2T} E\left[| F_X(\omega, T) |^2 \right] d\omega \tag{4.15}$$

等式左端是**平稳随机信号 $X(t)$ 在时间 $(-\infty, \infty)$ 中的平均功率**。这里，平均的含义包括对时间的平均和对随机变量的平均。在频率

域中,记

$$S_X(\omega) = \lim_{T\to\infty} \frac{1}{2T} E\big[\,|\,F_X(\omega,T)\,|^2\,\big] \qquad (4.16)$$

称之为平稳随机信号 $X(t)$ 在 ω 处的功率谱密度,见图 2-6。

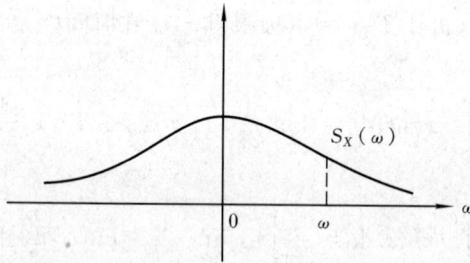

图 2-6

事实上,(4.15) 式的左端

$$\lim_{T\to\infty} E\Big[\frac{1}{2T}\int_{-T}^{T} X^2(t)\mathrm{d}t\Big] = \lim_{T\to\infty}\frac{1}{2T}\int_{-T}^{T} EX^2(t)\mathrm{d}t = EX^2(0)$$
$$= R_X(0)$$

因而(4.15) 式可以改写为

$$R_X(0) = \frac{1}{2\pi}\int_{-\infty}^{\infty} S_X(\omega)\mathrm{d}\omega$$

所以 $R_X(0)$ 表示平均功率。

3. 平稳随机信号功率谱密度和相关函数的关系　　设 $\int_{-\infty}^{\infty} |\,R_X(\tau)\,|\mathrm{d}\tau < \infty$。下面证明用(4.16) 式定义的功率谱密度 $S_X(\omega)$,有

$$S_X(\omega) = \int_{-\infty}^{\infty} \mathrm{e}^{-i\tau\omega} R_X(\tau)\mathrm{d}\tau \qquad (4.17)$$

即 $S_X(\omega)$ 是 $R_X(\tau)$ 的傅里叶变换。事实上,由(4.16) 和(4.13) 式

$$S_X(\omega) = \lim_{T\to\infty}\frac{1}{2T} E\{|\,F_X(\omega,T)\,|^2\}$$

$$= \lim_{T \to \infty} \frac{1}{2T} E\{F_X(\omega, T) F_X(-\omega, T)\}$$

$$= \lim_{T \to \infty} \frac{1}{2T} E\left\{ \int_{-T}^{T} X(t_2) e^{-i\omega t_2} dt_2 \int_{-T}^{T} X(t_1) e^{i\omega t_1} dt_1 \right\}$$

$$= \lim_{T \to \infty} \frac{1}{2T} \int_{-T}^{T} \int_{-T}^{T} E\{X(t_1) X(t_2)\} e^{-i\omega(t_2 - t_1)} dt_1 dt_2$$

$$= \lim_{T \to \infty} \frac{1}{2T} \int_{-T}^{T} \int_{-T}^{T} R_X(t_2 - t_1) e^{-i\omega(t_2 - t_1)} dt_1 dt_2$$

做积分变量变换 $\tau_1 = t_1 + t_2, \tau_2 = t_2 - t_1$。积分区域的变化见图 2-3。于是，

$$S_X(\omega) = \lim_{T \to \infty} \frac{1}{2T} \iint_H R_X(\tau_2) e^{-i\omega\tau_2} \frac{1}{2} d\tau_1 d\tau_2$$

$$= \lim_{T \to \infty} \frac{1}{2T} \int_{-2T}^{2T} (2T - |\tau_2|) R_X(\tau_2) e^{-i\omega\tau_2} d\tau_2$$

$$= \lim_{T \to \infty} \int_{-2T}^{2T} \left(1 - \frac{|\tau|}{2T}\right) R_X(\tau) e^{-i\omega\tau} d\tau$$

令

$$R_X^T(\tau) = \begin{cases} \left(1 - \dfrac{|\tau|}{2T}\right) R_X(\tau), & |\tau| < 2T \\ 0, & |\tau| > 2T \end{cases}$$

上式变为

$$S_X(\omega) = \lim_{T \to \infty} \int_{-\infty}^{\infty} R_X^T(\tau) e^{-i\omega\tau} d\tau$$

显然

$$\lim_{T \to \infty} R_X^T(\tau) = R_X(\tau)$$

由于 $\int_{-\infty}^{\infty} |R_X(\tau)| d\tau < \infty$，于是积分与极限交换次序，有

$$S_X(\omega) = \int_{-\infty}^{\infty} \lim_{T \to \infty} R_X^T(\tau) e^{-i\omega\tau} d\tau = \int_{-\infty}^{\infty} R_X(\tau) e^{-i\omega\tau} d\tau$$

最后证明了(4.17)式，即 $S_X(\omega)$ 是 $R_X(\tau)$ 的傅里叶变换。利用反演公式

$$R_X(\tau) = \frac{1}{2\pi}\int_{-\infty}^{\infty} S_X(\omega)\mathrm{e}^{\mathrm{i}\omega\tau}\,\mathrm{d}\omega \qquad (4.18)$$

所以功率谱密度 $S_X(\omega)$ 也就是(4.3)式中的谱密度。

三、谱密度的性质和计算

谱密度 $S_X(\omega)$ 是实的、非负的偶函数,对此我们可用谱密度的数学定义进行证明。由(4.3)式和 $R_X(\tau)$ 是偶函数,得

$$S_X(\omega) = \int_{-\infty}^{\infty} R_X(\tau)\mathrm{e}^{-\mathrm{i}\omega\tau}\,\mathrm{d}\tau = \int_{-\infty}^{\infty} R_X(\tau)\cos\omega\tau\,\mathrm{d}\tau$$

$$-\mathrm{i}\int_{-\infty}^{\infty} R_X(\tau)\sin\omega\tau\,\mathrm{d}\tau = 2\int_{0}^{\infty} R_X(\tau)\cos\omega\tau\,\mathrm{d}\tau$$

所以 $S_X(\omega)$ 是实的偶函数。又 $\widetilde{F}'(\omega) = S_X(\omega)$,而 $\widetilde{F}(\omega)$ 是非降的,故 $S_X(\omega)$ 非负。需要指出,这些性质也可以用功率谱密度的定义(4.16)式进行证明。

前面的功率谱密度也称**双边功率谱密度**。实用上圆频率不可能是负的。工程上还用**单边功率谱密度**,其定义为

$$G_X(\omega) = \begin{cases} 2S_X(\omega), & \omega \geqslant 0 \\ 0, & \omega < 0 \end{cases} \qquad (4.19)$$

它的图像如图 2-7。

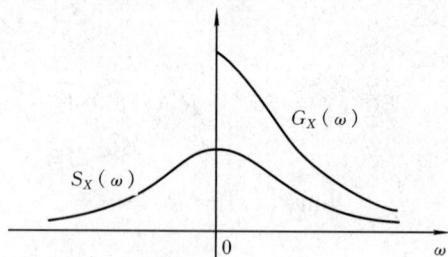

图 2-7

相关函数 $R_X(\tau)$ 和功率谱密度 $S_X(\omega)$ 之间关系也可以用实函数积分的形式表示。前面已得到

$$S_X(\omega) = 2\int_0^\infty R_X(\tau)\cos\omega\tau\,\mathrm{d}\tau \qquad (4.20)$$

由(4.18)式和 $S_X(\omega)$ 是偶函数又可以得到

$$R_X(\tau) = \frac{1}{\pi}\int_0^\infty S_X(\omega)\cos\omega\tau\,\mathrm{d}\omega \qquad (4.21)$$

下面介绍平稳过程谱密度的计算,包括由相关函数算谱密度和由谱密度算相关函数两个方面。实际上这是计算正反傅里叶变换的问题。计算方法有两种:一种是利用傅里叶变换原函数和象函数的表,以及傅里叶变换的性质进行计算,如表2-1中给出了最常用的相关函数和谱密度的变换;另一种是直接计算积分(4.17)式或(4.18)式。我们对两种方法分别进行介绍。先对表2-1做一些解释,然后通过例子介绍方法。

在表2-1中第1、2、3行的相关函数 $R_X(\tau)$ 分别是指数衰减,三角形,指数振荡衰减的函数;而第5、6、7行出现 $S_X(\omega)$ 或 $R_X(\tau)$ 是 δ 函数。为此先简单地介绍 δ 函数。

定义 若 $\delta(x-x_0)$ 满足

$$\delta(x-x_0) = \begin{cases} +\infty, & \text{当 } x = x_0 \\ 0, & \text{当 } x \neq x_0 \end{cases}$$

和

$$\int_{-\infty}^\infty \delta(x-x_0)\,\mathrm{d}x = 1$$

则称 $\delta(x-x_0)$ 是在 $x = x_0$ 的 **δ 函数**。

这不是通常意义下的函数,可以看成下面矩形波的极限。记

$$g_a(x-x_0) = \begin{cases} \dfrac{1}{2a}, & |x-x_0| < a \\ 0, & |x-x_0| \geqslant a \end{cases}$$

其中 $a > 0$,它的图像如图2-8。此时有

$$\lim_{a\to 0} g_a(x-x_0) = \delta(x-x_0)$$

关于 δ 函数的积分有如下公式:

$$\int_{-\infty}^{\infty} f(x)\delta(x-x_0)\mathrm{d}x = f(x_0)$$

表 2 - 1

	$R_X(\omega)$	$S_X(\omega)$
1	$e^{-a|\tau|}$	$\dfrac{2a}{a^2+\omega^2}$
2	$\begin{cases} 1-\dfrac{|\tau|}{T}, & |\tau|<T \\ 0, & |\tau|\geqslant T \end{cases}$	$\dfrac{4\sin^2\dfrac{\omega T}{2}}{T\omega^2}$
3	$e^{-a|\tau|}\cos\omega_0\tau$	$\dfrac{a}{a^2+(\omega-\omega_0)^2}+\dfrac{a}{a^2+(\omega+\omega_0)^2}$
4	$\dfrac{\sin\omega_0\tau}{\pi\tau}$	$\begin{cases} 1, & |\omega|<\omega_0 \\ 0, & |\omega|\geqslant\omega_0 \end{cases}$
5	1	$2\pi\delta(\omega)$
6	$\delta(\tau)$	1
7	$\cos\omega_0\tau$	$\pi[\delta(\omega-\omega_0)+\delta(\omega+\omega_0)]$

例 4 设平稳过程的相关函数是 $R_X(\tau) = S_0\delta(\tau)$，其中常数 $S_0 > 0$，计算它的谱密度。

事实上,由(4.17)式和用 δ 函数的积分,有

$$S_X(\omega) = S_0 \int_{-\infty}^{\infty} e^{-i\omega\tau} \delta(\tau) d\tau = S_0 e^{-i\omega_0} = S_0$$

结果表明谱密度等于常数,见图 2-9。功率谱密度为常数的平稳过程称为**白(色)噪声**。这个名称来自白色光可分解成各种频率的光谱,而功率谱大致均匀。需要指出这里是连续的白噪声,而 §1 例 1 中是对平稳序列而言的离散白噪声。本例是表 2-1 中的第 6 行。

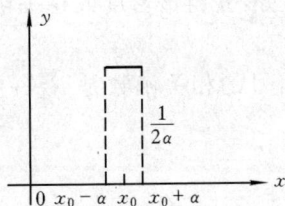

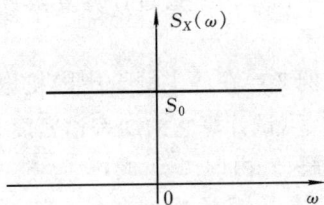

图 2-8   图 2-9

例 5 若平稳过程的谱密度 $S_X(\omega) = \delta(\omega)$,求相关函数。

事实上,由(4.18)式可得

$$R_X(\tau) = \frac{1}{2\pi} \int_{-\infty}^{\infty} \delta(\omega) e^{i\omega\tau} d\tau = \frac{1}{2\pi} e^{i\omega_0} = \frac{1}{2\pi}$$

结果表明相关函数是常数。这是表 2-1 中第 5 行。

表 2-1 中第 4 行,谱密度由对 $\omega = 0$ 直线对称的矩形给出,这种平稳过程称为低通白噪声。

例 6 在 §1 例 3,例 4 中相关函数形式是 $R_X(\tau) = \sigma^2 \cos\omega_0 t$,也是表 2-1 中第 7 行余弦函数的形式,试求谱密度。

解 把 $R_X(\tau)$ 改写为

$$R_X(\tau) = \frac{\sigma^2}{2}(e^{i\omega_0\tau} + e^{-i\omega_0\tau})$$

由(4.18)式,

$$\frac{\sigma^2}{2}(e^{i\omega_0\tau} + e^{-i\omega_0\tau}) = \frac{1}{2\pi} \int_{-\infty}^{\infty} S_X(\omega) e^{i\omega\tau} d\omega$$

由傅里叶变换中原函数与象函数的一一对应性,必有
$$S_X(\omega) = \pi\sigma^2[\delta(\omega - \omega_0) + \delta(\omega + \omega_0)]$$

需要指出上面三个例子的相关函数不符合前面的要求。在例 4 中 $R_X(0) = \infty$,表示平均功率是无穷大,而例 5 和例 6 中 $\int_{-\infty}^{\infty} |R_X(\tau)| \, d\tau = \infty$。所以这三个例子中的傅里叶变换和傅里叶反变换都不是通常意义下的,而仅是形式上的。

下面举两个通过计算复函数的积分,获得谱密度或相关函数的例子。

例 7　在 §1 例 5 中随机电报信号的相关函数是 $R_X(\tau) = I^2 e^{-2\lambda|\tau|}$,试计算它的功率谱密度。

解　由(4.17)式,
$$S_X(\omega) = I^2 \int_{-\infty}^{\infty} e^{-2\lambda|\tau|} e^{-i\omega\tau} \, d\tau = I^2 \int_{-\infty}^{\infty} e^{-2\lambda|\tau| - i\omega\tau} \, d\tau$$
$$= I^2 \int_0^{\infty} e^{-(2\lambda + i\omega)\tau} \, d\tau + I^2 \int_{-\infty}^0 e^{(2\lambda - i\omega)\tau} \, d\tau$$
$$= -I^2 \frac{e^{-(2\lambda + i\omega)\tau}}{2\lambda + i\omega}\Big|_0^{\infty} + I^2 \frac{e^{(2\lambda - i\omega)\tau}}{2\lambda - i\omega}\Big|_{-\infty}^0$$
$$= \frac{I^2}{2\lambda + i\omega} + \frac{I^2}{2\lambda - i\omega} = \frac{4\lambda I^2}{4\lambda^2 + \omega^2}$$

此结果也可通过查表 2-1 得到。

例 8　已知平稳过程的功率谱密度
$$S_X(\omega) = \frac{\omega^2 + 4}{\omega^4 + 10\omega^2 + 9}$$
求它的相关函数 $R_X(\tau)$ 和平均功率。

解　由(4.18)式
$$R_X(\tau) = \frac{1}{2\pi} \int_{-\infty}^{\infty} \frac{\omega^2 + 4}{\omega^4 + 10\omega^2 + 9} e^{i\omega\tau} \, d\omega \qquad (4.22)$$

这种积分可以用复变函数中的留数进行计算。先介绍一个公式:若 $R(x)$ 是分母无实零点的有理函数,且分子分母没有相同的零点,而分母的幂比分子至少高一次,则对 $a > 0$ 有

$$\int_{-\infty}^{\infty} R(x) e^{aix} dx = 2\pi i \sum_{k} \text{Res}[R(z) e^{aiz}, z_k] \qquad (4.23)$$

上面和式中 z_k 是 $R(z)$ 的分母在上半复数平面的零点。

考虑 (4.22) 式中 $\tau > 0$ 的情况。由

$$z^4 + 10z^2 + 9 = (z^2 + 9)(z^2 + 1) = 0$$

得到零点 $z = \pm 3i, \pm i$,其中 $z = 3i, i$ 是在上半平面的两个零点。利用公式 (4.23) 得

$$R_X(\tau) = \frac{1}{2\pi} \cdot 2\pi i \left\{ \text{Res}\left[\frac{z^2 + 4}{(z^2 + 9)(z^2 + 1)} e^{i\tau z}, i \right] \right.$$

$$\left. + \text{Res}\left[\frac{z^2 + 4}{(z^2 + 9)(z^2 + 1)} e^{i\tau z}, 3i \right] \right\}$$

$$= i \left\{ \frac{3}{16i} e^{-\tau} + \frac{5}{48i} e^{-3\tau} \right\} = \frac{1}{48}(9e^{-\tau} + 5e^{-3\tau})$$

由于 $R_X(\tau)$ 是偶函数,对任意 τ 有

$$R_X(\tau) = \frac{1}{48}(9e^{-|\tau|} + 5e^{-3|\tau|})$$

而平均功率是 $R_X(0) = \dfrac{14}{48} = \dfrac{7}{24}$。

最后介绍利用傅里叶变换原函数和象函数的表,以及傅里叶变换的性质计算谱密度或相关函数的方法。傅里叶变换用记号 $\mathscr{F}$ 表示,而 $\mathscr{F}^{-1}$ 表示反傅里叶变换。此时 (4.17) 和 (4.18) 式可分别表示为

$$\mathscr{F}\{R_X(\tau)\} = S_X(\omega)$$

和

$$\mathscr{F}^{-1}\{S_X(\omega)\} = R_X(\tau)$$

其中 $R_X(\tau)$ 和 $S_X(\omega)$ 分别称为傅里叶变换的原函数和象函数。傅里叶变换的性质很多,我们仅列出下面三条性质:

(1) 线性性质 $\mathscr{F}\{c_1 f_1(\tau) + c_2 f_2(\tau)\}$

$$= c_1 \mathscr{F}\{f_1(\tau)\} + c_2 \mathscr{F}\{f_2(\tau)\}$$

(2) 反傅里叶变换线性性质 $\mathscr{F}^{-1}\{c_1 \varphi_1(\omega) + c_2 \varphi_2(\omega)\}$

$$= c_1 \mathscr{F}^{-1}\{\varphi_1(\omega)\} + c_2 \mathscr{F}^{-1}\{\varphi_2(\omega)\}$$

这里 c_1, c_2 是常数。

(3) 卷积性质　$\mathscr{F}\left\{\displaystyle\int_{-\infty}^{\infty} f(u)g(\tau-u)\mathrm{d}u\right\}$

$$= \mathscr{F}\left\{\int_{-\infty}^{\infty} f(\tau-u)g(u)\mathrm{d}u\right\}$$

$$= \mathscr{F}\{f(\tau)\}\mathscr{F}\{g(\tau)\}$$

例 9　已知平稳过程 $X(t)$ 的相关函数

$$R_X(\tau) = 5 + 4\mathrm{e}^{-3|\tau|}\cos^2 2\tau$$

试求谱密度 $S_X(\omega)$。

解　由题设

$$R_X(\tau) = 5 + 2\mathrm{e}^{-3|\tau|}(1+\cos 4\tau)$$

$$= 5 + 2\mathrm{e}^{-3|\tau|} + 2\mathrm{e}^{-3|\tau|}\cos 4\tau$$

利用傅里叶变换性质和表 2-1,

$S_X(\omega) = \mathscr{F}\{R_X(\tau)\} = 5\mathscr{F}\{1\} + 2\mathscr{F}\{\mathrm{e}^{-3|\tau|}\} + 2\mathscr{F}\{\mathrm{e}^{-3|\tau|}\cos 4\tau\}$

$$= 10\pi\delta(\omega) + 2\,\frac{6}{9+\omega^2} + 2\left[\frac{3}{9+(\omega-4)^2} + \frac{3}{9+(\omega+4)^2}\right]$$

$$= 10\pi\delta(\omega) + \frac{12}{9+\omega^2} + \frac{6}{9+(\omega-4)^2} + \frac{6}{9+(\omega+4)^2}$$

例 10　对例 8 中的谱密度 $S_X(\omega)$,试用傅里叶变换法求相关函数 $R_X(\tau)$。

解　由于 $R_X(\tau)$ 是 $S_X(\omega)$ 的反傅里叶变换,而 $S_X(\omega)$ 是有理分式。通常先把 $S_X(\omega)$ 化成部分分式后,再求原函数 $R_X(\tau)$。$S_X(\omega)$ 可以表示成部分分式

$$S_X(\omega) = \frac{\omega^2+4}{\omega^4+10\omega^2+9} = \frac{A}{\omega^2+1} + \frac{B}{\omega^2+9}$$

利用恒等关系可确定常数 $A = \dfrac{3}{8}, B = \dfrac{5}{8}$。于是,

$$R_X(\tau) = \mathscr{F}^{-1}\{S_X(\omega)\} = \mathscr{F}^{-1}\left\{\frac{3}{8}\cdot\frac{1}{\omega^2+1} + \frac{5}{8}\cdot\frac{1}{\omega^2+9}\right\}$$

$$= \frac{3}{8}\mathscr{F}^{-1}\left\{\frac{1}{\omega^2+1}\right\} + \frac{5}{8}\mathscr{F}^{-1}\left\{\frac{1}{\omega^2+9}\right\}$$

查表 2 - 1 可得

$$R_X(\tau) = \frac{3}{8} \cdot \frac{1}{2} e^{-|\tau|} + \frac{5}{8} \cdot \frac{1}{6} e^{-3|\tau|} = \frac{3}{16} e^{-|\tau|} + \frac{5}{48} e^{-3|\tau|}$$

所得结果与例 8 相同。显然,用现在这种方法计算比较方便。

在工程技术中经常遇到一类有理谱密度

$$S_X(\omega) = s_0 \frac{\omega^{2n} + a_{2n-2}\omega^{2n-2} + \cdots + a_0}{\omega^{2m} + b_{2m-2}\omega^{2m-2} + \cdots + b_0}, \quad -\infty < \omega < \infty$$

其中 $s_0, a_{2n-2}, \cdots, a_2, a_0, b_{2m-2}, \cdots, b_2, b_0$ 都是实数,$s_0 > 0, n < m$;且分子分母没有相同的零点,分母没有实数的零点。

上式要求有理函数的分子分母只出现偶次项的原因是 $S_X(\omega)$ 为偶函数;而要 $n < m$ 的理由是保证

$$\int_{-\infty}^{\infty} S_X(\omega) d\omega < \infty$$

使 $R_X(\tau)$ 与 $S_X(\omega)$ 有正反傅里叶变换关系。在本节例 8 和例 7 中所见到的谱密度都是有理谱密度。

四、互谱密度及其性质

平稳过程的谱密度也称自谱密度。设平稳过程 $X(t), Y(t)$ 是平稳相关的,我们可以定义互谱密度。自谱密度在 $\int_{-\infty}^{\infty} |R_{(\tau)}| d\tau < \infty$ 的条件下定义为 $R_X(\tau)$ 的傅里叶变换,即

$$S_X(\omega) = \int_{-\infty}^{\infty} R_X(\tau) e^{-i\omega\tau} d\tau, \quad -\infty < \omega < \infty$$

同样地,设互相关函数满足 $\int_{-\infty}^{\infty} |R_{XY}(\tau)| d\tau < \infty$,则 $R_{XY}(\tau)$ 的傅里叶变换

$$S_{XY}(\omega) = \int_{-\infty}^{\infty} R_{XY}(\tau) e^{-i\omega\tau} d\tau, \quad -\infty < \omega < \infty \quad (4.24)$$

存在,称之为**平稳过程 $X(t), Y(t)$ 的互谱密度**。

利用傅里叶变换的反演公式,有

$$R_{XY}(\tau) = \frac{1}{2\pi} \int_{-\infty}^{\infty} S_{XY}(\omega) e^{i\omega\tau} d\omega, \quad -\infty < \tau < \infty \quad (4.25)$$

即 $R_{XY}(\tau)$ 是 $S_{XY}(\omega)$ 的反傅里叶变换。

需要指出,互谱密度一般是 ω 的复函数,不能像自谱密度那样有物理意义。它的作用在于把讨论互相关函数转换到频率域中成为讨论互谱密度。

互谱密度具有下列性质:

(1) $S_{XY}(-\omega) = S_{XY}^*(\omega)$,$S_{XY}^*(\omega) = S_{YX}(\omega)$。前一等式表示 $S_{XY}(\omega)$ 具有共轭对称性。

证 利用互谱密度定义

$$S_{XY}(-\omega) = \int_{-\infty}^{\infty} R_{XY}(\tau)e^{i\omega\tau}\,d\tau = \overline{\int_{-\infty}^{\infty} R_{XY}(\tau)e^{-i\omega\tau}\,d\tau} = S_{XY}^*(\omega)$$

又用互相关函数性质

$$S_{XY}(-\omega) = \int_{-\infty}^{\infty} R_{XY}(\tau)e^{i\omega\tau}\,d\tau = \int_{-\infty}^{\infty} R_{XY}(-\tau')e^{-i\omega\tau'}\,d\tau'$$

$$= \int_{-\infty}^{\infty} R_{YX}(\tau')e^{-i\omega\tau'}\,d\tau' = S_{YX}(\omega)。 \quad 证毕。$$

(2) $\text{Re}[S_{XY}(\omega)]$,$\text{Re}[S_{YX}(\omega)]$ 是实的偶函数,而 $\text{Im}[S_{XY}(\omega)]$,$\text{Im}[S_{YX}(\omega)]$ 是实的奇函数。

证 由(4.24)式

$$S_{XY}(\omega) = \int_{-\infty}^{\infty} R_{XY}(\tau)\cos\omega\tau\,d\tau - i\int_{-\infty}^{\infty} R_{XY}(\tau)\sin\omega\tau\,d\tau$$

故 $$\text{Re}[S_{XY}(\omega)] = \int_{-\infty}^{\infty} R_{XY}(\tau)\cos\omega\tau\,d\tau$$

$$\text{Im}[S_{XY}(\omega)] = -\int_{-\infty}^{\infty} R_{XY}(\tau)\sin\omega\tau\,d\tau$$

显然 $\text{Re}[S_{XY}(\omega)]$ 是偶函数,而 $\text{Im}[S_{XY}(\omega)]$ 是奇函数。同理可证 $\text{Re}[S_{YX}(\omega)]$ 是偶函数,而 $\text{Im}[S_{YX}(\omega)]$ 是奇函数。证毕。

(3) 互谱密度与自谱密度有不等式关系

$$|S_{XY}(\omega)| \leqslant \sqrt{S_X(\omega)}\,\sqrt{S_Y(\omega)}$$

证 类似于自谱密度可用(4.16)式表示,对互谱密度有

$$S_{XY}(\omega) = \lim_{T\to\infty} \frac{1}{2T}E\{F_X(-\omega,T)F_Y(\omega,T)\}$$

因而

$$|S_{XY}(\omega)| = \lim_{T\to\infty}\frac{1}{2T}|E\{F_X(-\omega,T)F_Y(\omega,T)\}|$$

利用许瓦尔兹不等式 $E|XY| \leqslant \sqrt{E|X|^2}\cdot\sqrt{E|Y|^2}$，可得

$$|S_{XY}(\omega)| \leqslant \lim_{T\to\infty}\frac{1}{2T}\sqrt{E\{|F_X(-\omega,T)|^2\}}\cdot\sqrt{E\{|F_Y(\omega,T)|^2\}}$$

$$= \sqrt{\lim_{T\to\infty}\frac{1}{2T}E\{|F_X(\omega,T)|^2\}}\cdot\sqrt{\lim_{T\to\infty}\frac{1}{2T}E\{|F_Y(\omega,T)|^2\}}$$

$$= \sqrt{S_X(\omega)}\cdot\sqrt{S_Y(\omega)}。\quad 证毕。$$

例 11　设平稳过程 $X(t),Y(t)$ 是平稳相关的,它们的自谱密度和互谱密度分别为 $S_X(\omega),S_Y(\omega),S_{XY}(\omega)$。试证 $Z(t)=X(t)+Y(t)$ 是平稳过程,并求它的自谱密度。

解　分别计算 $Z(t)$ 的数学期望和相关函数,

$$EZ(t)=EX(t)+EY(t)=m_X+m_Y$$

又

$$\begin{aligned}R_Z(t,t+\tau)&=E[Z(t)Z(t+\tau)]\\&=E\{[X(t)+Y(t)][X(t+\tau)+Y(t+\tau)]\}\\&=E[X(t)X(t+\tau)]+E[Y(t)Y(t+\tau)]\\&\quad+E[X(t)Y(t+\tau)]+E[Y(t)X(t+\tau)]\\&=R_X(\tau)+R_Y(\tau)+R_{XY}(\tau)+R_{YX}(\tau)\end{aligned}$$

与 t 无关,所以 $Z(t)$ 是平稳过程。把上式写为

$$R_Z(\tau)=R_X(\tau)+R_Y(\tau)+R_{XY}(\tau)+R_{YX}(\tau)$$

在等式两边取傅里叶变换得

$$\begin{aligned}S_Z(\omega)&=S_X(\omega)+S_Y(\omega)+S_{XY}(\omega)+S_{YX}(\omega)\\&=S_X(\omega)+S_Y(\omega)+S_{XY}(\omega)+S_{XY}^*(\omega)\\&=S_X(\omega)+S_Y(\omega)+2\mathrm{Re}[S_{XY}(\omega)]\end{aligned}$$

*§5　平稳过程的谱分解

在上一节中介绍了平稳过程的相关函数的谱分解,从而获得

了谱函数和谱密度。本节将介绍对平稳过程本身进行谱分解。

在高等数学中，满足一定条件的周期函数可以展开成傅里叶级数。对于非周期函数 $x(t)$，如果满足狄利克雷条件和 $\int_{-\infty}^{\infty} |x(t)| \, dt < \infty$，那么它可以表示成傅里叶积分

$$x(t) = \int_{-\infty}^{\infty} e^{i t\omega} f(\omega) d\omega \qquad (5.1)$$

如果不加条件 $\int_{-\infty}^{\infty} |x(t)| \, dt < \infty$，更一般地可以表示成

$$x(t) = \int_{-\infty}^{\infty} e^{i t\omega} dF(\omega) \qquad (5.2)$$

(5.1) 式表示 $x(t)$ 是复谐分量 $f(\omega) d\omega e^{i t\omega}$ 的无限叠加和；(5.2) 式表示 $x(t)$ 是复谐分量 $dF(\omega) e^{i t\omega}$ 的无限叠加和；两个谐分量的振幅都是无穷小量——微分，而圆频率 ω 都是在 $(-\infty, \infty)$ 区间中分布。这些是对确定性函数 $x(t)$ 作谱分解。

对于平稳过程 $\{X(t), -\infty < t < \infty\}$ 有没有相应类似的结论呢？在 §1 中例 6 说明两两不相关的复谐分量的有限叠加而成的随机过程是平稳过程。一般地说，平稳过程 $\{X(t), -\infty < t < \infty\}$ 有类似于 (5.2) 式的展开式。在本节中假定平稳过程 $X(t)$ 的数学期望 $EX = m_X = 0$。事实上，当 $m_X \neq 0$ 时，可作随机过程 $Y(t) = X(t) - m_X$。显然，$Y(t)$ 是满足 $EY(t) = 0$ 的平稳过程。

我们先叙述正交增量过程。

定义　设复随机过程 $\{Z(t), t \in T\}$。若对 T 中满足 $t_1 < t_2 \leqslant t_3 < t_4$ 条件的任意 t_1、t_2、t_3、t_4，有

$$E\{[Z(t_2) - Z(t_1)] \overline{[Z(t_4) - Z(t_3)]}\} = 0 \qquad (5.3)$$

则称 $Z(t)$ 是**正交增量过程**。

如果正交增量过程 $\{Z(t), t \in T\}$ 对 T 中任意 t_1、t_2，有 $E[Z(t_2) - Z(t_1)] = 0$，可以称 $Z(t)$ 为**不相关增量过程**。

设 $T = [a, b]$，$Z(t)$ 是 T 上的正交增量过程，且 $Z(a) = 0$。对 $s < t$，有

$$R_Z(s,t) = E\{Z(s)\,\overline{Z(t)}\} = E\{Z(s)\overline{[Z(s)+Z(t)-Z(s)]}\}$$
$$= E\{Z(s)\overline{Z(s)}\} + E\{Z(s)\overline{[Z(t)-Z(s)]}\} = E\{\mid Z(s)\mid^2\}$$
$$= \psi_Z(s)$$

下面给出平稳过程谱分解的定理。

定理 1(平稳过程谱分解定理) 设 $\{X(t), -\infty < t < \infty\}$ 是均方连续的平稳过程,它的数学期望 $EX(t)=0$,谱函数为 $F(\omega)$,则 $X(t)$ 可以表示为

$$X(t) = \int_{-\infty}^{\infty} \mathrm{e}^{\mathrm{i}t\omega}\mathrm{d}Z(\omega), \quad -\infty < t < \infty \tag{5.4}$$

其中

$$Z(\omega) = \underset{T\to\infty}{\mathrm{l.i.m}}\frac{1}{2\pi}\int_{-T}^{T}\frac{\mathrm{e}^{-\mathrm{i}\omega t}-1}{-\mathrm{i}t}X(t)\mathrm{d}t, \quad -\infty < \omega < \infty \tag{5.5}$$

且有如下性质:

(1) $EZ(\omega) = 0$;

(2) 对于不相重叠的区间 $(\omega_1,\omega_2],(\omega_3,\omega_4]$,有
$$E\{[Z(\omega_2)-Z(\omega_1)]\overline{[Z(\omega_4)-Z(\omega_3)]}\} = 0;$$

(3) $E\mid Z(\omega_2)-Z(\omega_1)\mid^2 = \frac{1}{2\pi}[F(\omega_2)-F(\omega_1)]$, $\omega_2 > \omega_1$。
$$\tag{5.6}$$

上面(5.4)式称为平稳过程 $X(t)$ 的谱分解式。$Z(\omega)$ 称为 $X(t)$ 的随机谱函数。性质(2)表明 $Z(\omega)$ 是正交增量过程。性质(3)给出随机谱函数与谱函数的联系。

此定理的证明很复杂,在此省略。下面说明这个定理的实际意义。由(5.4)式,

$$X(t) = \underset{T\to\infty}{\mathrm{l.i.m}}\int_{-T}^{T}\mathrm{e}^{\mathrm{i}t\omega}\mathrm{d}Z(\omega)$$

把区间等分为 $2N$ 个子区间,由均方积分定义

$$X(t) = \underset{T\to\infty}{\mathrm{l.i.m}}\ \underset{N\to\infty}{\mathrm{l.i.m}}\sum_{k=-N+1}^{N}\mathrm{e}^{\mathrm{i}t\frac{k}{N}T}\left[Z\left(\frac{kT}{N}\right)-Z\left(\frac{(k-1)T}{N}\right)\right]$$

此式表明平稳过程 $X(t)$ 可以看成振幅为 $Z\left(\dfrac{kT}{N}\right) - Z\left(\dfrac{(k-1)T}{N}\right)$，圆频率为 $\dfrac{k}{N}T$ 的谐分量的有限次叠加和的均方极限.简单地说,也可以直接解释为 $X(t)$ 是谐分量 $\mathrm{d}Z(\omega)\mathrm{e}^{\mathrm{i}t\omega}$ 的无限叠加和,而 ω 在区间 $(-\infty,\infty)$ 中.

对平稳序列也有类似的谱分解定理.

定理 2(平稳序列谱分解定理) 设 $\{X(n),n=0,\pm 1,\pm 2,\cdots\}$ 是平稳序列,且数学期望 $EX(n)=0$,谱函数为 $F(\omega)(-\pi\leqslant\omega\leqslant\pi)$,则 $X(n)$ 可以表示为

$$X(n) = \int_{-\pi}^{\pi} \mathrm{e}^{\mathrm{i}n\omega}\mathrm{d}Z(\omega), \quad n=0,\pm 1,\pm 2,\cdots \quad (5.7)$$

其中

$$Z(\omega) = \frac{1}{2\pi}\left\{\omega X(0) - \sum_{n=0}\frac{\mathrm{e}^{-\mathrm{i}n\omega}}{\mathrm{i}n}X(n)\right\}, \quad -\pi\leqslant\omega\leqslant\pi$$

且有如下性质:

(1) $EZ(\omega)=0$;

(2) 对于不相重叠的区间 $(\omega_1,\omega_2],(\omega_3,\omega_4]$,有

$$E\{[Z(\omega_2)-Z(\omega_1)]\overline{[Z(\omega_4)-Z(\omega_3)]}\}=0;$$

(3) $E\mid Z(\omega_2)-Z(\omega_1)\mid^2 = \dfrac{1}{2\pi}[F(\omega_2)-F(\omega_1)]$, $\omega_2>\omega_1$.

上面(5.7)式称为**平稳序列 $X(n)$ 的谱分解式**.其中的 $Z(\omega)$ 称为 $X(n)$ 的**随机谱函数**.性质(2)表明 $Z(\omega)$ 是 $[-\pi,\pi]$ 上的正交增量过程.性质(3)给出随机谱函数和谱函数的联系.

对实平稳过程 $\{X(t),-\infty<t<\infty\}$ 的谱分解式(5.4),还可以用实随机积分表示.

$$X(t) = \int_{-\infty}^{\infty}(\cos\omega t + \mathrm{i}\sin\omega t)\mathrm{d}[\mathrm{Re}Z(\omega)+\mathrm{i}\mathrm{Im}Z(\omega)]$$

$$= \int_{-\infty}^{\infty}\cos\omega t\,\mathrm{d}[\mathrm{Re}Z(\omega)] - \int_{-\infty}^{\infty}\sin\omega t\,\mathrm{d}[\mathrm{Im}Z(\omega)]$$

记 $Z_1(\omega)=2\mathrm{Re}Z(\omega)$,$Z_2(\omega)=-2\mathrm{Im}Z(\omega)$.我们可以证明有如下

定理。

定理 3(实平稳过程谱分解定理)　设 $\{X(t), -\infty < t < \infty\}$ 是均方连续的实平稳过程,它的数学期望 $EX(t) = 0$,谱函数为 $F(\omega)$,则

$$X(t) = \int_0^\infty \cos\omega\, t\, \mathrm{d}Z_1(\omega) + \int_0^\infty \sin\omega\, t\, \mathrm{d}Z_2(\omega) \qquad (5.8)$$

其中

$$Z_1(\omega) = \underset{T\to\infty}{\mathrm{l.\,i.\,m}} \frac{1}{\pi}\int_{-T}^{T} \frac{\sin\omega\, t}{t}X(t)\mathrm{d}t$$

和

$$Z_2(\omega) = \underset{T\to\infty}{\mathrm{l.\,i.\,m}} \frac{1}{\pi}\int_{-T}^{T} \frac{1-\cos\omega\, t}{t}X(t)\mathrm{d}t$$

且有如下性质:

(1) $EZ_1(\omega) = EZ_2(\omega) = 0$;

(2) 当 $i \neq j$ 或 $i = j$,对于不相重叠的区间 $(\omega_1,\omega_2]$,$(\omega_3,\omega_4]$,有

$$E\{[Z_i(\omega_2) - Z_i(\omega_1)][Z_j(\omega_4) - Z_j(\omega_3)]\} = 0, \quad i,j = 1,2;$$

(3) $E[Z_1(\omega_2) - Z_1(\omega_1)]^2 = E[Z_2(\omega_2) - Z_2(\omega_1)]^2$

$$= \frac{1}{\pi}[F(\omega_2) - F(\omega_1)], \quad \omega_2 > \omega_1。$$

上面(5.8)式称为**实平稳过程 $X(t)$ 的谱展式**,而其中 $Z_1(\omega)$、$Z_2(\omega)$ 称为**随机谱函数**。

对实平稳序列也有类似的谱分解定理。

定理 4(实平稳序列谱分解定理)　设 $\{X(n), n = 0, \pm 1, \pm 2, \cdots\}$ 是实平稳序列,且数学期望 $EX(n) = 0$,它的谱函数为 $F(\omega)(-\pi \leqslant \omega \leqslant \pi)$,则 $X(n)$ 可以表示为

$$X(n) = \int_0^\pi \cos\omega t\, \mathrm{d}Z_1(\omega) + \int_0^\pi \sin\omega t\, \mathrm{d}Z_2(\omega), \quad n = 0, \pm 1, \pm 2, \cdots$$

$$(5.9)$$

其中

$$Z_1(\omega) = \frac{1}{\pi}\left\{\omega X(0) + \sum_{n=0} \frac{\sin n\,\omega}{n}X(n)\right\}, \quad -\pi \leqslant \omega \leqslant \pi$$

和

$$Z_2(\omega) = -\frac{1}{\pi}\sum_{n=0}\frac{\cos n\,\omega}{n}X(n), \quad -\pi \leqslant \omega \leqslant \pi$$

且有如下性质：

(1) $EZ_1(\omega) = EZ_2(\omega) = 0$；

(2) 当 $i \neq j$ 或 $i = j$，对于不相重叠的区间 $(\omega_1, \omega_2]$, $(\omega_3, \omega_4]$，有

$$E\{[Z_i(\omega_2) - Z_i(\omega_1)][Z_j(\omega_4) - Z_j(\omega_3)]\} = 0, \quad i, j = 1, 2;$$

(3) $E[Z_1(\omega_2) - Z_1(\omega_1)]^2 = E[Z_2(\omega_2) - Z_2(\omega_1)]^2$

$$= \frac{1}{\pi}[F(\omega_2) - F(\omega_1)], \quad \omega_2 > \omega_1.$$

上面 (5.9) 式称为**实平稳序列 $X(n)$ 的谱展式**，而其中 $Z_1(\omega)$、$Z_2(\omega)$ 称为**随机谱函数**。

§6 线性系统中的平稳过程

在工程和物理中经常会遇到线性系统。例如，对某一个电路输入端加一定的电压，那么在输出端会输出一定的电压，于是电路对输入电压与输出电压而言就构成一个系统。在单输入和单输出的线性系统中，如果输入是一个时间 t 的函数 $x(t)$，那么系统的输出亦是一个时间 t 的函数 $y(t)$。在这种线性系统中，如果输入是一个平稳过程 $X(t)$，那么输出应该是一个随机过程。这个输出随机过程是否是平稳的呢？输入随机过程与输出随机过程的相关情况又怎样呢？本节将要回答这些问题。为此，我们先简单地介绍一些有关线性系统的知识。

一、线性系统简介

这里，我们讨论系统的输入是一个时间 t 的确定函数 $x(t)$，而相

应的输出亦是一个时间 t 的确定函数 $y(t)$ 情形。一个系统可以用一个运算子 L 表示，而输入和输出函数之间的关系是 $y(t) = L[x(t)]$，如图 2-10 所示。输出 $y(t)$ 亦称为**系统对输入 $x(t)$ 的响应**。

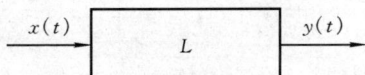

图 2-10

定义 1　设系统 L，如果 $y_1(t) = L[x_1(t)]$，$y_2(t) = L[x_2(t)]$，而对任意常数 c_1, c_2 有

$$c_1 y_1(t) + c_2 y_2(t) = L[c_1 x_1(t) + c_2 x_2(t)]$$

那么称 L 是**线性系统**。

定义 2　如果系统 L 对任意 τ 有

$$L[x(t+\tau)] = y(t+\tau)$$

那么称系统 L 是**定常的或时不变的**。

在工程技术中很多定常的线性系统，其输入 $x(t)$ 和输出 $y(t)$ 的关系可用常系数线性微分方程描述

$$b_n \frac{\mathrm{d}^n y}{\mathrm{d}t^n} + b_{n-1} \frac{\mathrm{d}^{n-1} y}{\mathrm{d}t^{n-1}} + \cdots + b_0 y = a_m \frac{\mathrm{d}^m x}{\mathrm{d}t^m} + a_{m-1} \frac{\mathrm{d}^{m-1} x}{\mathrm{d}t^{m-1}} + \cdots + a_0 x,$$

$$-\infty < t < \infty \tag{6.1}$$

这里假定 $n > m$。顺便指出：不难用定义检验，由 (6.1) 式给出的系统是定常的线性系统。

我们用拉普拉斯变换法求解方程 (6.1)。在此方程两边取双边拉普拉斯变换[①]，利用拉普拉斯变换的微分性质可得

---

①　双边拉普拉斯变换定义为 $\mathscr{L}[f(t)] = \int_{-\infty}^{\infty} f(t) \mathrm{e}^{-pt} \mathrm{d}t$，其中 p 为复数。若函数 $f(t)$ 满足：当 $t > 0$ 时 $f(t) < c_1 \mathrm{e}^{\alpha t}$，而当 $t < 0$ 时 $|f(t)| < c_2 \mathrm{e}^{\beta t}$，其中 $c_1 > 0, c_2 > 0$，则积分 $\mathscr{F}[f(t)]$ 在区域 $\alpha < \mathrm{Re}\, p < \beta$ 内收敛。双边拉普拉斯变换具有微分性质 $\mathscr{F}[f^{(n)}(t)] = p^n \mathscr{F}[f(t)]$。

$$(b_n p^n + b_{n-1} p^{n-1} + \cdots + b_0) Y(p)$$
$$= (a_m p^m + a_{m-1} p^{m-1} + \cdots + a_0) X(p) \tag{6.2}$$

其中

$$X(p) = \mathscr{L}\left[x(t)\right] = \int_{-\infty}^{\infty} x(t) e^{-pt} dt$$

$$Y(p) = \mathscr{L}\left[y(t)\right] = \int_{-\infty}^{\infty} y(t) e^{-pt} dt$$

而参数 $p = \sigma + i\omega$，这里 σ、ω 是实数。

由(6.2)式解出 $Y(p)$，有

$$Y(p) = H(p) X(p) \tag{6.3}$$

其中

$$H(p) = \frac{a_m p^m + a_{m-1} p^{m-1} + \cdots + a_0}{b_n p^n + b_{n-1} p^{n-1} + \cdots + b_0} \tag{6.4}$$

$H(p)$ 完全由系统的动态特性所确定，称为**线性系统的传递函数**。

作 $H(p)$ 的反拉普拉斯变换，记

$$\mathscr{L}^{-1}\left[H(p)\right] = h(t)$$

即

$$H(p) = \int_{-\infty}^{\infty} h(t) e^{-pt} dt \tag{6.5}$$

显然 $h(t)(-\infty < t < \infty)$ 亦能描绘系统的动态特性。$h(t)$ 称为**线性系统的脉冲响应函数**。这个名词的来源是：当系统输入一个单位脉冲函数 $\delta(t)$，那么有 $X(p) = 1$；用(6.3)式得 $Y(p) = H(p)$，于是得到系统的响应 $y(t) = h(t)$，即 $h(t)$ 是系统对单位脉冲函数输入的响应。

对(6.3)式两边作反拉普拉斯变换得

$$y(t) = \int_{-\infty}^{\infty} x(t-\lambda) h(\lambda) d\lambda \tag{6.6}$$

此式表明由(6.1)式给出的定常线性系统的输出 $y(t)$，是输入

$x(t)$ 和单位脉冲响应函数 $h(t)$ 的卷积[①]。

一个定常线性系统可用图 2-11 表示。

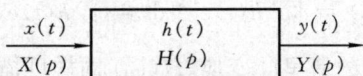

图 2-11

下面对系统介绍两个名词。在工程中要求系统在 t 时刻以前的输入完全能确定 t 时刻的响应,而 t 时刻以后的输入对 t 时刻的响应不起作用。由(6.6)式可见,这相当于要求脉冲响应函数有

$$h(t) = 0, \quad t < 0$$

满足此条件的系统称为**物理可实现的系统**。对物理可实现的系统,(6.6)式变成

$$y(t) = \int_0^\infty x(t-\lambda)h(\lambda)\mathrm{d}\lambda \qquad (6.7)$$

或

$$y(t) = \int_{-\infty}^t x(\lambda)h(t-\lambda)\mathrm{d}\lambda$$

另外,要求**系统是稳定的**,即对每一个有界的输入(函数)必定产生有界的输出(函数)。由(6.7)式可见,如果物理可实现的定常线性系统的脉冲响应函数 $h(t)$ 满足

$$\int_0^\infty |h(t)|\,\mathrm{d}t < \infty$$

则系统是稳定的。

我们后面讨论的线性系统都假定是物理可实现的和稳定的。应当指出,根据积分变换理论,要使由方程(6.1)描述的系统是物理可实现的和稳定的,只要系统的转递函数 $H(p)$ 在 $\mathrm{Re}\,p \geqslant 0$

---

① 理论上可以证明一般的连续定常线性系统的输入与输出间关系必定可以表示成(6.6)式的形式。可见参考书[18]第 199 页。

解析。

对于物理可实现的和稳定的系统,在(6.5)式中取 $p = \mathrm{i}\omega$ 得

$$H(\mathrm{i}\omega) = \int_{-\infty}^{\infty} h(t)\mathrm{e}^{-\mathrm{i}\omega t}\,\mathrm{d}t = \int_{0}^{\infty} h(t)\mathrm{e}^{-\mathrm{i}\omega t}\,\mathrm{d}t \qquad (6.8)$$

即 $H(\mathrm{i}\omega)$ 是 $h(t)$ 的傅里叶变换。$H(\mathrm{i}\omega)$ 同样可描述系统的动态特性。我们称 $H(\mathrm{i}\omega)$ 为**系统的频率响应函数**。由(6.8)式,显然有 $H^*(\mathrm{i}\omega) = H(-\mathrm{i}\omega)$。

脉冲响应函数 $h(t)$,传递函数 $H(p)$ 和频率响应函数 $H(\mathrm{i}\omega)$ 都可以描述系统的动态特性。

例 1 设 $R\text{-}C$ 电路系统如图 $6-12$ 所示,图中 $x(t)$ 与 $y(t)$ 分别表示系统的输入和输出电压,试求系统的传递函数,脉冲响应函数和频率响应函数。

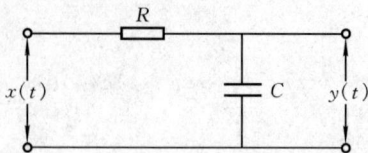

图 $2-12$

解 由电学知识可知,输出电压 $y(t)$ 满足线性微分方程

$$RC\,\frac{\mathrm{d}y(t)}{\mathrm{d}t} + y(t) = x(t)$$

设 $\alpha = \dfrac{1}{RC}$,上式可改写为

$$\frac{1}{\alpha}\,\frac{\mathrm{d}y(t)}{\mathrm{d}t} + y(t) = x(t)$$

在方程的两边取拉普拉斯变换得

$$\frac{p}{\alpha}Y(p) + Y(p) = X(p)$$

解出

$$Y(p) = \frac{1}{\dfrac{p}{\alpha}+1}X(p) = \frac{\alpha}{p+\alpha}X(p)$$

所以传递函数

$$H(p) = \frac{\alpha}{p + \alpha}$$

而脉冲响应函数

$$h(t) = \mathscr{L}^{-1}[H(p)] = \begin{cases} \alpha e^{-at}, & t \geqslant 0 \\ 0, & t < 0 \end{cases}$$

又频率响应函数

$$H(i\omega) = \frac{\alpha}{i\omega + \alpha}$$

表2-2中对各种常见的电路系统列出脉冲响应函数和频率响应函数。希望读者自行推导。

表 2 - 2

电 路	脉冲响应函数 $h(t)$	频率响应函数 $H(i\omega)$
$x(t)$ —∥C— R $y(t)$	$\delta(t) - \dfrac{1}{RC} e^{-\frac{t}{RC}}, \quad t \geqslant 0$	$\dfrac{i\omega RC}{1 + i\omega RC}$
$x(t)$ —L— R $y(t)$	$\dfrac{R}{L} e^{-\frac{R}{L}t}, \quad t \geqslant 0$	$\dfrac{R}{R + i\omega L}$
$x(t)$ —R— L $y(t)$	$\delta(t) - \dfrac{R}{L} e^{-\frac{R}{L}t}, \quad t \geqslant 0$	$\dfrac{i\omega L}{R + i\omega L}$

二、线性系统输出的数学期望、自相关函数和自谱密度

现在讨论线性系统的输入是一个平稳过程 $X(t)$ $(-\infty < t <$

∞) 的情形。由(6.7) 式, 系统的输出随机过程为

$$Y(t) = \int_0^\infty X(t-\lambda)h(\lambda)\mathrm{d}\lambda \qquad (6.9)$$

我们问:输出 $Y(t)$ 是不是平稳过程呢?下面的定理将给出结论。

定理 1   设定常线性系统 L 的脉冲响应函数为 $h(t)$ $(t \geqslant 0)$。若系统的输入 $X(t)(-\infty < t < \infty)$ 是一个平稳过程,它的数学期望为 m_X,而相关函数为 $R_X(\tau)$,则系统的输出 $Y(t)$ 是一个平稳过程,且

$$EY(t) = m_X \int_0^\infty h(\lambda)\mathrm{d}\lambda \qquad (6.10)$$

和

$$R_Y(\tau) = \int_0^\infty \int_0^\infty R_X(\lambda_2 - \lambda_1 - \tau)h(\lambda_1)h(\lambda_2)\mathrm{d}\lambda_1 \mathrm{d}\lambda_2 。 \qquad (6.11)$$

证   先算 $Y(t)$ 的数学期望

$$EY(t) = E\left[\int_0^\infty X(t-\lambda)h(\lambda)\mathrm{d}\lambda\right] = \int_0^\infty E[X(t-\lambda)]h(\lambda)\mathrm{d}\lambda$$
$$= m_X \int_0^\infty h(\lambda)\mathrm{d}\lambda$$

又相关函数

$$R_X(t, t+\tau) = E[X(t)X(t+\tau)]$$
$$= E\left[\int_0^\infty X(t-\lambda_1)h(\lambda_1)\mathrm{d}\lambda_1 \int_0^\infty X(t+\tau-\lambda_2)h(\lambda_2)\mathrm{d}\lambda_2\right]$$
$$= \int_0^\infty \int_0^\infty E[X(t-\lambda_1)X(t+\tau-\lambda_2)]h(\lambda_1)h(\lambda_2)\mathrm{d}\lambda_1 \mathrm{d}\lambda_2$$
$$= \int_0^\infty \int_0^\infty R_X(\lambda_2 - \lambda_1 - \tau)h(\lambda_1)h(\lambda_2)\mathrm{d}\lambda_1 \mathrm{d}\lambda_2$$

显然,数学期望和相关函数都与 t 无关,所以 $Y(t)$ 是一个平稳过程。证毕。

在(6.11)式中取 $\tau = 0$,可得输出过程的均方值(平均功率)

$$R_Y(0) = \int_0^\infty \int_0^\infty R_X(\lambda_2 - \lambda_1)h(\lambda_1)h(\lambda_2)\mathrm{d}\lambda_1 \mathrm{d}\lambda_2$$

定理 2   在定理 1 中的系统条件下, 若输入平稳过程

$X(t)(-\infty < t < \infty)$ 的谱密度为 $S_X(\omega)$，则输出过程 $Y(t)$ 的谱密度为

$$S_Y(\omega) = |H(\mathrm{i}\omega)|^2 S_X(\omega) \qquad (6.12)$$

其中 $H(\mathrm{i}\omega)$ 是系统的频率响应函数。

工程中称 $|H(\mathrm{i}\omega)|^2$ 为**系统的功率增益因子**。(6.12) 式表明，系统输出的功率谱密度等于输入的功率谱密度乘上系统的功率增益因子。

证 利用 (6.11) 式，$Y(t)$ 的谱密度

$$S_Y(\omega) = \int_{-\infty}^{\infty} R_Y(\tau) \mathrm{e}^{-\mathrm{i}\omega\tau} \mathrm{d}\tau$$

$$= \int_{-\infty}^{\infty} \left[\int_0^{\infty} \int_0^{\infty} R_X(\lambda_2 - \lambda_1 - \tau) h(\lambda_1) h(\lambda_2) \mathrm{d}\lambda_1 \mathrm{d}\lambda_2 \right] \mathrm{e}^{-\mathrm{i}\omega\tau} \mathrm{d}\tau$$

$$= \int_0^{\infty} \int_0^{\infty} \left[\int_{-\infty}^{\infty} R_X(\lambda_2 - \lambda_1 - \tau) \mathrm{e}^{-\mathrm{i}\omega\tau} \mathrm{d}\tau \right] h(\lambda_1) h(\lambda_2) \mathrm{d}\lambda_1 \mathrm{d}\lambda_2$$

$$\qquad (6.13)$$

其中

$$\int_{-\infty}^{\infty} R_X(\lambda_2 - \lambda_1 - \tau) \mathrm{e}^{-\mathrm{i}\omega\tau} \mathrm{d}\tau$$

$$\xrightarrow[\text{作变换 } \lambda_2 - \lambda_1 - \tau = -\tau_1]{} \int_{-\infty}^{\infty} R_X(-\tau_1) \mathrm{e}^{-\mathrm{i}\omega(\tau_1 + \lambda_2 - \lambda_1)} \mathrm{d}\tau_1$$

$$= \mathrm{e}^{-\mathrm{i}\omega(\lambda_2 - \lambda_1)} \int_{-\infty}^{\infty} R_X(-\tau_1) \mathrm{e}^{-\mathrm{i}\omega\tau_1} \mathrm{d}\tau_1$$

$$= \mathrm{e}^{-\mathrm{i}\omega(\lambda_2 - \lambda_1)} \int_{-\infty}^{\infty} R_X(\tau_1) \mathrm{e}^{-\mathrm{i}\omega\tau_1} \mathrm{d}\tau_1 = S_X(\omega) \mathrm{e}^{-\mathrm{i}\omega(\lambda_2 - \lambda_1)}$$

代入 (6.13) 式得

$$S_Y(\omega) = S_X(\omega) \int_0^{\infty} h(\lambda_1) \mathrm{e}^{\mathrm{i}\omega\lambda_1} \mathrm{d}\lambda_1 \int_0^{\infty} h(\lambda_2) \mathrm{e}^{-\mathrm{i}\omega\lambda_2} \mathrm{d}\lambda_2$$

$$= S_X(\omega) H(-\mathrm{i}\omega) H(\mathrm{i}\omega) = |H(\mathrm{i}\omega)|^2 S_X(\omega)$$

证毕。

由 (6.12) 式，可得输出过程 $Y(t)$ 的自相关函数

$$R_Y(\tau) = \frac{1}{2\pi} \int_{-\infty}^{\infty} S_Y(\omega) \mathrm{e}^{\mathrm{i}\omega\tau} \mathrm{d}\omega$$

$$= \frac{1}{2\pi} \int_{-\infty}^{\infty} \mid H(i\omega) \mid^2 S_X(\omega) e^{i\omega\tau} d\omega \qquad (6.14)$$

而输出的平均功率

$$R_Y(0) = \frac{1}{2\pi} \int_{-\infty}^{\infty} \mid H(i\omega) \mid^2 S_X(\omega) d\omega$$

我们指出,利用(6.12)式计算输出过程 $Y(t)$ 的自相关函数,应当先由输入过程 $X(t)$ 的自相关函数取拉普拉斯变换得到谱密度 $S_X(\omega)$,进而用(6.12)式得 $Y(t)$ 的谱密度 $S_Y(\omega)$,再取反拉普拉斯变换最后获得输出过程的自相关函数 $R_Y(\tau)$。

例2　对例1中的定常线性系统,输入一个平稳过程 $X(t)$,它的数学期望 $m_X = 0$,而相关函数 $R_X(\tau) = \sigma^2 e^{-\beta|\tau|}$,$\beta > 0$,而 $\beta \neq \alpha$。试求输出过程 $Y(t)$ 的数学期望和自相关函数。

解　根据例1,此系统的脉冲响应函数为 $h(t) = \alpha e^{-\alpha t}$,$t \geqslant 0$,而频率响应函数为 $H(i\omega) = \frac{\alpha}{i\omega + \alpha}$。

由(6.10)式,

$$EY(t) = 0$$

至于输出过程 $Y(t)$ 的自相关函数有两种计算方法。一种是用(6.11)式计算,此时有

$$R_Y(\tau) = \int_0^{\infty} \int_0^{\infty} \sigma^2 e^{-\beta|\lambda_2 - \lambda_1 - \tau|} \alpha^2 e^{-\alpha(\lambda_1 + \lambda_2)} d\lambda_1 d\lambda_2$$

当 $\tau > 0$ 时,把上式中的二重积分写成图2-13中两个区域 Ⅰ 和 Ⅱ 上积分之和,然后把每一个二重积分再化成累次积分。计算

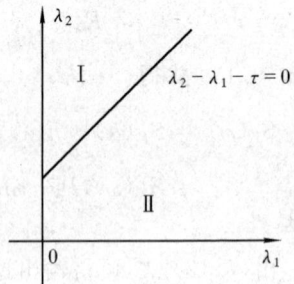

图 2-13

$$R_Y(\tau) = \sigma^2 \alpha^2 \left[\iint\limits_{\mathrm{I}} e^{-\beta(\lambda_2 - \lambda_1 - \tau) - \alpha(\lambda_1 + \lambda_2)} \, d\lambda_1 \, d\lambda_2 \right.$$

$$\left. + \iint\limits_{\mathrm{II}} e^{\beta(\lambda_2 - \lambda_1 - \tau) - \alpha(\lambda_1 + \lambda_2)} \, d\lambda_1 \, d\lambda_2 \right]$$

$$= \sigma^2 \alpha^2 \left[\int_0^\infty d\lambda_1 \int_{\lambda_1 + \tau}^\infty e^{-(\alpha + \beta)\lambda_2 - (\alpha - \beta)\lambda_1 + \beta\tau} \, d\lambda_2 \right.$$

$$\left. + \int_0^\infty d\lambda_1 \int_0^{\lambda_1 + \tau} e^{-(\alpha - \beta)\lambda_2 - (\alpha + \beta)\lambda_1 - \beta\tau} \, d\lambda_2 \right]$$

$$= \frac{\alpha \sigma^2}{2(\alpha + \beta)} e^{-\alpha\tau} + \frac{\alpha^2 \sigma^2}{\alpha - \beta} \left[\frac{e^{-\beta\tau}}{\alpha + \beta} - \frac{e^{-\alpha\tau}}{2\alpha} \right]$$

$$= \frac{\alpha \sigma^2}{\alpha^2 - \beta^2} \left[\alpha e^{-\beta\tau} - \beta e^{-\alpha\tau} \right]$$

利用自相关函数是偶函数的性质,有

$$R_Y(\tau) = \frac{\alpha \sigma^2}{\alpha^2 - \beta^2} \left[\alpha e^{-\beta|\tau|} - \beta e^{-\alpha|\tau|} \right], \quad -\infty < \tau < \infty$$

另一种方法是用(6.12)式计算。先算输入过程谱密度

$$S_X(\omega) = \mathscr{F}\{\sigma^2 e^{-\beta|\tau|}\} = \int_{-\infty}^\infty \sigma^2 e^{-\beta|\tau|} e^{-i\omega\tau} \, d\omega = \frac{2\beta \alpha^2}{\beta^2 + \omega^2}$$

又

$$|H(i\omega)|^2 = \left| \frac{\alpha}{i\omega + \alpha} \right|^2 = \frac{\alpha^2}{\omega^2 + \alpha^2}$$

由(6.12)式,

$$S_Y(\omega) = \frac{\alpha^2}{\omega^2 + \alpha^2} \frac{2\beta \alpha^2}{\beta^2 + \omega^2}$$

分解为部分分式

$$S_Y(\omega) = \frac{2\beta \alpha^2 \sigma^2}{\alpha^2 - \beta^2} \left(\frac{1}{\omega^2 + \beta^2} - \frac{1}{\omega^2 + \alpha^2} \right)$$

取反傅里叶变换得

$$R_Y(\tau) = \frac{\alpha \sigma^2}{\alpha^2 - \beta^2} \left[\alpha e^{-\beta|\tau|} - \beta e^{-\alpha|\tau|} \right], \quad -\infty < \tau < \infty$$

上面两种计算 $Y(t)$ 的自相关函数的方法,前者称时间域法,

后者称频率域法,而后一种计算较为方便,工程中常采用此法。

三、输入和输出的互相关函数、互谱密度

在上面已经见到:对一个定常线性系统输入一个平稳过程 $X(t)$,那么输出 $Y(t)$ 亦是平稳过程。现在问输入过程 $X(t)$ 与输出过程 $Y(t)$ 是否是平稳相关的呢?对此有下述定理。

定理 3　在定理 1 中的系统条件下,若输入 $X(t)(-\infty < t < \infty)$ 是一个平稳过程,则输入过程 $X(t)$ 和输出过程 $Y(t)$ 是平稳相关的,且互相关函数和互谱密度分别是

$$R_{XY}(\tau) = \int_0^\infty R_X(\tau - \lambda) h(\lambda) \mathrm{d}\lambda \qquad (6.15)$$

和

$$S_{XY}(\omega) = S_X(\omega) H(\mathrm{i}\omega) \qquad (6.16)$$

前式表明 $X(t)$ 与 $Y(t)$ 的互相关函数等于输入 $X(t)$ 的自相关函数和脉冲响应函数的卷积;而后式表明互谱密度等于 $X(t)$ 的自谱密度和频率响应函数的乘积。

证　$X(t)$ 和 $Y(t)$ 的互相关函数

$$R_{XY}(t, t+\tau) = E[X(t) Y(t+\tau)]$$

$$= E\left[X(t) \int_0^\infty X(t+\tau-\lambda) h(\lambda) \mathrm{d}\lambda \right]$$

$$= \int_0^\infty E[X(t) X(t+\tau-\lambda)] h(\lambda) \mathrm{d}\lambda$$

$$= \int_0^\infty R_X(\tau-\lambda) h(\lambda) \mathrm{d}\lambda$$

此式表明互相关函数与 t 无关,所以 $X(t)$ 与 $Y(t)$ 是平稳相关的。再计算互谱密度,利用傅里叶变换关于卷积的性质,得

$$S_{XY}(\omega) = \mathscr{F}\{R_{XY}(\tau)\} = \mathscr{F}\left\{ \int_0^\infty R_X(\tau-\lambda) h(\lambda) \mathrm{d}\lambda \right\}$$

$$= \mathscr{F}\{R_X(\tau)\} \mathscr{F}\{h(\lambda)\} = S_X(\omega) \mathscr{F}\{h(\lambda)\}$$

而

$$\mathscr{F}\{h(\lambda)\} = \int_0^\infty h(\lambda) \mathrm{e}^{-\mathrm{i}\lambda} \mathrm{d}\lambda$$

故

$$\mathscr{F}\{h(\lambda)\} = \int_0^\infty h(\lambda)\mathrm{e}^{-\mathrm{i}\omega\lambda}\,\mathrm{d}\lambda = H(\mathrm{i}\omega)$$

因而有

$$S_{XY}(\omega) = S_X(\omega)H(\mathrm{i}\omega)$$

证毕。

例 3 在例 2 中求互相关函数 $R_{XY}(\tau)$ 和互谱密度 $S_{XY}(\omega)$。

解 先算互谱密度 $S_{XY}(\omega)$。由(6.16)式，

$$S_{XY}(\omega) = \frac{2\beta\alpha^2}{\beta^2+\omega^2}\,\frac{\alpha}{\mathrm{i}\omega+\alpha}$$

再算互相关函数。由(6.15)式，当 $\tau > 0$

$$R_{XY}(\tau) = \int_0^\infty \alpha\mathrm{e}^{-\alpha\lambda}\sigma^2\mathrm{e}^{-\beta|\tau-\lambda|}\,\mathrm{d}\lambda$$

$$= \alpha\sigma^2\int_0^\infty \mathrm{e}^{-\alpha\lambda-\beta|\tau-\lambda|}\,\mathrm{d}\lambda$$

$$= \alpha\sigma^2\left[\int_0^\tau \mathrm{e}^{-\alpha\lambda-\beta(\tau-\lambda)}\,\mathrm{d}\lambda + \int_\tau^\infty \mathrm{e}^{-\alpha\lambda-\beta(\lambda-\tau)}\,\mathrm{d}\lambda\right]$$

$$= \alpha\sigma^2\,\frac{\alpha\,\mathrm{e}^{-\beta\tau}+\beta\,\mathrm{e}^{-\beta\tau}-2\beta\,\mathrm{e}^{-\alpha\tau}}{\alpha^2-\beta^2}$$

当 $\tau \geqslant 0$

$$R_{XY}(\tau) = \alpha\sigma^2\int_0^\infty \mathrm{e}^{-\alpha\lambda-\beta(\lambda-\tau)}\,\mathrm{d}\lambda = \frac{\alpha\sigma^2}{\alpha+\beta}\mathrm{e}^{\beta\tau}$$

例 4 对定常线性系统输入一个白噪声，即 $R_X(\tau) = S_0\delta(\tau)$ 或 $S_X(\omega) = S_0$（常数 $S_0 > 0$）。试求输入与输出的互相关函数和互谱密度。

解 由(6.15)式，互相关函数

$$R_{XY}(\tau) = \int_0^\infty S_0\delta(\tau-\lambda)h(\lambda)\,\mathrm{d}\lambda = \int_0^\infty S_0\delta(\lambda-\tau)h(\lambda)\,\mathrm{d}\lambda$$

$$= \begin{cases} S_0h(\tau), & \text{当 } \tau > 0 \\ 0, & \text{当 } \tau \leqslant 0 \end{cases} \tag{6.17}$$

由(6.16)式，互谱密度

$$S_{XY}(\omega) = S_0 H(i\omega) \tag{6.18}$$

此例结果可用以对线性系统进行辨识。由(6.17)式,当 $\tau > 0$ 时有

$$h(\tau) = \frac{1}{S_0} R_{XY}(\tau)$$

如果将一个白噪声输入系统,能够计算得到互相关函数 $R_{XY}(\tau)$,那么由上式能够获得系统的脉冲响应函数,即完全地确定系统的动态特性。

习　　题

1. 指出第一章习题中第 5、6、7、11、12、13、14、15 题给出的随机过程,哪些是平稳过程,哪些不是平稳过程。

2. 设随机过程

$$X(t) = \sin Ut$$

其中 U 是在 $[0,2\pi]$ 上均匀分布的随机变量。试证

(1) 若 $t \in T$,而 $T = \{1,2,\cdots\}$,则 $\{X(t),t=1,2,\cdots\}$ 是平稳过程;

(2) 若 $t \in T$,而 $T = [0,\infty)$,则 $\{X(t),t \geqslant 0\}$ 不是平稳过程。

3. 设随机过程

$$X(t) = A\cos(\omega_0 t + \Phi), \quad -\infty < t < \infty$$

其中 ω_0 是常数,A 与 Φ 是独立随机变量。Φ 服从在区间 $(0,2\pi)$ 中的均匀分布。A 服从瑞利分布,其密度为

$$f(x) = \begin{cases} \dfrac{x}{\sigma^2} e^{-\frac{x^2}{2\sigma^2}}, & x \geqslant 0 \\ 0, & x < 0 \end{cases}$$

又设随机过程

$$Y(t) = B\cos\omega_0 t + C\sin\omega_0 t, \quad -\infty < t < \infty$$

其中 B 与 C 是相互独立正态变量,且都具有分布 $N(0,\sigma^2)$。

(1) 试证 $X(t)$ 是平稳过程;

(2) 用本章 §1 例 4 说明 $Y(t)$ 是平稳过程。

*(3) 如果把 $X(t)$ 改写为 $X(t) = B\cos\omega_0 t + C\sin\omega_0 t$,其中 $B = A\cos\Phi, C = -A\sin\Phi$。试证 B 与 C 是分别具有分布 $N(0,\sigma^2)$ 的独立正态变量。

4. 设 $S(t)$ 是周期 T 的周期函数,而 Φ 是在区间 $(0,T)$ 上均匀分布的随机变量。随机过程

$$X(t) = S(t + \Phi), \quad -\infty < t < \infty$$

称为随机相位周期过程。试问 $X(t)$ 是否是平稳过程,又问它是否具有各态历经性。

5. 设 $\{X(t), -\infty < t < \infty\}$ 是随机相位周期过程,它的一个样本函数为图 2-14 给出,周期 T 与幅度 a 都是常数,相位 t_0 是在区间 $(0,T)$ 上均匀分布的随机变量,求 $E[X(t)]$。

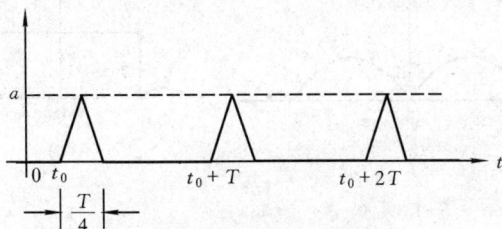

图 2-14

6. 随机过程

$$X(t) = A\cos(\omega_0 t + \Phi), \quad -\infty < t < \infty$$

其中 A 和 Φ 是相互独立的随机变量,而 Φ 在区间 $(0,2\pi)$ 上均匀分布。试问 $X(t)$ 是否具有各态历经性。

7. 随机过程

$$X(t) = A\sin t + B\cos t, \quad -\infty < t < \infty$$

其中 A 和 B 是均值为零不相关的随机变量,且 $EA^2 = EB^2$。试证 $X(t)$ 具有数学期望各态历经性,而无相关函数各态历经性。

8. 设平稳过程 $\{X(t), -\infty < t < \infty\}$ 的相关函数为 $R_X(\tau) = Ae^{-a|\tau|}(1+\alpha|\tau|)$，其中 A、α 都是正常数；而 $EX(t) = 0$。试问 $X(t)$ 对数学期望是否有各态历经性？

9. 设 $X(t)$ 与 $Y(t)$ 是相互独立的平稳过程。试证 $Z(t) = X(t)Y(t)$ 也是平稳过程。

10. 设平稳过程 $X(t)$ 和 $Y(t)$ 是相互独立的。令 $Z(t) = X(t) + Y(t)$。试求 $Z(t)$ 的自相关函数。

11. 平稳过程 $\{X(t), -\infty < t < \infty\}$ 的相关函数为

$$R_X(\tau) = 4e^{-|\tau|}\cos\pi\tau + \cos 3\pi\tau$$

试求均方值 $E[X^2t]$。

12. 指出图 2-15 中所列函数曲线哪些不是平稳过程的相关函数，哪些可以是平稳过程的相关函数。

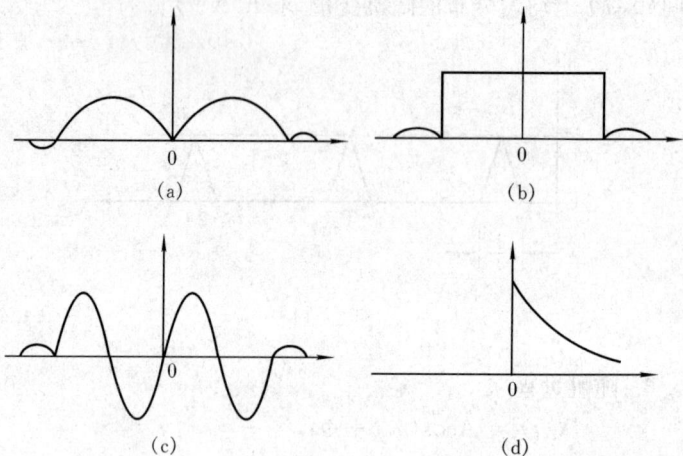

图 2-15

13. 设随机过程

$$X(t) = A\cos(\omega t + \Phi), \quad -\infty < t < \infty$$

其中 A、ω、Φ 是相互独立随机变量，而 A 的均值为 2，方差为 4；Φ 在

$(-\pi,\pi)$ 上均匀分布;ω 在 $(-5,5)$ 上均匀分布。试求 $X(t)$ 的自相关函数,并问 $X(t)$ 是否平稳以及是否具有各态历经性。

14. 设随机过程
$$Z(t) = VX(t)Y(t), \quad -\infty < t < \infty$$
其中平稳过程 $X(t)$ 和 $Y(t)$,及随机变量 V 三者相互独立,且
$$m_X = 0, m_Y = 0, R_X(\tau) = 2\mathrm{e}^{-2|\tau|}\cos\omega_0\tau, R_Y(\tau) = 9 + \mathrm{e}^{-3\tau^2}$$
又
$$EV = 2, \quad DV = 9$$
试求 $Z(t)$ 的数学期望,方差和相关函数。

15. 设 $X(t)$ 是雷达的发射信号,遇到目标后的回波信号是 $\alpha X(t-\tau_1)$,$\alpha \ll 1$,τ_1 是信号返回时间,回波信号必然伴有噪声,记为 $N(t)$,于是接收机收到的全信号为
$$Y(t) = aX(t-\tau_1) + N(t)$$
假定 $X(t)$ 和 $N(t)$ 平稳相关。

(1) 试求互相关函数 $R_{XY}(\tau)$;

(2) 若 $N(t)$ 的数学期望为零,且与 $X(t)$ 相互独立,求 $R_{XY}(\tau)$。

16. 设两个平稳过程
$$X(t) = a\cos(\omega_0 t + \Phi), Y(t) = b\sin(\omega_0 t + \Phi), \quad -\infty < t < \infty$$
其中 a、b、ω_0 为常量,而 Φ 是在 $(0,2\pi)$ 上均匀分布的随机变量。试求 $R_{XY}(\tau)$ 与 $R_{YX}(\tau)$。

17. 设 $\{X(t), -\infty < t < \infty\}$ 是独立同分布的随机过程,且 $EX(t) = 0, DX(t) = 1$。试问 $X(t)$ 是否平稳过程?又 $X(t)$ 是否均方连续?

18. 设 $\{X(t), -\infty < t < \infty\}$ 是平稳过程。

(1) 若存在 $T > 0$,使得 $R_X(T) = R_X(0)$,则对固定 t 有
$$X(t+T) = X(t), \quad \text{a.s.}$$

(2) 若 $X(t)$ 可导,则
$$E[X(t)X'(t)] = R'_X(0) = 0$$

(3) 若 $X(t)$ 可导,则 $X'(t)$ 是平稳过程,且它的相关函数

$$R_{X'}(\tau) = -\frac{\mathrm{d}^2 R_X(\tau)}{\mathrm{d}\tau^2}$$

19. 设 $\{X(t), -\infty < t < \infty\}$ 和 $\{Y(t), -\infty < t < \infty\}$ 是平稳相关随机过程。若 $X(t)$ 和 $Y(t)$ 满足微分方程

$$Y'(t) + aY(t) = X(t)$$

其中 a 是非零常数,则它们的数学期望函数满足

$$m_Y = \frac{1}{a} m_X$$

20. 设 $\{X(t), -\infty < t < \infty\}$ 是平稳过程,且 $EX(t) = 1$,$R(\tau) = 1 + \mathrm{e}^{-2|\tau|}$。试求随机变量

$$S = \int_0^1 X(t)\mathrm{d}t$$

的数学期望和方差。

21. 设复随机过程

$$Z(t) = \mathrm{e}^{\mathrm{i}(\omega_0 t + \Phi)}, \quad -\infty < t < \infty$$

其中 Φ 是在 $(0, 2\pi)$ 上均匀分布的随机变量,而 ω_0 是常量。试求 $Z(t)$ 的相关函数,并讨论它的平稳性。

22. 设 $X(t)$ 是数学期望为零的平稳正态过程,又 $Y(t) = X^2(t)$,求证 $R_Y(\tau) = R_X^2(0) + 2R_X^2(\tau)$。

23. (1) 下列函数哪些是功率谱密度,哪些不是?为什么?

$$S_1(\omega) = \frac{\omega^2 + 9}{(\omega^2 + 4)(\omega + 1)^2}, \quad S_2(\omega) = \frac{\omega^2 + 1}{\omega^4 + 5\omega^2 + 6}$$

$$S_3(\omega) = \frac{\omega^2 + 4}{\omega^2 - 4\omega^2 + 3}, \quad S_4(\omega) = \frac{\mathrm{e}^{-\mathrm{i}\omega^2}}{\omega^2 + 2}$$

(2) 对上面的正确功率谱密度表达式计算自相关函数和均方值。

24. 已知平稳过程 $X(t)$ 的功率谱密度为

$$S_X(\omega) = \begin{cases} a^2 - \omega^2, & |\omega| < a \\ 0, & |\omega| \geq a \end{cases}$$

求 $X(t)$ 的均方值。

25. 试说明图 2-16 所示函数不可能是某个平稳的自相关函数。

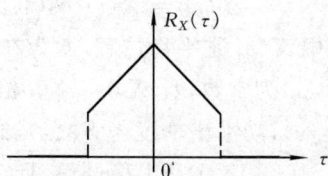

图 2-16

26. 已知下列平稳过程 $X(t)$ 的自相关函数,试分别求 $X(t)$ 的功率谱密度。

(1) $R_X(\tau) = \mathrm{e}^{-a|\tau|}\cos\omega_0\tau$,其中 $a > 0$;

(2) $R_X(\tau) = \begin{cases} 1 - \dfrac{|\tau|}{T}, & -T < \tau < T \\ 0, & \text{其他} \end{cases}$

(3) $R_X(\tau) = 4\mathrm{e}^{-|\tau|}\cos\pi\tau + \cos 3\pi\tau$;

(4) $R_X(\tau) = \sigma^2 \mathrm{e}^{-a|\tau|}(\cos b\tau - ab^{-1}\sin b|\tau|)$,其中 $a > 0$。

27. 已知下列平稳过程 $X(t)$ 的功率谱密度,试分别求 $X(t)$ 的自相关函数。

(1) $S_X(\omega) = \begin{cases} 1, & |\omega| \leqslant \omega_0 \\ 0, & \text{其他} \end{cases}$

(2) $S_X(\omega) = \begin{cases} 8\delta(\omega) + 20\left(1 - \dfrac{|\omega|}{10}\right), & |\omega| \leqslant 10 \\ 0, & \text{其他} \end{cases}$

(3) $S_X(\omega) = \begin{cases} 1 - \dfrac{|\omega|}{\omega_0}, & -\omega_0 \leqslant \omega \leqslant \omega_0 \\ 0, & \text{其他} \end{cases}$

(4) $S_X(\omega) = \dfrac{1}{(1+\omega^2)^2}$;

(5) $S_X(\omega) = \sum_{k=1}^{n} \dfrac{a_k}{\omega^2 + b_k^2}$,其中 $a_k > 0, k = 1, 2, \cdots, n$;

(6) $S_X(\omega) = \begin{cases} b^2, & a \leqslant |\omega| \leqslant 2a \\ 0, & \text{其他} \end{cases}$

28. 记随机过程

$$Y(t) = X(t)\cos(\omega_0 t + \Phi), \quad -\infty < t < \infty$$

其中 $X(t)$ 是平稳过程，Φ 为在区间 $(0, 2\pi)$ 上均匀分布的随机变量，ω_0 为常数，且 $X(t)$ 与 Φ 相互独立。记 $X(t)$ 的自相关函数为 $R_X(\tau)$，功率谱密度为 $S_X(\omega)$。试证

（1）$Y(t)$ 是平稳过程，且它的自相关函数

$$R_Y(\tau) = \frac{1}{2} R_X(\tau) \cos\omega_0 \tau$$

（2）$Y(t)$ 的功率谱密度为

$$S_Y(\omega) = \frac{1}{4} \big[S_X(\omega - \omega_0) + S_X(\omega + \omega_0) \big]$$

29. 如图 2-17 的系统中，若输入为平稳过程，输出为 $Y(t) = Y(t) + X(t - T)$，求证 $Y(t)$ 的功率谱密度为 $S_Y(\omega) = 2S_X(\omega)(1 + \cos\omega T)$。

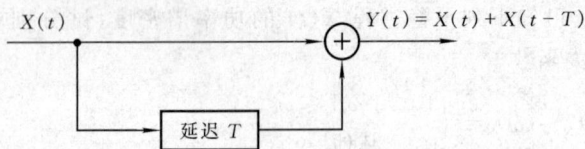

图 2-17

30. 设平稳过程

$$X(t) = a\cos(\Omega t + \Phi)$$

其中 a 是常数，Φ 是在 $(0, 2\pi)$ 上均匀分布的随机变量，Ω 是具有分布密度 $f(x)$ 为偶函数的随机变量，且 Φ 与 Ω 相互独立。试证 $X(t)$ 的功率谱密度为 $S_X(\omega) = a^2 \pi f(\omega)$。

31. 若两个随机过程

$$X(t) = A(t)\cos\omega t$$

$$Y(t) = B(t)\sin\omega t, \quad -\infty < t < \infty$$

其中 $A(t)$ 和 $B(t)$ 是相互独立数学期望为零的平稳过程，且有相同的自相关函数。试证 $Z(t) = X(t) + Y(t)$ 是平稳过程，而 $X(t)$

和 $Y(t)$ 都不是平稳过程。

32. 设平稳过程 $X(t)$ 和 $Y(t)$ 平稳相关,试证

$$\operatorname{Re}[S_{XY}(\omega)] = \operatorname{Re}[S_{YX}(\omega)]$$
$$\operatorname{Im}[S_{XY}(\omega)] = -\operatorname{Im}[S_{YX}(\omega)]$$

33. 设 $X(t)$ 和 $Y(t)$ 是两个不相关的平稳过程,数学期望 m_X 和 m_Y 都不为零,定义

$$Z(t) = X(t) + Y(t)$$

试求互谱密度 $S_{XY}(\omega)$ 和 $S_{XZ}(\omega)$。

34. 设复随机过程 $X(t)$ 是平稳的,试证:

(1) 自相关函数满足 $R_X^*(-\tau) = R_X(\tau)$;

(2) $X(t)$ 的功率谱密度是实函数。(复平稳过程功率谱密度的定义为 $S_X(\omega) = \int_{-\infty}^{\infty} \mathrm{e}^{-\mathrm{i}\omega\tau} R_X(\tau) \mathrm{d}\tau$

35. 如果一个均值为零的平稳过程 $X(t)(-\infty < t < \infty)$,输入到脉冲响应函数为

$$h(t) = \begin{cases} a\mathrm{e}^{-at}, & 0 \leqslant t \leqslant T \\ 0, & 其他 \end{cases}$$

$(\alpha > 0)$ 的线性滤波器,试证它的输出功率谱密度为

$$S_Y(\omega) = \frac{a^2}{a^2 + \omega^2}(1 - 2\mathrm{e}^{-at}\cos\omega t + \mathrm{e}^{-2at})S_X(\omega)$$

36. 把自相关函数为 $R_X(\tau) = S_0\delta(\tau)$ 的白噪声电压 $X(t)$ 输入到如图 2-18 所示的二级 R-C 电路系统。

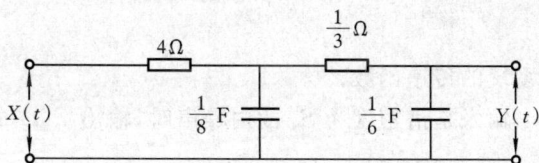

图 2-18

(1) 求系统的脉冲响应函数。

（2）求输出电压的均方值。

37. 在如图 $2-12$ 的 $R-C$ 电路系统中，如果输入电压为
$$X(t) = X_0 + \cos(2\pi t + \Theta)$$
其中 X_0 是在 $(0,1)$ 区间上均匀分布的随机变量，而 Θ 是与 X_0 相互独立且在 $(0,2\pi)$ 区间上均匀分布的随机变量，试分别用时间域方法和频率域方法求输出电压 $Y(t)$ 的自相关函数。

38. 在如图 $2-19$ 的 $R-L$ 电路系统中，输入电压是谱密度为 S_0 的白噪声 $X(t)$，试用频率域方法求系统输出电压的自相关函数 $R_Y(\tau)$。

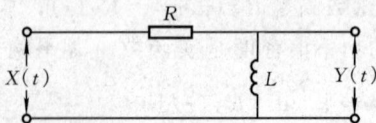

图 $2-19$

39. 有一系统如图 $2-20$ 所示，$X(t)$ 是输入，$Z(t)$ 是输出，试求

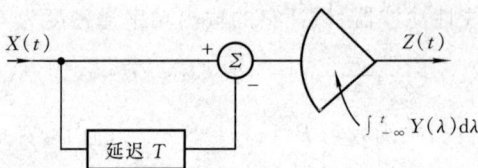

图 $2-20$

（1）系统的传递函数；

（2）当输入是谱密度为 S_0 的白噪声时，输出 $Z(t)$ 的均方值。
$$\left(\text{提示：积分} \int_0^\infty \frac{\sin^2(ax)}{x^2} dx = |a|\frac{\pi}{2}\right)$$

40. 一平稳过程 $X(t)$ 通过一个微分器，其输出过程为 $Y(t) =$

$\dfrac{\mathrm{d}}{\mathrm{d}t}X(t)$。试求

(1) 系统的频率响应函数;

(2) 输入 $X(t)$ 与输出 $\dfrac{\mathrm{d}X(t)}{\mathrm{d}t}$ 的互谱密度;

(3) 输出 $\dfrac{\mathrm{d}X(t)}{\mathrm{d}t}$ 的功率谱密度。

41. 某积分电路输入和输出间满足如下关系

$$Y(t) = \int_{t-T}^{t} X(u)\mathrm{d}u$$

其中 T 为积分时间。若输入 $X(t)$ 是一个平稳过程。试证输出 $Y(t)$ 的功率谱密度为

$$S_Y(\omega) = S_X(\omega)\dfrac{\sin^2\left(\dfrac{\omega T}{2}\right)}{\left(\dfrac{\omega}{2}\right)^2}$$

42. 如图 2 - 21 为单个输入,两个输出的线性系统,求证输出

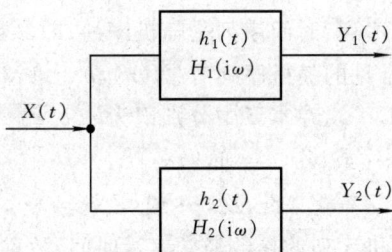

图 2 - 21

$Y_1(t)$ 和 $Y_2(t)$ 的互谱密度为

$$S_{Y_1 Y_2}(\omega) = H_1(\mathrm{i}\omega)H_2^*(\mathrm{i}\omega)S_X(\omega)$$

第三章　平稳时间序列的线性模型和预报

本章是时间序列分析的基本和重要部分。时间序列分析在工程技术中常用于作预报、控制。

本章主要介绍平稳时间序列的线性模型及其统计特性、由一个样本函数确定它的线性模型的方法以及进行预报的方法。这些方法便于用计算机作数值计算。

§1　时间序列及其实例

什么是时间序列？**时间序列**是随机序列，即参数离散的随机过程。第二章指出常见的随机序列有 $\{X(n), n = 1, 2, \cdots\}$ 和 $\{X(n), n = 0, \pm 1, \pm 2, \cdots\}$。在本章中分别记为

(1) $Z_1, Z_2, \cdots$ 或 $\{Z_t, t = 1, 2, \cdots\}$

(2) $\cdots, Z_{-2}, Z_{-1}, Z_0, Z_1, Z_2, \cdots$ 或 $\{Z_t, t = \cdots, -1, 0, 1, \cdots\}$

工程中遇到的随机序列的参数经常表示时间，故称随机序列为（随机）时间序列。可以说，时间序列是随时间改变而随机地变化的序列。

下面举几个时间序列的实际例子。

例 1　某地区从 1950 年元月开始每月月降水量数据为 19, 23, 0, 47, 0, 0, 123, $\cdots$（单位：毫米）。每月降水量 $Z_1, Z_2 \cdots$ 构成一个时间序列。上面数据是这个时间序列的一个样本函数。样本函数通常可用下面点图（见图 3 - 1）表示，其中 t 从 1950 年元月起算。

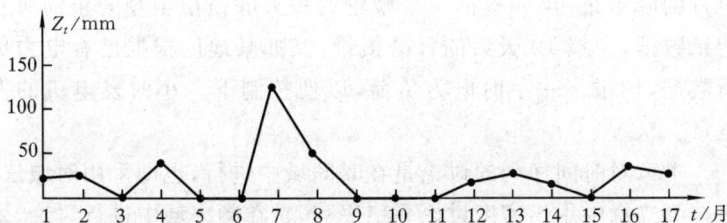

图 3-1

例 2　磨床上安装某种砂轮,从装上砂轮之日起算,每天磨损量为

$$Z_1, Z_2, \cdots$$

这是一个时间序列。

例 3　某城市从 1960 年元月 1 日开始,每小时电力负荷 Z_t 可画成如图 3-2 所示的点图。它是每小时电力负荷构成的时间序列 $Z_1, Z_2, \cdots$ 的一个样本函数,而 t 从元月 1 日零点开始起算。

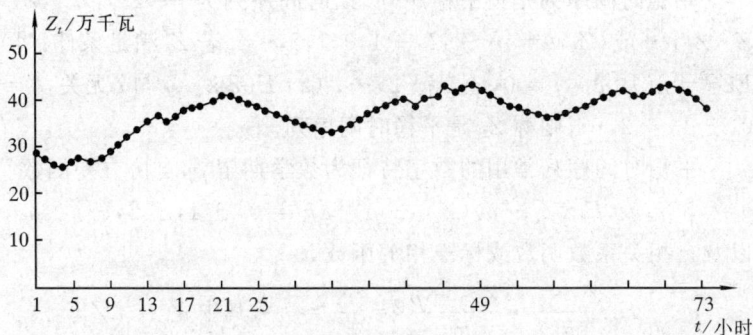

图 3-2

时间序列分析的目的是找出它的变化规律,即线性模型。时间序列在工程中常用于作预报。如气象预报、地震预报、水文预报等。以水文预报为例,某地区根据迄今为止每月的月降水量预报下一

个月的降水量。再如根据一个砂轮的每天磨损量至今为止的所有记录数据，预报 10 天后的日磨损量。又如某地区根据已有电力负荷数据，预报下一小时电力负荷，以便控制下一小时发电机的发电量。

　　本章对时间序列的讨论是在时间域中进行，也即采用**时域法**。而在第二章中用谱密度讨论平稳序列，是在频率域中进行讨论，采用的是**频域法**。时域法首先由 Box,G. E. P 和 Jenkins,G. M. 著作《Time Series Analysis Forecasting and Control》(1970 年出版) 系统地给出。

　　本章仅介绍平稳时间序列的分析和预报。至于对非平稳时间序列的讨论，在学了本章以后，可参看有关时间序列的专著。

§2　平稳时间序列及其线性模型

一、平稳时间序列

　　平稳时间序列是指平稳序列。设时间序列为 $\cdots,Z_{-2},Z_{-1},Z_0,Z_1,Z_2,\cdots$ 或 $\{Z_t,t=\cdots,-2,-1,0,1,2,\cdots\}$。若 Z_t 满足条件：(1) $EZ_t=\mu$（常量），$t=0,\pm1,\pm2,\cdots$；(2) $E(Z_tZ_{t+k})$ 与 t 无关，$k=0,\pm1,\pm2,\cdots$，则称 Z_t 是平稳时间序列。

　　平稳时间序列常用的数字特征为数学期望 μ，自协方差函数

$$r_k=E[(Z_t-\mu)(Z_{t+k}-\mu)],\ k=0,\pm1,\pm2,\cdots$$

以及自相关系数函数或标准相关函数

$$\rho_k=E\left[\frac{Z_t-\mu}{\sigma}\cdot\frac{Z_{t+k}-\mu}{\sigma}\right]=\frac{r_k}{\sigma^2}=\frac{r_k}{r_0},\text{其中 }\sigma^2=DZ_t。$$

在本章中称 ρ_k 为**自相关函数**。需要指出，这里自相关函数定义与第二章不同，在第二章中把 $R_Z(k)=E(Z_tZ_{t+k})$ 称为自相关函数。

　　r_k 和 ρ_k 具有如下性质：(1) $r_{-k}=r_k,\rho_{-k}=\rho_k,k=0,\pm1,\pm2,\cdots$；(2) $\rho_0=1,r_0=DZ_t\geqslant0$；(3) $|r_k|\leqslant r_0,|\rho_k|\leqslant1,k=0,\pm1,\pm2,\cdots$。

最简单的平稳时间序列的例子是离散白噪声。记为

$$\cdots,a_{-2},a_{-1},a_0,a_1,a_2,\cdots$$

而 $Ea_k=0,Da_k=\sigma_a^2(0<\sigma_a^2<\infty),E(a_ka_j)=0\ (k\neq j)$，即离散白噪声是互不相关的，均值为零且方差相同的随机变量序列，通常表示一种随机误差。

二、平稳时间序列的线性模型

平稳时间序列 $\cdots,Z_{-2},Z_{-1},Z_0,Z_1,Z_2,\cdots$。一般地说，$EZ_t=\mu\neq0$。为方便起见，令 $W_t=Z_t-\mu$，显然 $EW_t=0$。于是得序列

$$\cdots,W_{-2},W_{-1},W_0,W_1,W_2,\cdots$$

容易验证它仍然是平稳时间序列。下面对零均值平稳序列 W_t 进行讨论。

均值为零具有有理谱密度的平稳时间序列必可表示为下面三种形式的一种。

1. **自回归模型**　任何一个时刻 t 上的数值 W_t 可表示为过去 p 个时刻上数值 $W_{t-1},W_{t-2},\cdots,W_{t-p}$ 的线性组合加上 t 时刻的白噪声，即可表示为

$$W_t=\phi_1W_{t-1}+\phi_2W_{t-2}+\cdots+\phi_pW_{t-p}+a_t$$

或

$$W_t-\phi_1W_{t-1}-\phi_2W_{t-2}-\cdots-\phi_pW_{t-p}=a_t$$
$$t=0,\pm1,\pm2,\cdots \tag{2.1}$$

其中 $\{a_t,t=0,\pm1,\pm2,\cdots\}$ 是白噪声。常数 p（正整数）叫做**阶数**，常数系数 $\phi_1,\phi_2,\cdots,\phi_p$ 叫做**参数**，且 $\phi_p\neq0$。可以表示为线性差分方程（2.1）形式的平稳序列 $\{W_t,t=0,\pm1,\pm2,\cdots\}$，称为具有**自回归模型**。与数理统计中线性回归方程模型相比，W_t 可用它过去 p 个 $W_{t-1},W_{t-2},\cdots,W_{t-p}$ 的线性回归方程表示，这里 t 可取任意整数。p 阶回归模型简记为 AR(p)。

2. **滑动平均模型**　W_t 可表示成白色噪声 $\{a_t\}$ 在 t 和 t 以前 $q+1$ 个时刻上数值 $a_t,a_{t-1},a_{t-2},\cdots,a_{t-q}$ 的加权和，或者说滑动和

的形式,即可表示为

$$W_t = a_t - \theta_1 a_{t-1} - \theta_2 a_{t-2} - \cdots - \theta_q a_{t-q},$$
$$t = 0, \pm 1, \pm 2, \cdots \tag{2.2}$$

其中常数 q(正整数)叫做**阶数**,常数系数 $\theta_1, \theta_2, \cdots, \theta_q$ 叫做**参数**,且 $\theta_q \neq 0$。可表示为线性方程(2.2)形式的平稳序列 $\{W_t, t = 0, \pm 1, \pm 2, \cdots\}$ 称为具有**滑动平均模型**。q 阶滑动平均模型简记为 MA(q)。

3. 自回归滑动平均模型或混合模型   可表示为线性差分方程形式

$$W_t - \phi_1 W_{t-1} - \phi_2 W_{t-2} - \cdots - \phi_p W_{t-p} = a_t - \theta_1 a_{t-1} -$$
$$\theta_2 a_{t-2} - \cdots - \theta_q a_{t-q} \quad t = 0, \pm 1, \pm 2, \cdots \tag{2.3}$$

(其中 $p > 0, q > 0, \phi_p \neq 0, \theta_q \neq 0$)的平稳时间序列 $\{W_t, t = 0, \pm 1, \pm 2, \cdots\}$,称为具有**自回归滑动平均模型**或**混合模型**。混合模型简记为 ARMA(p, q)。p 与 q 叫做混合模型的阶数。$\phi_1, \phi_2, \cdots, \phi_p$, $\theta_1, \theta_2, \cdots, \theta_q$ 称为混合模型的参数。

广义地说,当 $p \geq 0, q \geq 0 (p + q \neq 0)$,(2.3)式亦称混合模型。在混合模型(2.3)式中取 $q = 0, p > 0$,变成自回归模型(2.1)式;另外取 $p = 0, q > 0$,(2.3)式又变成滑动平均模型(2.2)式。因而,混合模型是较一般的模型,自回归模型和滑动平均模型是它的特殊情形。

从数学上讲,三种模型(2.1)、(2.2)、(2.3)都是关于 W_t 的线性差分方程,其中还出现 a_t 的差分,因而这些也都是关于 W_t 的随机差分方程。

下面说明什么是平稳序列 $\{W_t\}$ 的有理谱密度,为什么具有有理谱密度的平稳序列可以用(2.3)式表示。

在第二章 §4 例2中,均值为零的平稳序列 $W_t = \sum_{k=0}^{q} \tilde{\theta}_k a_{t-k}$(注意:这里 $\{a_t\}$ 为离散白噪声)的功率谱密度为 $S(\omega) = \sigma_a^2 \mid \sum_{k=0}^{q} \tilde{\theta}_k e^{ik\omega} \mid^2$,

$-\pi < \omega < \pi$。一般地说,均值为零的平稳序列**有理谱密度**的形式为

$$S(\omega) = \sigma_a^2 \left| \frac{\Theta(\mathrm{e}^{\mathrm{i}\omega})}{\Phi(\mathrm{e}^{\mathrm{i}\omega})} \right|^2, \quad -\pi < \omega < \pi \quad (2.4)$$

其中 $\Theta(z)$ 和 $\Phi(z)$ 是 z 的实系数多项式,可表示为

$$\Theta(z) = 1 - \theta_1 z - \theta_2 z^2 - \cdots - \theta_q z^q,$$

$$\Phi(z) = 1 - \phi_1 z - \phi_2 z^2 - \cdots - \phi_p z^p,$$

而 $\Phi(z)$ 与 $\Theta(z)$ 没有公共因子,且 $\Theta(z)$ 和 $\Phi(z)$ 的零点全部在 z 复平面上的单位圆 $|z|=1$ 之外。

定义　设 $\Theta(z)$ 和 $\Phi(z)$ 满足上述条件。如果均值为零的平稳序列 $\{W_t, t = 0, \pm 1, \pm 2, \cdots\}$ 满足

$$W_t - \phi_1 W_{t-1} - \phi_2 W_{t-2} - \cdots - \phi_p W_{t-p} = a_t - \theta_1 a_{t-1} -$$

$$\theta_2 a_{t-2} - \cdots - \theta_q a_{t-q} \quad (t = 0, \pm 1, \pm 2, \cdots) \quad (2.5)$$

其中 $\{a_t, t = 0, \pm 1, \pm 2, \cdots\}$ 是白噪声,$E a_t^2 = \sigma_a^2$,且当 $s > t$ 时,$E(W_t a_s) = 0$,则称 $\{W_t\}$ 是随机差分方程(2.5)的**平稳解**。

根据平稳序列理论,有下列定理。

定理　具有有理谱密度(2.4)的均值为零的平稳序列 W_t,一定是随机差分方程(2.5)的一个平稳解;反之,方程(2.5)的平稳解一定具有有理谱密度(2.4)。

顺便指出,工程中所常见的平稳序列大多数都有有理谱密度,它必有上面三种线性模型中的一种。

为了对线性模型讨论方便起见,引进线性模型的算子表达式。ARMA(p, q) 模型为

$$W_t - \phi_1 W_{t-1} - \phi_2 W_{t-2} - \cdots - \phi_p W_{t-p} = a_t - \theta_1 a_{t-1} -$$

$$\theta_2 a_{t-2} - \cdots - \theta_q a_{t-q}$$

引进一步延迟算子 B,它作用在 W_t 上得 W_{t-1},即

$$B W_t = W_{t-1}$$

所以 $\underbrace{BB\cdots B}_{k \uparrow} W_t = W_{t-k}$, 即 $B^k W_t = W_{t-k}, k \geqslant 1$。同样地 $B^k a_t = a_{t-k}$。利用延迟算子 B,上面线性模型可改写为

$$(1 - \phi_1 B - \phi_2 B^2 - \cdots - \phi_p B^p)W_t = (1 - \theta_1 B - \theta_2 B^2$$
$$- \cdots - \theta_q B^q)a_t \tag{2.6}$$

令 $\Phi(B) = 1 - \phi_1 B - \phi_2 B^2 - \cdots - \phi_p B^p$, $\Theta(B) = 1 - \theta_1 B - \theta_2 B^2 - \cdots - \theta_q B^q$, 有

$$\Phi(B)W_t = \Theta(B)a_t, \quad t = 0, \pm 1, \pm 2, \cdots \tag{2.7}$$

这就是 ARMA(p,q) 模型的算子表达式。AR(p) 模型的算子表达式为

$$\Phi(B)W_t = a_t \tag{2.8}$$

而 MA(q) 模型的算子表达式为

$$W_t = \Theta(B)a_t \tag{2.9}$$

下面对线性模型做一些讨论。

三、平稳域和可逆域

对 ARMA(p,q) 模型 $\Phi(B)W_t = \Theta(B)a_t$, 在上面平稳解的定义中要求 $\Phi(B) = 0$ 的根全部在单位圆 $|B| = 1$ 之外, 此时对参数 $\phi_1, \phi_2, \cdots, \phi_p$ 需加什么条件呢? 又要求 $\Theta(B) = 0$ 的根全部在单位圆 $|B| = 1$ 之外, 此时对参数 $\theta_1, \theta_2, \cdots, \theta_q$ 又需加什么条件呢? 为此定义平稳域和可逆域。需要指出, 这里 B 应理解为复数。

p 维欧氏空间中的子集 $\Phi^{(p)} = \{(\phi_1, \phi_2, \cdots, \phi_p): \Phi(B) = 1 - \phi_1 B - \phi_2 B^2 - \cdots - \phi_p B^p = 0$ 的 p 个根全部在单位圆 $|B| = 1$ 之外$\}$, 则称 $\Phi^{(p)}$ 是 ARMA 模型的**平稳域**。

q 维欧氏空间中的子集 $\Theta^{(q)} = \{(\theta_1, \theta_2, \cdots, \theta_q): \Theta(B) = 1 - \theta_1 B - \theta_2 B^2 - \theta_q B^q = 0$ 的 q 个根全部在单位圆 $|B| = 1$ 之外$\}$, 则称 $\Theta^{(q)}$ 是 ARMA 模型的**可逆域**。

下面举例求平稳域和可逆域。

例 1 AR(1) 或 ARMA$(1,q)$ 模型 方程 $\Phi(B) = 1 - \phi_1 B = 0$ 的根为 $B = \dfrac{1}{\phi_1}$。若要求 $|B| = \left|\dfrac{1}{\phi_1}\right| > 1$, 必须要 $|\phi_1| < 1$, 因而平稳域为 $\Phi^{(1)} = \{\phi_1: -1 < \phi_1 < 1\}$。

例 2 AR(2) 或 ARMA$(2,q)$ 模型 方程 $\Phi(B) = 1 - \phi_1 B$

$-\phi_2 B^2 = 0$ 的根为

$$B_{1,2} = \frac{1}{2\phi_2}\big[-\phi_1 \mp \sqrt{\phi_1^2 - 4\phi_2}\big]$$

如果直接由 $|B_1| > 1$，$|B_2| > 1$ 解出 ϕ_1, ϕ_2 所在区域是不方便的。现在,利用韦达定理

$$B_1 B_2 = -\frac{1}{\phi_2}, \quad B_1 + B_2 = -\frac{\phi_1}{\phi_2},$$

因而

$$|\phi_2| = \frac{1}{|B_1 B_2|} < 1, \quad \text{即} \quad -1 < \phi_2 < 1$$

又

$$\phi_2 \pm \phi_1 = -\frac{1}{B_1 B_2} \pm \frac{B_1 + B_2}{B_1 B_2} = 1 - \Big(1 \mp \frac{1}{B_1}\Big)\Big(1 \mp \frac{1}{B_2}\Big)$$

如果 B_1 与 B_2 是实根,显然有 $\phi_2 \pm \phi_1 < 1$;如果 B_1 与 B_2 是复根,因为 $B_1^* = B_2$，故 $\Big(1 \mp \frac{1}{B_1}\Big)^* = 1 \mp \frac{1}{B_2}$，于是 $\phi_2 \pm \phi_1 = 1 - \Big|1 \mp \frac{1}{B_1}\Big|^2 < 1$。因此,平稳域为

$$\Phi^{(2)} = \{(\phi_1, \phi_2): -1 < \phi_2 < 1, \phi_2 \pm \phi_1 < 1\}$$

它的图像见图 3-3。

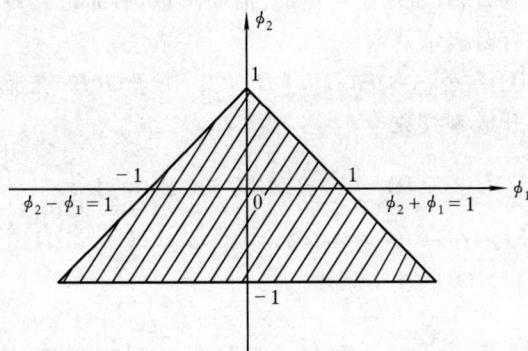

图 3-3

例 3　MA(1) 和 ARMA(p,1) 模型的可逆域为 $\Theta^{(1)} = \{\theta_1:$ $-1 < \theta_1 < 1\}$。

例 4　MA(2) 和 ARMA(p,2) 模型的可逆域为 $\Theta^{(2)} = \{(\theta_1\theta_2): -1 < \theta_2 < 1, \theta_2 \pm \theta_1 < 1\}$，其图形的形状与图 3-3 相同。

例 5　ARMA(1,1) 模型的平稳可逆域为$\{(\phi_1,\theta_1): -1 < \phi_1 < 1, -1 < \theta_1 < 1\}$。它的图像见图 3-4。

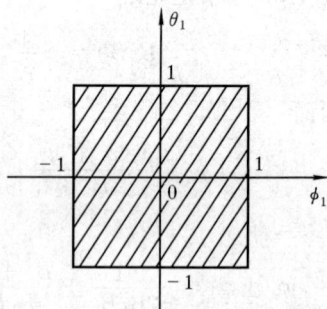

图 3-4

以后我们假定参数 $\phi_1, \phi_2, \cdots, \phi_p$ 总是在平稳域 $\Phi^{(p)}$ 内，而参数 $\theta_1, \theta_2, \cdots, \theta_q$ 总是在可逆域 $\Theta^{(q)}$ 内。

四、格林函数和逆函数

对于较一般的 ARMA(p,q) 模型，W_t 怎样用白色噪声 a_t，$a_{t-1}, \cdots$ 表示呢？反之，白色噪声 a_t 又怎样用 $W_t, W_{t-1}, \cdots$ 表示呢？先讲第一个问题。由(2.7)式，

$$W_t = \Phi^{-1}(B)\Theta(B)a_t, \quad |B| < 1 \tag{2.10}$$

这里，B 理解为复数。因为 $\Phi(B)$ 的零点在单位圆 $|B| = 1$ 之外，所以 $\Phi(B)$ 在 $|B| < 1$ 内是可逆的。需要注意，后面记号 B 有时表示延迟算子，有时表示复数。

令 $G(B) = \Phi^{-1}(B)\Theta(B)$，$|B| < 1$。由于 $G(B)$ 在 $|B| < 1$ 中解析，可展开成幂级数

$$G(B) = \sum_{k=0}^{\infty} G_k B^k, \quad |B| < 1 \tag{2.11}$$

显然，$G_0 = G(0) = \Phi^{-1}(0)\Theta(0) = 1$。

把(2.11)代入(2.10)式可得

$$W_t = \sum_{k=0}^{\infty} G_k a_{t-k} = G_0 a_t + G_1 a_{t-1} + G_2 a_{t-2} + \cdots \tag{2.12}$$

称此式为 **ARMA 模型的传递形式**。$G_k, k = 0,1,2,\cdots$，称为 ARMA

模型的**格林函数**。

显然,由于 ARMA 模型的参数 ϕ_1、ϕ_2、$\cdots$、ϕ_p 落在平稳域 $\Phi^{(p)}$ 内,故传递形式和格林函数存在。

特殊地,MA(q) 模型为 $W_t = \Theta(B)a_t$,所以 $G(B) = \Theta(B)$。此时格林函数为

$$G_k = \begin{cases} 1, & k = 0 \\ -\theta_k, & k = 1, 2, \cdots, q \\ 0, & k = q+1, q+2, \cdots \end{cases}$$

基本命题 当 $k > 0$ 时,$E(W_t a_{t+k}) = 0, t = 0, \pm 1, \pm 2, \cdots$。

证 由(2.12)式

$$E(W_t a_{t+k}) = E\left(\sum_{l=0}^{\infty} G_l a_{t-l} a_{t+k}\right) = \sum_{l=0}^{\infty} G_l E(a_{t-l} a_{t+k}) = 0.$$

证毕。

这个命题在后面将多次被用到。

下面举一些低阶模型的例子。

例 6 AR(1) 模型

$$W_t - \phi_1 W_{t-1} = a_t$$

此时 $\Phi(B) = 1 - \phi_1 B, \Theta(B) = 1$,因而

$$G(B) = \frac{1}{\Phi(B)} = \frac{1}{1 - \phi_1 B} = \sum_{k=0}^{\infty} \phi_1^k B^k$$

故有格林函数

$$G_k = \phi_1^k, \quad k = 0, 1, 2, \cdots$$

而传递形式为

$$W_t = \sum_{k=0}^{\infty} \phi_1^k a_{t-k}$$

例 7 AR(2) 模型

$$W_t - \phi_1 W_{t-1} - \phi_2 W_{t-2} = a_t$$

此时 $\Phi(B) = 1 - \phi_1 B - \phi_2 B^2, \Theta(B) = 1$,因而

$$G(B) = \frac{1}{\Phi(B)} = \frac{1}{1 - \phi_1 B - \phi_2 B^2},$$

所以

$$\Phi(B)G(B) = 1$$

再用(2.10)式得

$$(1 - \phi_1 B - \phi_2 B^2)(G_0 + G_1 B + G_2 B^2 + \cdots) = 1$$

利用等式两边 B^k 的系数相等,可得

$$G_0 = 1$$

$$G_1 - \phi_1 = 0, 即 \ G_1 = \phi_1;$$

$$G_k - \phi_1 G_{k-1} - \phi_2 G_{k-2} = 0, 即 \ G_k = \phi_1 G_{k-1} + \phi_2 G_{k-2}, k \geqslant 2。$$

这是一个计算格林函数的递推公式。可用逆推法求格林函数。

下面举一个数值例子介绍直接计算格林函数的方法。

例 8 AR(2) 模型

$$W_t - \frac{1}{6}W_{t-1} - \frac{1}{6}W_{t-2} = a_t$$

此时 $\Phi(B) = 1 - \frac{1}{6}B - \frac{1}{6}B^2, \Theta(B) = 1$,因而

$$G(B) = \frac{1}{1 - \frac{1}{6}B - \frac{1}{6}B^2}$$

把此有理分式化成部分分式,然后再展开成幂级数,有

$$G(B) = \frac{1}{\left(1 - \frac{B}{2}\right)\left(1 + \frac{B}{3}\right)} = \frac{3}{5} \frac{1}{1 - \frac{B}{2}} + \frac{2}{5} \frac{1}{1 + \frac{B}{3}}$$

$$= \frac{3}{5} \sum_{k=0}^{\infty} \left(\frac{B}{2}\right)^k + \frac{2}{5} \sum_{k=0}^{\infty} (-1)^k \left(\frac{B}{3}\right)^k$$

$$= \sum_{k=0}^{\infty} \left[\frac{3}{5}\left(\frac{1}{2}\right)^k + \frac{2}{5}(-1)^k\left(\frac{1}{3}\right)^k\right]B^k$$

所以格林函数

$$G_k = \frac{3}{5}\left(\frac{1}{2}\right)^k + (-1)^k \frac{2}{5}\left(\frac{1}{3}\right)^k, \quad k = 0, 1, 2, \cdots$$

而传递形式为

$$W_t = \sum_{k=0}^{\infty} \left[\frac{3}{5} \left(\frac{1}{2} \right)^k + (-1)^k \frac{2}{5} \left(\frac{1}{3} \right)^k \right] a_{t-k}$$

例9　ARMA(1,1) 模型

$$W_t - \phi_1 W_{t-1} = a_t - \theta_1 a_{t-1}$$

此时 $\Phi(B) = 1 - \phi_1 B, \Theta(B) = 1 - \theta_1 B$，因而

$$G(B) = \frac{\Theta(B)}{\Phi(B)} = \frac{1 - \theta_1 B}{1 - \phi_1 B} = (1 - \theta_1 B) \sum_{k=0}^{\infty} \phi_1^k B^k$$

$$= 1 + \sum_{k=1}^{\infty} \phi_1^k B^k - \sum_{k=0}^{\infty} \theta_1 \phi_1^k B^{k+1}$$

$$= 1 + \sum_{k=1}^{\infty} \phi_1^k B^k - \sum_{l=1}^{\infty} \theta_1 \phi_1^{l-1} B^l$$

$$= 1 + \sum_{k=1}^{\infty} \phi_1^{k-1} (\phi_1 - \theta_1) B^k$$

故有格林函数：$G_0 = 1, G_k = \phi_1^{k-1} (\phi_1 - \theta_1), k \geqslant 1$。

下面讲第二个问题，即 a_t 用 $W_t, W_{t-1}, \cdots$ 表示问题。由(2.7)式，

$$a_t = \Theta^{-1}(B) \Phi(B) W_t, \ | B | < 1 \qquad (2.13)$$

这里，B 理解为复数。因为 $\Theta(B)$ 的零点在单位圆 $| B | = 1$ 之外，所以 $\Theta(B)$ 在 $| B | < 1$ 内是可逆的。令 $I(B) = \Theta^{-1}(B) \Phi(B) = G^{-1}(B), | B | < 1$。由于 $I(B)$ 在 $| B | < 1$ 中解析，可展开成幂级数

$$I(B) = I_0 - \sum_{k=1}^{\infty} I_k B^k, \ | B | < 1 \qquad (2.14)$$

显然 $I_0 = 1$。

把(2.14) 代入(2.13) 式可得

$$a_t = W_t - \sum_{k=1}^{\infty} I_k W_{t-k} \qquad (2.15)$$

称此式为 **ARMA 模型的逆转形式**。$I_k, k = 0, 1, 2, \cdots$ 称为 ARMA 模型的**逆函数**。

由于参数 $\theta_1, \theta_2, \cdots, \theta_q$ 落在可逆域中，那么 ARMA 模型的逆转形式和逆函数存在。

特殊地，AR(p) 模型为 $\Phi(B)W_t = a_t$，所以 $I(B) = \Phi(B)$。此时逆函数为

$$I_k = \begin{cases} 1, & k = 0 \\ \phi_k, & k = 1,2,\cdots,p \\ 0, & k = p+1,p+2,\cdots \end{cases}$$

下面举一些低阶模型的例子。

例 10　MA(1) 模型

$$W_t = a_t - \theta_1 a_{t-1}$$

此时 $\Phi(B) = 1, \Theta(B) = 1 - \theta_1 B$，因而

$$I(B) = \frac{1}{\Theta(B)} = \frac{1}{1 - \theta_1 B} = \sum_{k=0}^{\infty} \theta_1^k B^k$$

故有逆函数

$$I_0 = 1, \ I_k = -\theta_1^k, \ k \geqslant 1$$

而逆转形式为

$$a_t = \sum_{k=0}^{\infty} \theta_1^k W_{t-k}$$

例 11　MA(2) 模型

$$W_t = a_t - \theta_1 a_{t-1} - \theta_2 a_{t-2}$$

此时 $\Phi(B) = 1, \Theta(B) = 1 - \theta_1 B - \theta_2 B^2$，因而

$$I(B) = \frac{1}{\Theta(B)} = \frac{1}{1 - \theta_1 B - \theta_2 B^2}$$

利用

$$(1 - \theta_1 B - \theta_2 B^2)I(B) = 1$$

的两边的 B^k 系数相等，可得

$$I_0 = 1,$$
$$I_1 = -\theta_1, \quad I_2 = I_1 \theta_1 - \theta_2,$$
$$I_k = \theta_1 I_{k-1} + \theta_2 I_{k-2}, \quad k \geqslant 3$$

这是关于 I_k 的递推公式。可用递推法计算逆函数 I_k。

例 12　ARMA$(1,1)$ 模型

$$W_t - \phi_1 W_{t-1} = a_t - \theta_1 a_{t-1}$$

此时 $\Phi(B) = 1 - \phi_1 B$，$\Theta(B) = 1 - \theta_1 B$，因而

$$I(B) = \frac{\Phi(B)}{\Theta(B)} = \frac{1 - \phi_1 B}{1 - \theta_1 B} = 1 + \sum_{k=1}^{\infty} \theta_1^{k-1}(\theta_1 - \phi_1) B^k$$

故有逆函数：$I_0 = 1, I_k = -\theta_1^{k-1}(\theta_1 - \phi_1), k \geqslant 1$。

§3　各类线性模型的性质

各类线性模型的性质是对自相关函数和偏相关函数而言。这里的自相关函数与前二章中所述自相关函数含义不同，指的是自相关系数函数。它可以通过自协方差函数进行定义。由于 $EW_t = 0$。故自协方差函数为

$$\gamma_k = E(W_t W_{t+k}), \ k = 0, \pm 1, \pm 2, \cdots$$

而自相关函数现定义为

$$\rho_k = \frac{\gamma_k}{\gamma_0}, \ k = 0, \pm 1, \pm 2, \cdots$$

下面介绍偏相关函数。

一、偏相关函数

在平稳时间序列 $\{W_t, t = \cdots, -2, -1, 0, 1, 2, \cdots\}$ 中取出一个片段共 $k + 1 (k \geqslant 1)$ 个量

$$W_t, W_{t+1}, \cdots, W_{t+k}$$

现在用前面 k 项的线性组合去估计最后一项 W_{t+k}，即用

$$\sum_{j=1}^{k} \phi_{kj} W_{t+k-j} = \phi_{k1} W_{t+k-1} + \phi_{k2} W_{t+k-2} + \phi_{k3} W_{t+k-3}$$
$$+ \cdots + \phi_{kk} W_t$$

去估计 W_{t+k}，而其中 $\phi_{k1}, \phi_{k2}, \cdots, \phi_{kk}$ 是系数。我们采用最小方差法确定这些系数，即选 $\phi_{k1}, \phi_{k2}, \cdots, \phi_{kk}$ 使均方偏差达到最小。

$$\delta = E(W_{t+k} - \sum_{j=1}^{k} \phi_{kj} W_{t+k-j})^2$$

$$= E(W_{t+k} - \phi_{k1}W_{t+k-1} - \phi_{k2}W_{t+k-2} - \cdots - \phi_{kk}W_t)^2$$

我们采用高等数学中多元函数求极值的方法。为此,让

$$\begin{cases} \dfrac{\partial \delta}{\partial \phi_{k1}} = E\big[2(W_{t+k} - \phi_{k1}W_{t+k-1} - \phi_{k2}W_{t+k-2} - \cdots - \phi_{kk}W_t) \\ \qquad\qquad (-W_{t+k-1})\big] = 0 \\ \dfrac{\partial \delta}{\partial \phi_{k2}} = E\big[2(W_{t+k} - \phi_{k1}W_{t+k-1} - \phi_{k2}W_{t+k-2} - \cdots - \phi_{kk}W_t) \\ \qquad\qquad (-W_{t+k-2})\big] = 0 \\ \qquad \vdots \\ \dfrac{\partial \delta}{\partial \phi_{kk}} = E\big[2(W_{t+k} - \phi_{k1}W_{t+k-1} - \phi_{k2}W_{t+k-2} - \cdots - \phi_{kk}W_t) \\ \qquad\qquad (-W_t)\big] = 0 \end{cases}$$

化简得

$$\begin{cases} \gamma_0\phi_{k1} + \gamma_1\phi_{k2} + \gamma_2\phi_{k3} + \cdots + \gamma_{k-1}\phi_{kk} = \gamma_1 \\ \gamma_1\phi_{k1} + \gamma_0\phi_{k2} + \gamma_1\phi_{k3} + \cdots + \gamma_{k-2}\phi_{kk} = \gamma_2 \\ \qquad \vdots \\ \gamma_{k-1}\phi_{k1} + \gamma_{k-2}\phi_{k2} + \gamma_{k-3}\phi_{k3} + \cdots + \gamma_0\phi_{kk} = \gamma_k \end{cases} \tag{3.1}$$

各个等式的两边除以 γ_0,得

$$\begin{cases} \phi_{k1} + \rho_1\phi_{k2} + \rho_2\phi_{k3} + \cdots + \rho_{k-1}\phi_{kk} = \rho_1 \\ \rho_1\phi_{k1} + \phi_{k2} + \rho_1\phi_{k3} + \cdots + \rho_{k-2}\phi_{kk} = \rho_2 \\ \qquad \vdots \\ \rho_{k-1}\phi_{k1} + \rho_{k-2}\phi_{k2} + \rho_{k-3}\phi_{k3} + \cdots + \phi_{kk} = \rho_k \end{cases} \tag{3.2}$$

方程组(3.1)和(3.2)用矩阵可分别表示为

$$\begin{bmatrix} \gamma_0 & \gamma_1 & \gamma_2 & \cdots & \gamma_{k-1} \\ \gamma_1 & \gamma_0 & \gamma_1 & & \vdots \\ \gamma_2 & \gamma_1 & & & \gamma_2 \\ & & & & \gamma_1 \\ \vdots & & & & \\ \gamma_{k-1} & \cdots & \gamma_2 & \gamma_1 & \gamma_0 \end{bmatrix} \begin{bmatrix} \phi_{k1} \\ \phi_{k2} \\ \vdots \\ \phi_{kk} \end{bmatrix} = \begin{bmatrix} \gamma_1 \\ \gamma_2 \\ \vdots \\ \gamma_k \end{bmatrix} \tag{3.3}$$

和

$$\begin{bmatrix} 1 & \rho_1 & \rho_2 & & \rho_{k-1} \\ \rho_1 & 1 & \rho_1 & & \\ \rho_2 & & & & \rho_2 \\ & & & & \rho_1 \\ \rho_{k-1} & & \rho_2 & \rho_1 & 1 \end{bmatrix} \begin{bmatrix} \phi_{k1} \\ \phi_{k2} \\ \vdots \\ \phi_{kk} \end{bmatrix} = \begin{bmatrix} \rho_1 \\ \rho_2 \\ \vdots \\ \rho_k \end{bmatrix} \tag{3.4}$$

解方程(3.3)或(3.4)得 $\phi_{k1}, \phi_{k2}, \cdots, \phi_{kk}$. 规定 $\phi_{00} = 1$. $\phi_{kk}(k \geqslant 0)$ 称为**偏相关函数**(注意, ϕ_{kk} 与参数 ϕ_k 不要混淆). 方程(3.3)和(3.4)中系数矩阵是托布里兹(**Toeplitz**)**矩阵**[①],方程(3.3)和(3.4)称为尤尔-沃克(**Yule-Walker**)**方程**. 需要指出, 解方程所得到的一些量中只有 ϕ_{kk} 是要计算的, 其他量 $\phi_{k1}, \phi_{k2}, \cdots, \phi_{kk-1}$ 一般是没有用的. (3.3)和(3.4)式表明偏相关函数可以用自协方差函数或自相关函数算出. 计算一串偏相关函数 $\phi_{11}, \phi_{22}, \cdots, \phi_{kk}$, 其计算量是相当大的.

偏相关函数 ϕ_{kk} 具有概率意义. 它刻画了平稳序列任意一个长为 $k+1$ 的片段 $W_t, W_{t+1}, \cdots, W_{t+k-1}, W_{t+k}$ 在中间量 $W_{t+1}, \cdots, W_{t+k-1}$ 固定的条件下, 两端 W_t 和 W_{t+k} 的线性联系密切程度. 然而, 自相关函数 ρ_k 并不需要中间数值固定, 它刻画两端 W_t 和 W_{t+k} 的线性联系密切程度. 显然, $\phi_{00} = 1$. 偏相关函数的名称是由它的概率意义得来的; 但是, 要解释 ϕ_{kk} 的概率意义, 还需用到数理统计的相关分析中偏相关系数的概念.

二、各类线性模型的性质

下面介绍各类线性模型的自相关函数与偏相关函数的性质:

(1) 自回归模型 AR(p) 的自相关函数 ρ_k 拖尾, 偏相关函数 ϕ_{kk} 截尾.

[①] 满足 $a_{ij} = a_{i-j}$ 的非负定矩阵 $(a_{ij})_{k \times k}$ 称为托布里兹矩阵.

所谓 ρ_k **拖尾**，是指它随着 k 无限增大以负指数的速度趋向于零，即当 k 相当大时有 $|\rho_k| < ce^{-\delta k}$（其中 $c > 0$, $\delta > 0$）。此时 $\lim\limits_{k\to\infty}\rho_k = 0$，它的图像像拖一条尾巴（见图 3-5）。

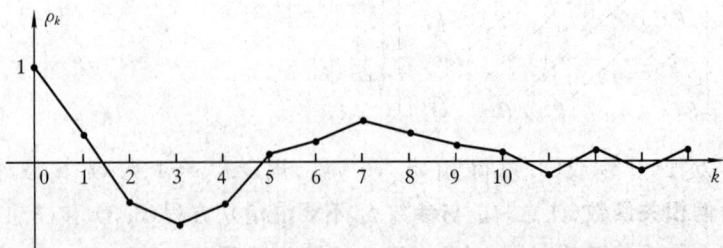

图 3-5

所谓 ϕ_{kk} **截尾**，指

$$\phi_{kk}\begin{cases} \neq 0, & \text{当 } k = p \text{ 时} \\ = 0, & \text{当 } k > p \text{ 时} \end{cases}$$

即 ϕ_{kk} 在 k 等于 p 时不为 0，在 p 以后都等于 0，它的图像像截断了尾巴一样，而且尾巴截断在 $k = p$ 的地方（见图 3-6）。

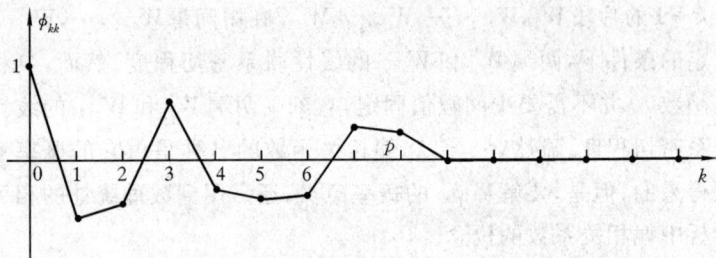

图 3-6

（2）滑动平均模型 MA(q) 的自相关函数 ρ_k 截尾，尾巴截断在 $k = q$ 的地方；偏相关函数 ϕ_{kk} 拖尾。

ρ_k 的图像类似图 3-6，不过应把 p 改为 q；而 ϕ_{kk} 的图像类似于图 3-5。

（3）混合模型 ARMA(p,q) $(p>0,q>0)$ 的自相关函数 ρ_k 与偏相关函数 ϕ_{kk} 都是拖尾的。ρ_k 与 ϕ_{kk} 的图像都类似于图 3-5。各类线性模型的性质见表 3-1。

表 3-1

模型 函数	AR(p)	MA(q)	ARMA(p,q) $(p>0,q>0)$
ρ_k	拖尾	截尾 $k=q$ 处	拖尾
ϕ_{kk}	截尾 $k=p$ 处	拖尾	拖尾

我们可以依据自相关函数和偏相关函数的情况来判断线性模型属于三类中的哪一类。下面对上述某些性质作证明。

三、三种线性模型 ρ_k 性质的证明

1. MA(q) 模型 ρ_k 截尾　　需证：当 $k>q$ 时，$\rho_k=0$；而 $\rho_q\neq 0$。由(2.2)式

$$W_t = a_t - \theta_1 a_{t-1} - \theta_2 a_{t-2} - \cdots - \theta_q a_{t-q}$$

为了计算 $\gamma_k(k\geqslant 0)$，在上式两边乘 W_{t+k}，再取数学期望。于是

$$\gamma_k = E(W_t W_{t+k}) = E[(a_t - \theta_1 a_{t-1} - \theta_2 a_{t-2} - \cdots - \theta_q a_{t-q})(a_{t+k} \\ - \theta_1(a_{t+k-1} - \theta_2 a_{t+k-2} - \cdots - \theta_q a_{t+k-q})]$$

因而可分别得到

$$\begin{cases} \text{当 } k=0 \text{ 时，} & \gamma_0 = \sigma_a^2(1+\theta_1^2+\theta_2^2+\cdots+\theta_q^2) \\ \text{当 } 1\leqslant k\leqslant q \text{ 时，} & \gamma_k = \sigma_a^2(-\theta_k+\theta_1\theta_{k+1}+\cdots+\theta_{q-k}\theta_q) \\ \text{当 } k>q \text{ 时，} & \gamma_k = 0 \end{cases}$$

$$(3.5)$$

这里需规定 $\theta_0=0$，因为当 $k=q$ 时会出现 θ_0。进而可得

$$\rho_k = \frac{\gamma_k}{\gamma_0} = \begin{cases} 1 & k=0 \text{ 时} \\ \dfrac{-\theta_k+\theta_1\theta_{k+1}+\cdots+\theta_{q-k}\theta_q}{1+\theta_1^2+\cdots+\theta_q^2} & 1\leqslant k\leqslant q \text{ 时} \\ 0 & k>q \text{ 时} \end{cases} \quad (3.6)$$

然而 $\rho_q = -\theta_q/(1+\theta_1^2+\cdots+\theta_q^2)$，显然不为零。于是，证明了 ρ_k 在 $k=q$ 处截尾。不仅如此，还需指出，(3.5) 式表明由 $\gamma_0,\gamma_1,\gamma_2,\cdots,\gamma_q$ 的数值通过解非线性方程组可得 $\sigma_a^2,\theta_1,\theta_2,\cdots,\theta_q$ 的值。这也是后面 §5 中确定参数的方法。数学中还可以证明：若 ρ_k 在 $k=q$ 处截尾，且满足某个普通条件，则平稳序列 W_t 具有 MA(q) 模型。[①]

2. AR(p) 模型 ρ_k 拖尾　　只需证存在常数 $c>0,\delta>0$，使 $|\rho_k|<ce^{-\delta k},k\geq 0$。由 (2.1) 式，

$$W_t = \phi_1 W_{t-1} + \phi_2 W_{t-2} + \cdots + \phi_p W_{t-p} + a_t$$

先求 γ_k。当 $k>0$，上式两边乘 W_{t-k}，再取数学期望

$$E(W_t W_{t-k}) = \phi_1 E(W_{t-1} W_{t-k}) + \phi_2 E(W_{t-2} W_{t-k}) + \cdots$$
$$+ \phi_p E(W_{t-p} W_{t-k}) + E(a_t W_{t-k})$$

利用 §1 中基本命题，$E(a_t W_{t-k}) = 0, k>0$，得

$$\gamma_k = \phi_1 \gamma_{k-1} + \phi_2 \gamma_{k-2} + \cdots + \phi_p \gamma_{k-p}, k>0$$

两边除以 γ_0，得

$$\rho_k = \phi_1 \rho_{k-1} + \phi_2 \rho_{k-2} + \cdots + \phi_p \rho_{k-p}, k>0 \qquad (3.7)$$

或写成

$$\Phi(B)\rho_k = 0, \; k>0$$

这是线性差分方程，可用差分方程解法获得 ρ_k。令 $\rho_l = \lambda^l$，其中 λ 的值待定。当 $l>-p$ 时，由 (3.7) 式得

$$\lambda^l = \phi_1 \lambda^{l-1} + \phi_2 \lambda^{l-2} + \cdots + \phi_p \lambda^{l-p}$$

因而

$$1 - \phi_1 \lambda^{-1} - \phi_2 \lambda^{-2} - \cdots - \phi_p \lambda^{-p} = 0$$

所以 λ^{-1} 是方程 $\Phi(B) = 0$ 的根。

设方程 $\Phi(B) = 0$ 在单位圆 $|B| = 1$ 外有 p 个不相同的根 $G_1^{-1}, G_2^{-1}, \cdots, G_p^{-1}$，其中 $|G_j|<1, j=1,2,\cdots,p$。λ 可取 $G_j, j=1, 2,\cdots,p$。综上所述，$\rho_l = G_j^l, l>-p$ 是差分方程 (3.7) 的解。进而可得

$$\rho_l = A_1 G_1^l + A_2 G_2^l + \cdots + A_p G_p^l, \quad l > -p \qquad (3.8)$$

是差分方程(3.7)的解,其中 $A_1, A_2, \cdots, A_p$ 是常数。它们可以根据 p 个关系式 $\rho_0 = 1, \rho_l = \rho_{-l}(0 < l < p)$ 确定。

显然,当 $l \to \infty$ 时,有 $\rho_l \to 0$。下面对 ρ_l 作界的估计。当 $l \geqslant 0$ 时,

$$\begin{aligned}
| \rho_l | &\leqslant | A_1 | | G_1 |^l + | A_2 | | G_2 |^l + \cdots + | A_p | | G_p |^l \\
&\leqslant p c_1 M^l \\
&= p c_1 e^{-l \ln \frac{1}{M}} = c e^{-l\delta}
\end{aligned}$$

其中 $c_1 = \max\limits_{1 \leqslant j \leqslant p} | A_j | > 0, M = \max\limits_{1 \leqslant j \leqslant p} | G_j | < 1, \delta = \ln \dfrac{1}{M} > 0, c = p c_1$。此时已证明了 ρ_l 拖尾。至于 $\Phi(B) = 0$ 有重根的情形,也可证明 ρ_l 拖尾,这里省略。

例 AR(2) 模型 设 $\Phi(B) = 0$ 有两个不相同的根 G_1^{-1}, G_2^{-1},而 $| G_1 | < 1, | G_2 | < 1$。差分方程

有解
$$\rho_k = \phi_1 \rho_{k-1} + \phi_2 \rho_{k-2}, \quad k > 0$$
$$\rho_l = A_1 G_1^l + A_2 G_2^l, \quad l > -2$$

利用 $\rho_0 = 1, \rho_1 = \rho_{-1}$ 即 $A_1 + A_2 = 1, A_1 G_1 + A_2 G_2 = A_1 G_1^{-1} + A_2 G_2^{-1}$,可得

$$A_1 = \frac{G_2 - G_2^{-1}}{(G_2 - G_2^{-1}) - (G_1 - G_1^{-1})},$$

$$A_2 = \frac{G_1 - G_1^{-1}}{(G_1 - G_1^{-1}) - (G_2 - G_2^{-1})}。$$

需要指出,(3.7) 式前 p 个方程

$$\begin{cases}
\rho_1 = \phi_1 + \phi_2 \rho_1 + \cdots + \phi_p \rho_{p-1} \\
\rho_2 = \phi_1 \rho_1 + \phi_2 + \cdots + \phi_p \rho_{p-2} \\
\quad \vdots \\
\rho_p = \phi_1 \rho_{p-1} + \phi_2 \rho_{p-2} + \cdots + \phi p
\end{cases} \qquad (3.9)$$

是含有参数 $\phi_1, \phi_2, \cdots, \phi_p$ 的线性代数方程组。与(3.4) 式相比,取 $k = p$,(3.9) 式也是尤尔-沃克方程。此式表明,由 $\rho_1, \rho_2, \cdots, \rho_p$ 的

数值可确定 $\phi_1,\phi_2,\cdots,\phi_p$。这在后面 §5 中要用。与(3.4) 式对比，显然 $\phi_j = \phi_{pj}$，$j = 1,2,\cdots,p$。

3. ARMA(p,q) 模型 ρ_k 拖尾   由(1.3)式

$$W_t - \phi_1 W_{t-1} - \cdots - \phi_p W_{t-p} = a_t - \theta_1 a_{t-1} - \cdots - \theta_q a_{t-q}$$

两边乘 W_{t-k}，再取数学期望得

$$E(W_t W_{t-k}) - \phi_1 E(W_{t-1} W_{t-k}) - \cdots - \phi_p E(W_{t-p} W_{t-k})$$
$$= E(a_t W_{t-k}) - \theta_1 E(a_{t-1} W_{t-k}) - \cdots - \theta_q E(a_{t-q} W_{t-k})$$

当 $k > q$ 时，利用 §2 基本命题可得

$$\rho_k - \phi_1 \rho_{k-1} - \phi_2 \rho_{k-2} - \cdots - \phi_p \rho_{k-p} = 0 \qquad (3.10)$$

此差分方程与(3.7)式相比，仅是 k 的取值范围不同，前者为 $k > q$，后者为 $k > 0$。解差分方程的方法与前面是类似的，同样地可以证明 ρ_k 拖尾。

需要指出，在(3.10)式中取 $k = q+1, q+2, \cdots, q+p$ 得方程组

$$\begin{cases} \rho_{q+1} = \phi_1 \rho_q + \phi_2 \rho_{q-1} + \cdots + \phi_p \rho_{q-p+1} \\ \rho_{q+2} = \phi_1 \rho_{q+1} + \phi_2 \rho_q + \cdots + \phi_p \rho_{q-p+2} \\ \qquad \vdots \\ \rho_{q+p} = \phi_1 \rho_{q+p-1} + \phi_2 \rho_{q+p-2} + \cdots + \phi_p \rho_q \end{cases} \qquad (3.11)$$

这是参数 $\phi_1,\phi_2,\cdots,\phi_p$ 的线性方程组。对 ARMA 模型，由 ρ_{q-p+1}，$\cdots,\rho_q,\cdots,\rho_{q+p}$ 的数值可确定参数 $\phi_1,\phi_2,\cdots,\phi_p$。

关于三种线性模型偏相关函数性质的证明，我们仅介绍 AR(p) 模型 ϕ_{kk} 截尾的证法。

四、AR(p) 模型 ϕ_{kk} 在 $k = p$ 处截尾的证明

AR(p) 模型为

$$W_t = \phi_1 W_{t-1} + \cdots + \phi_p W_{t-p} + a_t$$

只要证：$k > p$ 时，$\phi_{kk} = 0$；而 $\phi_{pp} \neq 0$。为此，需计算 ϕ_{kk}。利用 §2 中基本命题，当 $k > p$ 时，

$$\delta = E\Big[W_{t+k} - \sum_{j=1}^{k} \phi_{kj} W_{t+k-j} \Big]^2$$

$$= E\Big[a_{t+k} + \sum_{j=1}^{p} \phi_j W_{t+k-j} - \sum_{j=1}^{k} \phi_{kj} W_{t+k-j} \Big]^2$$

$$= E a_{t+k}^2 + E\Big[\sum_{j=1}^{p} \phi_j W_{t+k-j} - \sum_{j=1}^{k} \phi_{kj} W_{t+k-j} \Big]^2$$

$$= E a_{t+k}^2 + E\Big[\sum_{j=1}^{p} (\phi_j - \phi_{kj}) W_{t+k-j} - \sum_{j=p+1}^{k} \phi_{kj} W_{t+k-j} \Big]^2$$

$$\geqslant \sigma_a^2$$

取

$$\phi_{kj} = \begin{cases} \phi_j, & 1 \leqslant j \leqslant p \\ 0, & p+1 \leqslant j \leqslant k \end{cases}$$

使 δ 达到最小。此时，若 $k > p$，则 $\phi_{kk} = 0$，而 $\phi_{pp} = \phi_p \neq 0$。于是，证明了 ϕ_{kk} 在 $k = p$ 处截尾。

数学上还可以证明：若偏相关函数 ϕ_{kk} 在 $k = p$ 处截尾，则平稳序列 W_t 具有 AR(p) 模型。[1]

在实际问题中需要确定一个平稳时间序列的线性模型。但是，对于一个平稳时间序列 $\{Z_t, t = 0, \pm 1, \pm 2, \cdots\}$ 的测量不能无穷无尽地进行下去，只能进行有限次测量。对一个平稳时间序列 $\{Z_t\}$ 进行 n 次测量（如取 $n = 200$）得到 n 个数据

$$Z_1, Z_2, \cdots, Z_n$$

通常称为时间序列的一个样本或样本函数。n 称为样本长度，一般取样本长度 n 超过 50。

为了得到期望值为零的时间序列 $\{W_t\}$ 的样本，需作变换 $W_t = Z_t - \mu, t = 1, 2, \cdots, n$，其中 $\mu = E(Z_t)$。但是 Z_t 的期望值是不知道的。利用第二章 §3 平稳序列各态历经性，期望值 μ 可用 $Z_1, Z_2, \cdots, Z_n$ 的平均值来近似代替，即

---

[1]　证明见参考书〔9〕第 270 页。

$$\mu \approx \overline{Z} = \frac{1}{n} \sum_{j=1}^{n} Z_j$$

作变换

$$W_t = Z_t - \overline{Z}, \; t = 1, 2, \cdots, n, \; 其中 \; \overline{Z} = \frac{1}{n} \sum_{j=1}^{n} Z_j$$

就把样本 $Z_1, Z_2, \cdots, Z_n$ 换算成了样本 $W_1, W_2, \cdots, W_n$。然后再利用样本 $W_1, W_2, \cdots, W_n$ 确定平稳时间序列 $\{W_t, t = 0, \pm 1, \pm 2, \cdots\}$ 的线性模型。更详细地说,利用这个样本确定线性模型属于三类中的哪一类,阶数 p, q 的数值等于多少,参数 $\phi_1, \phi_2, \cdots, \phi_p; \theta_1, \theta_2, \cdots, \theta_q$ 的数值各等于多少。下面的任务是利用平稳时间序列的一个样本,确定它的线性模型的类别、阶数、参数值。

§4 模型识别 —— 确定线性模型的类别、阶数

由平稳序列的一个样本函数确定它的线性模型的类别、阶数,称为模型识别。上节中我们曾指出,可用自相关函数 ρ_k 和偏相关函数 ϕ_{kk} 的拖尾或截尾情况来判别一个平稳序列的线性模型属于哪一类。但是,由于 ρ_k 与 ϕ_{kk} 是理论值,所以我们可以用一个样本 $W_1, W_2, \cdots, W_n$ 先算出样本自相关函数 $\hat{\rho}_k$ 和样本偏相关函数 $\hat{\phi}_{kk}$,并分别作为 ρ_k 与 ϕ_{kk} 的近似估计值;再用 $\hat{\rho}_k$ 与 $\hat{\phi}_{kk}$ 判别模型的类别和阶数。

一、样本自相关函数和样本偏相关函数
平稳序列

$$\cdots, W_{-2}, W_{-1}, W_0, W_1, W_2, \cdots$$

因为 $EW_t = 0$,所以自协方差函数 $\gamma_k = E(W_t W_{t+k})$。对于一个样本 $W_1, W_2, \cdots, W_n$,可定义样本自协方差函数为

$$\hat{\gamma}_k = \frac{W_1 W_{1+k} + W_2 W_{2+k} + \cdots + W_{n-k} W_n}{n}$$

$$= \frac{1}{n} \sum_{j=1}^{n-k} W_j W_{j+k}^{①}, \ k = 0,1,2,\cdots,K \ (K < n)。 \tag{4.1}$$

样本自相关函数为

$$\hat{\rho}_k = \frac{\hat{\gamma}_k}{\hat{\gamma}_0}, \ k = 0,1,2,\cdots,K \ (K < n)。 \tag{4.2}$$

如果平稳序列 W_t 具有协方差函数各态历经性,那么

$$p \lim_{n\to\infty}\hat{\gamma}_k = p \lim_{n\to\infty} \frac{1}{n} \sum_{j=1}^{n-k} W_j W_{j+k} = \gamma_k \tag{4.3}$$

又 $p \lim\limits_{n\to\infty}\hat{\gamma}_0 = \gamma_0$,利用依概率收敛性质得

$$p \lim_{n\to\infty}\hat{\gamma}_k = p \lim_{n\to\infty} \frac{\hat{\gamma}_k}{\hat{\gamma}_0} = \frac{\gamma_k}{\gamma_0} = \rho_k$$

即

$$p \lim_{n\to\infty}\hat{\rho}_k = \rho_k \tag{4.4}$$

用实际推断原理,当 $n - k$ 充分大时,

$$\hat{\gamma}_k \approx \gamma_k, \ \hat{\rho}_k \approx \rho_k, \ k = 0,1,2,\cdots,K。$$

为了保证 $\hat{\gamma}_k$ 充分接近 γ_k,$\hat{\rho}_k$ 充分接近 $\rho_k(k=0,1,2,\cdots,K)$。n 需取得很大,但 K 相对于 n 不能取得太大,否则就不能保证 $n - k$ 相当大。一般取 $n > 50, K < \dfrac{n}{4}$,常用 $K \approx \dfrac{n}{10}$。如 $n = 300$,可取 $K = 30$。

下面举一例说明自相关函数的算法。

例 1　某条河流上的一个水文站从 1915 年到 1973 年记录的每年最大径流量见表 3-2 Z_t 栏,共 59 个数据。为了计算样本自相关函数,把 Z_t 变换成 W_t。先计算

---

①　有些书和文献的样本自协方差函数采用定义 $\hat{\gamma}_k = \dfrac{1}{n-k}\sum_{j=1}^{n-k} W_j W_{j+k}$

表 3 - 2

t	Z_t	W_t	t	Z_t	W_t	t	Z_t	W_t	t	Z_t	W_t	t	Z_t	W_t
1	15600	6931	13	8640	−29	25	9130	461	37	10700	2031	49	2340	−6329
2	8960	291	14	6380	−2289	26	7480	−1189	38	6190	−2479	50	11100	2431
3	10400	1731	15	6810	−1859	27	6980	−1689	39	9610	941	51	5090	−3579
4	10600	1931	16	8820	151	28	9650	981	40	7580	−1089	52	10900	2231
5	10800	2131	17	14400	5731	29	7260	−1409	41	9990	1321	53	6490	−2179
6	9880	1211	18	7440	−1229	30	8750	81	42	6150	−2519	54	12600	3931
7	9850	1181	19	7240	−1429	31	9900	1231	43	8250	−419	55	6640	−2029
8	10900	2231	20	6430	−2239	32	7310	−1359	44	6030	−2639	56	7430	−1239
9	8810	141	21	11000	2331	33	9040	371	45	8980	311	57	6760	−1909
10	9960	1291	22	7340	−1329	34	7310	−1359	46	6180	−2489	58	10000	1331
11	12200	3531	23	9260	591	35	8850	181	47	9630	961	59	9300	631
12	7510	−1159	24	5290	−3379	36	7840	−829	48	9490	821			

$$\bar{Z} = \frac{1}{59}(15\ 600 + 8\ 960 + 10\ 400 + \cdots + 10\ 000 + 9\ 300)$$

$$= 8\ 669$$

令 $W_t = Z_t - 8\ 669$，W_t 的数据见表 3-2 中的 W_t 栏。

利用(4.1)式，取 $n = 59, K = 15$，有

$$\hat{\gamma}_0 = \frac{1}{59}(6\ 931^2 + 291^2 + 1\ 731^2 + \cdots + 1\ 331^2 + 631^2)$$

$$= 5\ 020\ 385$$

$$\hat{\gamma}_1 = \frac{1}{59}(6\ 931 \times 291 + 291 \times 1\ 731 + 1\ 731 \times 1\ 931 + \cdots$$

$$+ 1\ 331 \times 631)$$

$$= -1\ 156\ 994$$

$$\hat{\gamma}_2 = \frac{1}{59}[6\ 931 \times 1\ 731 + 291 \times 1\ 931 + 1\ 731 \times 2\ 131 + \cdots$$

$$+ (-1\ 909) \times 631]$$

$$= 1\ 470\ 118$$

$$\hat{\gamma}_3 = \frac{1}{59}[6\ 931 \times 1\ 931 + 291 \times 2\ 131 + \cdots + (-1\ 239) \times 631]$$

$$= -817\ 156$$

$$\vdots$$

$$\hat{\gamma}_{15} = \frac{1}{59}[6\ 931 \times 151 + 291 \times 5\ 731 + \cdots + (-2\ 639) \times 631]$$

$$= 186\ 411$$

又利用(4.2)式，得

$$\hat{\rho}_1 = \frac{\hat{\gamma}_1}{\hat{\gamma}_0} = -0.23,$$

$$\hat{\rho}_2 = \frac{\hat{\gamma}_2}{\hat{\gamma}_0} = 0.29,$$

$$\hat{\rho}_3 = \frac{\hat{\gamma}_3}{\hat{\gamma}_0} = -0.16,$$

$$\hat{\rho}_4 = \frac{\hat{\gamma}_4}{\hat{\gamma}_0} = 0.28,$$

…,

$$\hat{\rho}_{15} = \frac{\hat{\gamma}_{15}}{\hat{\gamma}_0} = 0.04。$$

下面讨论如何定义样本偏相关函数。由(4.4)式，偏相关函数 ϕ_{kk} 可用自相关函数算出来，有

$$\begin{bmatrix} \phi_{k1} \\ \phi_{k2} \\ \vdots \\ \phi_{kk} \end{bmatrix} = \begin{bmatrix} 1 & \rho_1 & \rho_2 & \cdots & \rho_{k-1} \\ \rho_1 & 1 & \rho_1 & & \vdots \\ \rho_2 & \rho_1 & & & \rho_2 \\ & & & & \rho_1 \\ \vdots & & & & \\ \rho_{k-1} & \cdots & \rho_2 & \rho_1 & 1 \end{bmatrix}^{-1} \begin{bmatrix} \rho_1 \\ \rho_2 \\ \vdots \\ \rho_k \end{bmatrix} \tag{4.5}$$

因而**样本偏相关函数** $\hat{\phi}_{kk}$ 可用下式定义：

$$\begin{bmatrix} \hat{\phi}_{k1} \\ \hat{\phi}_{k2} \\ \vdots \\ \hat{\phi}_{kk} \end{bmatrix} = \begin{bmatrix} 1 & \hat{\rho}_1 & \hat{\rho}_2 & \cdots & \hat{\rho}_{k-1} \\ \hat{\rho}_1 & 1 & & & \vdots \\ \hat{\rho}_2 & & & & \hat{\rho}_2 \\ & & & & \hat{\rho}_1 \\ \vdots & & & & \\ \hat{\rho}_{k-1} & \cdots & \hat{\rho}_2 & \hat{\rho}_1 & 1 \end{bmatrix}^{-1} \begin{bmatrix} \hat{\rho}_1 \\ \hat{\rho}_2 \\ \vdots \\ \hat{\rho}_k \end{bmatrix} \tag{4.6}$$

由此可见利用托布里兹矩阵求逆和作矩阵乘法的方法算 $\hat{\phi}_{kk}$，计算量较大。通常利用下面的递推公式计算，则计算量较小。[①]

$$\begin{cases} \hat{\phi}_{11} = \hat{\rho}_1 & (4.7) \\ \hat{\phi}_{k+1\,k+1} = \left[\hat{\rho}_{k+1} - \sum_{j=1}^{k} \hat{\rho}_{k+1-j}\hat{\phi}_{kj} \right]\left[1 - \sum_{j=1}^{k} \hat{\rho}_j\hat{\phi}_{kj} \right]^{-1} & (4.8) \\ \hat{\phi}_{k+1j} = \hat{\phi}_{kj} - \hat{\phi}_{k+1\,k+1}\hat{\phi}_{k\,k-(j-1)},\ j=1,2,\cdots,k & (4.9) \end{cases}$$

---

① 用直接算法，$\hat{\phi}_{kk}$ 乘除运算次数正比于 k^3，用递推公式算 $\hat{\phi}_{kk}$，乘除运算次数正比于 k^2，所以用后一种算法，计算速度快得多。

递推的顺序是

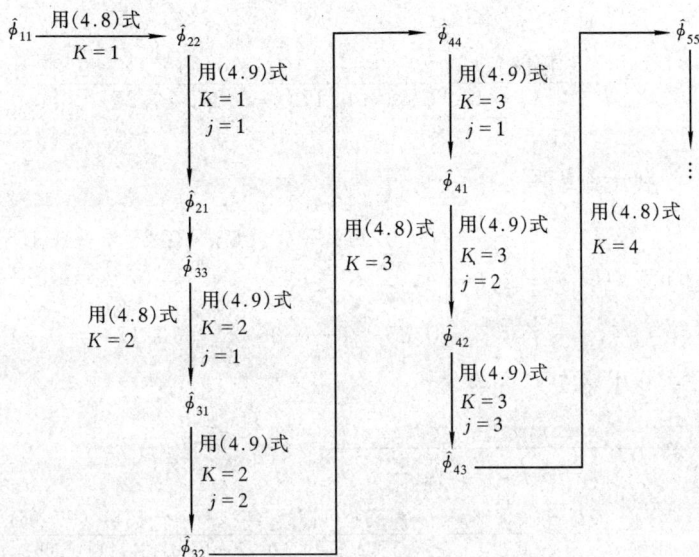

上面的递推计算按箭头方向进行。所有的 $\hat{\phi}_{kj}(j \leqslant k)$ 构成一个三角形。计算每一列元素的数值时要用到它的左边一列元素的数值，且计算非第一行元素的数值时还要用到它所在列的第一行元素的数值。

例 2　计算例 1 中数据的样本偏相关函数。

由(4.7)式，

$$\hat{\phi}_{11} = \hat{\rho}_1 = -0.23$$

(4.8)式中取 $k = 1$，得

$$\hat{\phi}_{22} = \frac{\hat{\rho}_2 - \hat{\rho}_1 \hat{\phi}_{11}}{1 - \hat{\rho}_1 \hat{\phi}_{11}} = \frac{0.29 - (-0.23)^2}{1 - (-0.23)^2} = 0.25$$

(4.9)式中取 $k = 1, j = 1$，得

$$\hat{\phi}_{21} = \hat{\phi}_{11} - \hat{\phi}_{22}\hat{\phi}_{11} = (-0.23) - 0.25 \times (-0.23) = -0.17$$

(4.8)式中取 $k = 2$，得

$$\hat{\phi}_{33} = \frac{\hat{\rho}_3 - \hat{\rho}_2\hat{\phi}_{21} - \hat{\rho}_1\hat{\phi}_{22}}{1 - \hat{\rho}_1\hat{\phi}_{21} - \hat{\rho}_2\hat{\phi}_{22}}$$

$$= \frac{(-0.16) - 0.29 \times (-0.17) - (-0.23) \times 0.25}{1 - 0.23 \times (-0.17) - 0.29 \times 0.25}$$

$$= -0.06$$

(4.9) 式中取 $k = 2, j = 1$,得

$$\hat{\phi}_{31} = \hat{\phi}_{21} - \hat{\phi}_{33}\hat{\phi}_{22} = (-0.17) - (0.06) \times 0.25 = -0.15$$

(4.9) 式中取 $k = 2, j = 2$,得

$$\hat{\phi}_{32} = \hat{\phi}_{22} - \hat{\phi}_{33}\hat{\phi}_{21} = 0.25 - (-0.06) \times (-0.17) = 0.24$$

(4.8) 式中取 $k = 3$,得

$$\hat{\phi}_{44} = \frac{\hat{\rho}_4 - \hat{\rho}_3\hat{\phi}_{31} - \hat{\rho}_2\hat{\phi}_{32} - \hat{\rho}_1\hat{\phi}_{33}}{1 - \hat{\rho}_1\hat{\phi}_{31} - \hat{\rho}_2\hat{\phi}_{32} - \hat{\rho}_3\hat{\phi}_{33}}$$

$$= \frac{0.28 - (-0.16) \times (-0.15) - 0.29 \times 0.24 - (-0.23) \times (-0.06)}{1 - (-0.23) \times (-0.15) - 0.29 \times 0.24 - (-0.16) \times (-0.06)}$$

$$= 0.20$$

$$\vdots$$

$$\hat{\phi}_{15,15} = 0.00$$

由于 n 和 K 用前面取法,有 $\hat{\rho}_k \approx \rho_k, k = 1, 2, \cdots, K$,再用(4.5)和(4.6) 式,可得

$$\hat{\phi}_{kk} \approx \phi_{kk}, \ k = 1, 2, \cdots, K。$$

二、确定模型的类别和阶数

线性模型的类别,理论上可以根据 ρ_k 和 ϕ_{kk} 的拖尾和截尾性来确定。虽然,在实际工作中我们由一个样本只能算出 $\hat{\rho}_k$ 和 $\hat{\phi}_{kk}(k = 0, 1, 2, \cdots, K)$,但在一定条件下 $\hat{\rho}_k \approx \rho_k, \hat{\phi}_{kk} \approx \phi_{kk}$。所以我们可用 $\hat{\rho}_k$ 和 $\hat{\phi}_{kk}$ 分别判断 ρ_k 和 ϕ_{kk} 是拖尾还是截尾的。

由 §2,如果 ρ_k 拖尾,ϕ_{kk} 截尾在 $k = p$ 处,那么线性模型为

AR(p) 模型。ρ_k 拖尾可根据 $\hat{\phi}_{kk}$ 的点图判断,只要 $|\hat{\rho}_{kk}|$ 愈变愈小(k 增大时)。但是,用 $\hat{\phi}_{kk}$ 判断

$$\phi_{kk}\begin{cases} \neq 0, & k = p \text{ 时} \\ = 0, & k > p \text{ 时} \end{cases}$$

怎样作呢?因为 $k > p$ 时,$\hat{\phi}_{kk} \approx \phi_{kk} = 0$,而 $\hat{\phi}_{kk}$ 并不为 0,这给判断截尾带来了一定困难。通常采用下面方法:当 $k > p$ 时,平均 20 个 $\hat{\phi}_{kk}$ 中至多有一个使 $|\hat{\phi}_{kk}| \geqslant \dfrac{2}{\sqrt{n}}$,那么认为 ϕ_{kk} 截尾在 $k = p$ 处。其理论根据为

定理 1 对于具有 AR(p) 模型的正态平稳时间序列 $\{W_t\}$,当 n 很大时,样本偏相关函数 $\hat{\phi}_{kk}(k > p)$ 近似服从正态分布 $N\left(0, \dfrac{1}{n}\right)$。(证明省略)

需要指出,**正态平稳时间序列**是有限维分布为多维正态分布的平稳随机序列。由此定理,当 n 很大时,有

$$P\left\{|\phi_{kk}| < \frac{2}{\sqrt{n}}\right\} \approx 95\%$$

为方便起见,后面 ρ_k 和 ϕ_{kk} 拖尾或截尾也称为 $\hat{\rho}_k$ 和 $\hat{\phi}_{kk}$ 拖尾和截尾。

例 3 根据例 1 中水文站每年最大径流量记录数据,算得样本自相关函数和样本偏相关函数见表 3-3。分别画出 $\hat{\rho}_k$ 和 $\hat{\phi}_{kk}$ 的图像,见图 3-7(a)、(b)。从图 3-7(a) 看出 $\hat{\rho}_k$ 拖尾,而从图 3-7(b) 看出 $\hat{\phi}_{kk}$ 截尾,但截尾在何处呢?在本例中 $\dfrac{2}{\sqrt{n}} = \dfrac{2}{\sqrt{59}} \approx 0.26$,$k > 2$ 时,$|\hat{\phi}_{kk}| < 0.26$,所以可以认为尾巴截断在 $k = 2$ 处。这里 $\hat{\phi}_{22} \approx 0.26$,取截尾在 $k = 2$ 处较为合理。

表 3 - 3

k	1	2	3	4	5	6	7	8
$\hat{\rho}_k$	-0.23	0.29	-0.16	0.28	-0.01	0.22	0.08	0.00
k	1	2	3	4	5	6	7	8
$\hat{\phi}_{kk}$	-0.23	0.25	-0.06	0.20	0.14	0.14	0.18	-0.08

k	9	10	11	12	13	14	15	
$\hat{\rho}_k$	0.05	0.02	0.09	-0.07	0.03	-0.05	0.04	
k	9	10	11	12	13	14	15	
$\hat{\phi}_{kk}$	-0.02	-0.01	-0.02	-0.11	-0.09	-0.04	0.00	

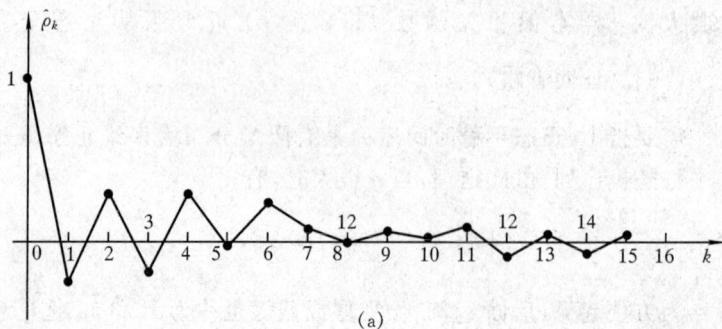

(a)

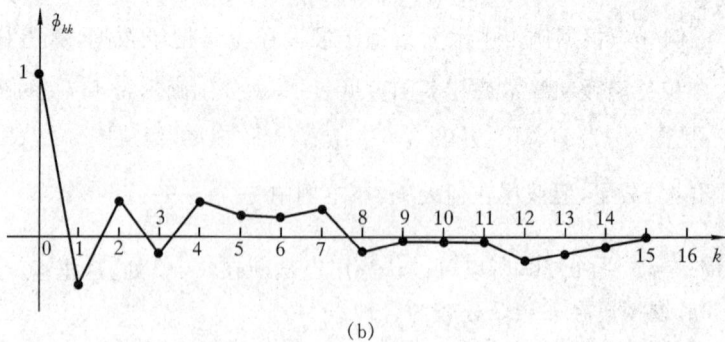

(b)

图 3 - 7

综合 $\hat{\rho}_k$ 拖尾与 $\hat{\phi}_{kk}$ 截尾情况,查表 3-1 可以认为线性模型是二阶自回归模型 AR(2)。

由 §3,如果 ϕ_{kk} 拖尾,ρ_k 截尾在 $k = q$ 处,那么线性模型为 MA(q) 模型。ϕ_{kk} 拖尾可根据 $\hat{\phi}_{kk}$ 的点图判断,只要 $|\hat{\phi}_{kk}|$ 愈变愈小(k 增大时)。但是,用 $\hat{\rho}_k$ 判断

$$\rho_k \begin{cases} \neq 0, & k = q \text{ 时} \\ = 0, & k > q \text{ 时} \end{cases}$$

可采用下面方法:当 $k > q$ 时,如果平均 20 个 $\hat{\rho}_k$ 中至多有一个使 $|\hat{\rho}_k| \geqslant \dfrac{2}{\sqrt{n}}$。其理论根据为

定理 2 对于具有 MA(q) 模型的正态平稳时间序列 $\{W_t\}$,当 n 很大时,样本自相关函数 $\hat{\rho}_k(k > q)$ 近似服从正态分布 $N\Big(0, \dfrac{1}{n}(1 + 2\sum_{l=1}^{q}\rho_l^2)\Big)$。(证明省略)

因而,当 n 很大时,$\hat{\rho}_k(k > q)$ 近似服从 $N\Big(0, \dfrac{1}{n}(1 + 2\sum_{l=1}^{q}\rho_l^2)\Big)$。

为方便起见,取近似分布为 $N\Big(0, \dfrac{1}{n}\Big)$。故有

$$P\Big\{|\hat{\rho}_k| < \dfrac{2}{\sqrt{n}}\Big\} \approx 95\%$$

例 4 某化学反应过程记录了 200 个温度数据,计算得样本自相关函数和样本偏相关函数见表 3-4。

表 3-4

k	1	2	3	4	5	6	7	8
$\hat{\rho}_k$	-0.73	-0.84	-0.13	-0.11	-0.01	-0.04	0.09	-0.05
k	1	2	3	4	5	6	7	8
$\hat{\phi}_{kk}$	-0.73	-0.64	-0.71	-0.82	-0.73	-0.75	-0.76	-0.72

k	9	10	11	12	13	14	15	
$\hat{\rho}_k$	-0.08	0.13	-0.04	0.07	-0.05	0.02	0.03	
k	9	10	11	12	13	14	15	
$\hat{\phi}_{kk}$	0.14	-0.32	0.11	-0.16	-0.12	-0.10	-0.07	

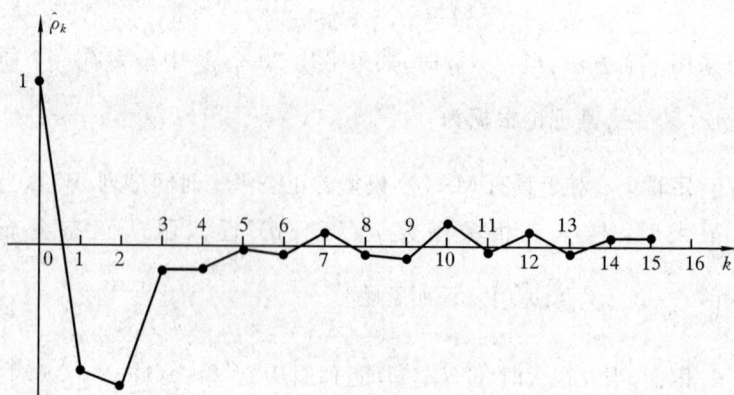

(a)

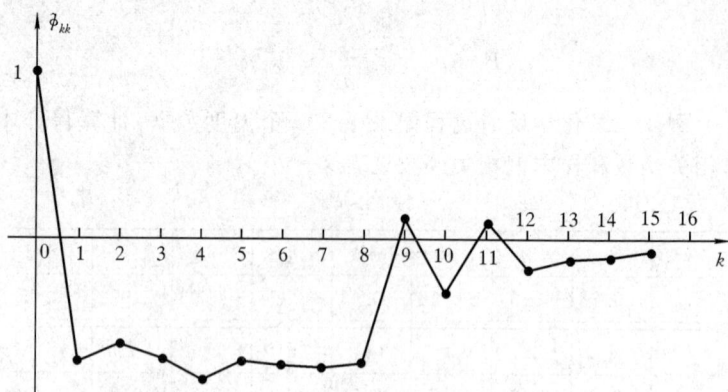

(b)

图 3 - 8

分别作点图(见图 3-8(a)、(b))。由图可见，$\hat{\phi}_{kk}$ 拖尾，而 $\hat{\rho}_k$ 截尾。但是，$\hat{\rho}_k$ 截尾在何处呢?在此例中，$\dfrac{2}{\sqrt{n}} = \dfrac{2}{\sqrt{200}} \approx 0.16$，当 $k > 2$ 时，$|\hat{\rho}_k| < 0.16$，所以可以认为截尾在 $k = 2$ 处。

此例根据表 3-1，可以认为线性模型是二阶滑动平均模型 MA(2)。

例 5　某人心跳时间间隔(即相邻两次心跳之间的间隔时间)有 400 个数据，算出样本自相关函数与样本偏相关函数如下表 3-5。

表 3-5

k	1	2	3	4	5	6	7	8
$\hat{\rho}_k$	0.57	0.47	0.44	0.47	0.45	0.38	0.53	0.37
k	1	2	3	4	5	6	7	8
$\hat{\phi}_{kk}$	0.57	0.22	0.16	0.20	0.11	0.01	-0.03	0.10

k	9	10	11	12	13	14	15
$\hat{\rho}_k$	0.39	0.42	0.32	0.31	0.27	0.25	0.24
k	9	10	11	12	13	14	15
$\hat{\phi}_{kk}$	0.09	0.13	-0.03	-0.02	0.06	-0.07	0.01

分别画点图如下:

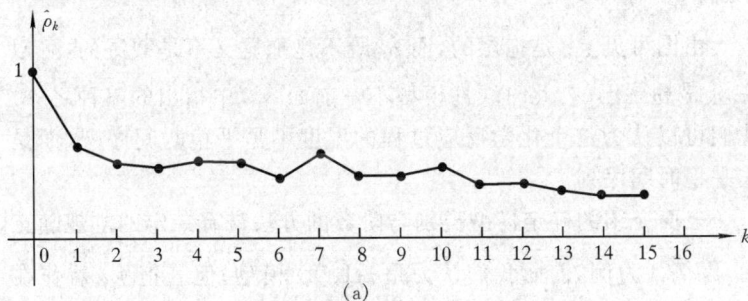

(a)

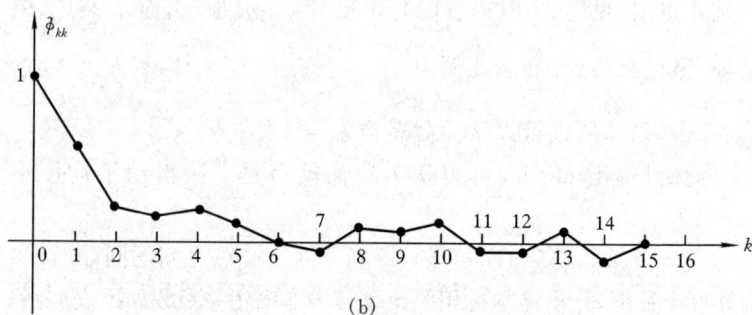

(b)

图 3 - 9

因为 $\dfrac{2}{\sqrt{n}} = \dfrac{2}{\sqrt{400}} = 0.1$，数值比较小，所以 $\hat{\rho}_k$ 与 $\hat{\phi}_{kk}$ 都可看成拖尾。线性模型可以看成混合模型，但混合模型的阶数怎样定呢？用本节的定阶法，两个拖尾定不出阶数。此时，我们只能主观地取 p 和 q 的数值，却需都不为零。为使线性模型简单起见，通常 p 与 q 的数值被取得较小。例如 $p=1, q=1$；或 $p=1, q=2$；或 $p=2$，$q=1$，等等。

有时我们会遇到样本自相关函数与样本偏相关函数至少有一个既不是拖尾又不是截尾的情况。

例 6 某化学反应过程温度记录数据，算出 $\hat{\rho}_k$ 和 $\hat{\phi}_{kk}$ 分别作图（见图 3 - 10）。

由图可见 $\hat{\phi}_{kk}$ 是拖尾的，而 $\hat{\rho}_k$ 既不是拖尾又不是截尾的，可以说 $\hat{\rho}_k$ 是翘尾巴的。此时线性模型不是前面 §2 中指出的三种之一。我们可以认为这个化学反应过程的温度不是平稳时间序列，而是非平稳时间序列。

上面介绍的确定模型类别与阶数的方法带有一定的主观随意性。以例 3 为例。前面我们认为是 AR(2) 模型，但若把 $\hat{\phi}_{kk}$ 看作在 $k=4$ 处截尾，亦可以认为是 AR(4) 模型。甚至把 $\hat{\rho}_k$ 和 $\hat{\phi}_{kk}$ 都看成拖尾，认为是混合模型亦可。当然，一个模型最好识别为阶数较低

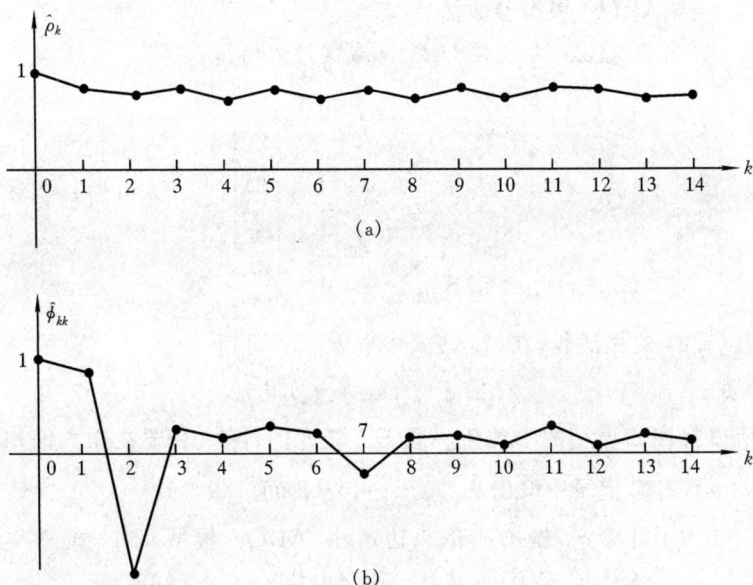

(a)

(b)

图 3 - 10

的自回归模型或阶数较低的滑动平均模型,或取为阶数较低的混合模型。下面会看到这样便于估计参数的数值,而且也便于作预报。在工程技术中所见线性模型的阶数 p、q 一般不超过四阶。

§5 模型参数估计

模型参数 $\phi_1, \phi_2, \cdots, \phi_p; \theta_1, \theta_2, \cdots, \theta_q; \sigma_a^2$ 需要用一个样本作估计。必须指出,这里白噪声方差 σ_a^2 也作为一个模型参数。本节中将看到,只要用样本自协方差函数 $\hat{\gamma}_k$ 或样本自相关函数 $\hat{\rho}_k$ 中一部分数值,而不需用样本偏相关函数的数值。参数 $\phi_1, \phi_2, \cdots, \phi_p, \theta_1, \theta_2, \cdots, \theta_q, \sigma_a^2$ 的估计量分别记为 $\hat{\phi}_1, \hat{\phi}_2, \cdots, \hat{\phi}_p, \hat{\theta}_1, \hat{\theta}_2, \cdots, \hat{\theta}_q, \hat{\sigma}_a^2$。下面分三种模型分别介绍参数估计值的算法。

一、AR(p) 模型参数估计

(由 3.9)式,两边对 ϕ_k 和 ρ_k 取估计值可得

$$
\begin{bmatrix} \hat{\phi}_1 \\ \hat{\phi}_2 \\ \vdots \\ \hat{\phi}_p \end{bmatrix} = \begin{bmatrix} 1 & \hat{\rho}_1 & \hat{\rho}_2 & \cdots & \hat{\rho}_{p-1} \\ \hat{\rho}_1 & 1 & & & \vdots \\ \hat{\rho}_2 & & & & \hat{\rho}_2 \\ \vdots & & & & \hat{\rho}_1 \\ \hat{\rho}_{p-1} & \cdots & \hat{\rho}_2 & \hat{\rho}_1 & 1 \end{bmatrix}^{-1} \begin{bmatrix} \hat{\rho}_1 \\ \hat{\rho}_2 \\ \vdots \\ \hat{\rho}_p \end{bmatrix} \tag{5.1}
$$

与(4.6)式做比较,在(4.6)式中取 $k = p$ 可得

$$
\hat{\phi}_j = \hat{\phi}_{pj}, \ j = 1, 2, \cdots, p
$$

所以自回归模型的参数值一般不必做专门计算,只要在样本偏相关函数计算记录中取出 $\hat{\phi}_{p1}, \hat{\phi}_{p2}, \cdots, \hat{\phi}_{pp}$ 即可。

为了计算 $\hat{\sigma}_a^2$,先找 σ_a^2 的表达式。由 AR(p) 模型(2.1)式,

$$
\sigma_a^2 = E a_t^2 = E(W_t - \phi_1 W_{t-1} - \phi_2 W_{t-2} - \cdots - \phi_p W_{t-p})^2
$$

$$
= E W_t^2 - 2E\Big(W_t \sum_{j=1}^p \phi_j W_{t-j}\Big) + E\Big(\sum_{k=1}^p \sum_{j=1}^p \phi_k \phi_j W_{t-k} W_{t-j}\Big)
$$

$$
= \gamma_0 - 2\sum_{j=1}^p \phi_j \gamma_j + \sum_{k=1}^p \sum_{j=1}^p \phi_k \phi_j \gamma_{j-k}
$$

由 Yule - Walker 方程(3.3),有

$$
\sum_{k=1}^p \phi_k \gamma_{j-k} = \gamma_j, \ j = 1, 2, \cdots, p
$$

所以

$$
\sum_{k=1}^p \sum_{j=1}^p \phi_k \phi_j \gamma_{j-k} = \sum_{j=1}^p \phi_j \gamma_j,
$$

故

$$
\sigma_a^2 = \gamma_0 - \sum_{j=1}^p \phi_j \gamma_j,
$$

因而

$$\hat{\sigma}_a^2 = \hat{\gamma}_0 - \sum_{j=1}^{p} \hat{\phi}_j \hat{\gamma}_j \qquad (5.2)$$

利用(5.1)和(5.2)式,可得 AR(1) 和 AR(2) 模型的如下参数估计式:

$$\text{AR(1) 模型：} \hat{\phi}_1 = \hat{\rho}_1, \hat{\sigma}_a^2 = \hat{\gamma}_0(1 - \hat{\rho}_1^2) \qquad (5.3)$$

$$\text{AR(2) 模型：} \hat{\phi}_1 = \frac{\hat{\rho}_1(1 - \hat{\rho}_2)}{1 - \hat{\rho}_1^2}, \quad \hat{\phi}_2 = \frac{\hat{\rho}_2 - \hat{\rho}_1^2}{1 - \hat{\rho}_1^2}$$

$$\hat{\sigma}_a^2 = \hat{\gamma}_0(1 - \hat{\phi}_1\hat{\rho}_1 - \hat{\phi}_2\hat{\rho}_2) \qquad (5.4)$$

二、MA(q) 模型参数估计

由(3.5)式,两边对 $\gamma_k, \sigma_a^2, \theta_k$ 取估计值可得

$$\hat{\gamma}_k = \begin{cases} \hat{\sigma}_a^2(1 + \hat{\theta}_1^2 + \hat{\theta}_2^2 + \cdots + \hat{\theta}_q^2), k = 0 \text{ 时} \\ \hat{\sigma}_a^2(-\hat{\theta}_k + \hat{\theta}_1\hat{\theta}_{k+1} + \cdots + \hat{\theta}_{q-k}\hat{\theta}_q), 1 \leqslant k \leqslant q \text{ 时} \end{cases} \qquad (5.5)$$

或

$$\begin{cases} \hat{\gamma}_0 = \hat{\sigma}_a^2(1 + \hat{\theta}_1^2 + \hat{\theta}_2^2 + \cdots + \hat{\theta}_q^2) \\ \hat{\gamma}_1 = \hat{\sigma}_a^2(-\hat{\theta}_1 + \hat{\theta}_1\hat{\theta}_2 + \cdots + \hat{\theta}_{q-1}\hat{\theta}_q) \\ \hat{\gamma}_2 = \hat{\sigma}_a^2(-\hat{\theta}_2 + \hat{\theta}_1\hat{\theta}_3 + \cdots + \hat{\theta}_{q-2}\hat{\theta}_q) \\ \quad \vdots \\ \hat{\gamma}_q = \hat{\sigma}_a^2(-\hat{\theta}_q) \end{cases} \qquad (5.5')$$

这个方程组含有 $q+1$ 个方程,其中样本协方差函数 $\hat{\gamma}_k$ 的数值已算出,而未知数是 $\hat{\theta}_1, \hat{\theta}_2, \cdots, \hat{\theta}_q, \hat{\sigma}_a^2$,共有 $q+1$ 个。此方程组是非线性方程组。$\hat{\theta}_1, \hat{\theta}_2, \cdots, \hat{\theta}_q, \hat{\sigma}_a^2$,既可以解这个非线性方程组,也可以采用近似解法。

利用(5.5′)式,可得 MA(1) 模型的参数估计式:

$$\hat{\theta}_1 = \frac{-2\hat{\rho}_1}{1 + \sqrt{1 - 4\hat{\rho}_1^2}}, \quad \hat{\sigma}_a^2 = \hat{\gamma}_0 \frac{1 + \sqrt{1 - 4\hat{\rho}^2}}{2} \qquad (5.6)$$

三、ARMA(p,q) 模型参数估计

由(2.3)式,

$$W_t - \phi_1 W_{t-1} - \cdots - \phi_p W_{t-p} = a_t - \theta_1 a_{t-1} - \cdots - \theta_q a_{t-q} \quad (5.7)$$

采用先算 $\hat{\phi}_1, \hat{\phi}_2, \cdots, \hat{\phi}_p$,再算 $\hat{\theta}_1, \hat{\theta}_2, \cdots, \hat{\theta}_q, \hat{\sigma}_a^2$ 的方法。

(1) 先算 $\hat{\phi}_1, \hat{\phi}_2, \cdots, \hat{\phi}_p$。由(3.11)式,

$$
\begin{bmatrix} \hat{\phi}_1 \\ \hat{\phi}_2 \\ \vdots \\ \hat{\phi}_p \end{bmatrix} = \begin{bmatrix} \hat{\rho}_q & \hat{\rho}_{q-1} & \cdots & \hat{\rho}_{q-p+1} \\ \hat{\rho}_{q+1} & \hat{\rho}_q & \cdots & \hat{\rho}_{q-p+2} \\ \vdots & \vdots & & \vdots \\ \hat{\rho}_{q+p-1} & \hat{\rho}_{q+p-2} & \cdots & \hat{\rho}_q \end{bmatrix}^{-1} \begin{bmatrix} \hat{\rho}_{q+1} \\ \hat{\rho}_{q+2} \\ \vdots \\ \hat{\rho}_{q+p} \end{bmatrix} \quad (5.8)
$$

用上式计算 $\hat{\phi}_1, \hat{\phi}_2, \cdots, \hat{\phi}_p$,仅用到 $\hat{\rho}_{q-p+1}, \cdots, \hat{\rho}_q, \cdots, \hat{\rho}_{q+p-1}$ 的值。需要注意 $\hat{\rho}_{-n} = \hat{\rho}_n (n > 0)$。

(2) 再算 $\hat{\theta}_1, \hat{\theta}_2, \cdots, \hat{\theta}_q, \hat{\sigma}_a^2$。

令　　$W_t' = W_t - \hat{\phi}_1 W_{t-1} - \hat{\phi}_2 W_{t-2} - \cdots - \hat{\phi}_p W_{t-p}$　　(5.9)

(5.7)式变成

$$W_t' = a_t - \hat{\theta}_1 a_{t-1} - \hat{\theta}_2 a_{t-2} - \cdots - \hat{\theta}_q a_{t-q} \quad (5.10)$$

这是关于 W_t' 的 MA(q) 模型。由前所述,可用 W_t' 的样本协方差函数估计 $\hat{\theta}_1, \hat{\theta}_2, \cdots, \hat{\theta}_q, \hat{\sigma}_a^2$ 的值。为此,先推导 W_t' 的自协方差函数和 W_t 的自协方差函数的关系。记 W_t' 的自协方差函数为 $\gamma_k^{W'}$。

$$
\begin{aligned}
\gamma_k^{W'} &= E(W_t' W_{t+k}') \\
&= E\left[\left(W_t - \sum_{l=1}^p \phi_l W_{t-l} \right) \left(W_{t+k} - \sum_{j=1}^p \phi_j W_{t+k-j} \right) \right] \\
&= \gamma_k + \sum_{l=1}^p \sum_{j=1}^p \phi_l \phi_j \gamma_{k-j+l} - \sum_{j=1}^p \phi_j \gamma_{k-j} - \sum_{l=1}^p \phi_l \gamma_{k+l} \quad (5.11)
\end{aligned}
$$

需要指出,由于 $\gamma_k^{W'}$ 与 t 无关,又显然有 $EW_t' = 0$,所以 W_t' 是平稳序列。

由(5.9)式,W_t' 的样本值算式为

$$W'_t = W_t - \hat{\phi}_1 W_{t-1} - \hat{\phi}_2 W_{t-2} - \cdots - \hat{\phi}_p W_{t-p} \qquad (5.12)$$

由样本值 $W_1, W_2, \cdots, W_n$ 可得样本值 $W'_{p+1}, W'_{p+2}, \cdots, W'_n$，进而可算得 W'_t 的样本自协方差函数 $\hat{\gamma}_k^{W'}$。但是，这样计算很复杂，而为方便起见，利用(5.11)式得

$$\hat{\gamma}_k^{W'} = \hat{\gamma}_k + \sum_{l=1}^{p} \sum_{j=1}^{p} \hat{\phi}_l \hat{\phi}_j \hat{\gamma}_{|k-j+l|} - \sum_{j=1}^{p} \hat{\phi}_j \hat{\gamma}_{|k-j|} - \sum_{l=1}^{p} \hat{\phi}_l \hat{\gamma}_{k+l}$$

$$(5.13)$$

将 $\hat{\gamma}_0^{W'}, \hat{\gamma}_1^{W'}, \cdots, \hat{\gamma}_q^{W'}$ 代入(5.5′)式，解非线性方程组可得 $\hat{\theta}_1, \hat{\theta}_2, \cdots,$ $\hat{\theta}_q, \hat{\sigma}_a^2$。需要指出，在上式中 $k-j$ 和 $k-j+l$ 可能出现负值，根据协方差函数性质，所以应加绝对值。

例1　在 §4 例3 中其河流年最大径流量 Z_t 作出的 W_t 识别为 AR(2) 模型，现在算参数估计值 $\hat{\phi}_1, \hat{\phi}_2$。我们把计算要用的数据挑出来：$\hat{\rho}_1 = -0.23, \hat{\rho}_2 = 0.29, \bar{Z} = 8\,669$。利用(5.4)式中 AR(2) 参数估计公式，得

$$\hat{\phi}_1 = \frac{(-0.23)(1-0.29)}{1-(-0.23)^2} = -0.172$$

$$\hat{\phi}_2 = \frac{0.29-(-0.23)^2}{1-(-0.23)^2} = 0.253$$

得到关于 W_t 的线性模型

$$W_t + 0.172 W_{t-1} - 0.253 W_{t-2} = a_t$$

将 $W_t = Z_t - 8\,669$ 代入上式，得到关于 Z_t 的线性模型为

$$(Z_t - 8\,669) + 0.172(Z_{t-1} - 8\,669) - 0.253(Z_{t-2} - 8\,669) = a_t$$

化简得

$$Z_t = 7\,966 - 0.172 Z_{t-1} + 0.253 Z_{t-2} + a_t$$

例2　在 §4 例5 中心跳时间间隔 W_t 初步识别为 ARMA(1, 1) 模型，阶数 $p=1, q=1$。现在算参数估计值 $\hat{\phi}_1, \hat{\theta}_1$。我们把计算要用的数据挑出来：$\bar{Z} = 76.9, \hat{\rho}_1 = 0.567, \hat{\rho}_2 = 0.474$。

(1) 代入(5.3)式算 $\hat{\phi}_1$，$\hat{\phi}_1 = \hat{\rho}_1^{-1} \times \hat{\rho}_2 = \dfrac{0.474}{0.567} = 0.84$

(2) 令 $W_t' = W_t - 0.84W_{t-1}$

利用(5.13)式算 $\hat{\gamma}_0^{W'}, \hat{\gamma}_1^{W'}$：

$$\hat{\gamma}_0^{W'} = \hat{\gamma}_0 + \hat{\phi}_1^2\hat{\gamma}_0 - \hat{\phi}_1\hat{\gamma}_1 - \hat{\phi}_1\hat{\gamma}_1 = \hat{\gamma}_0(1+\hat{\phi}_1^2) - 2\hat{\phi}_1\hat{\gamma}_1$$
$$= \hat{\gamma}_0[(1+\hat{\phi}_1^2) - 2\hat{\phi}_1\hat{\rho}_1]$$
$$= \hat{\gamma}_0(1 + 0.84^2 - 2\times0.84\times0.567)$$
$$= 0.753\hat{\gamma}_0$$

$$\hat{\gamma}_1^{W'} = \hat{\gamma}_1 + \hat{\phi}_1\hat{\phi}_1\hat{\gamma}_1 - \hat{\phi}_1\hat{\gamma}_0 - \hat{\phi}_1\hat{\gamma}_2 = (1+\hat{\phi}_1^2)\hat{\gamma}_1 - \hat{\phi}_1\hat{\gamma}_0 - \hat{\phi}_1\hat{\gamma}_2$$
$$= \hat{\gamma}_0[(1+\hat{\phi}_1^2)\hat{\rho}_1 - \hat{\phi}_1 - \hat{\phi}_1\hat{\rho}_2]$$
$$= \hat{\gamma}_0[(1+0.84^2)\times0.567 - 0.84(1+0.474)]$$
$$= -0.271\hat{\gamma}_0$$

(3) 对于 W_t' 的 MA(1) 模型，可用(5.6)式算 $\hat{\theta}_1$。由

$$\hat{\rho}_1^{W'} = \frac{\hat{\gamma}_1^{W'}}{\hat{\gamma}_0^{W'}} = \frac{-0.271\hat{\gamma}_0}{0.753\hat{\gamma}_0} = -0.36$$

得

$$\hat{\theta}_1 = \frac{-2\times(-0.36)}{1 + \sqrt{1-4\times(-0.36)^2}} = 0.42$$

由 $\hat{\phi}_1 = 0.84, \hat{\theta}_1 = 0.42$ 得到关于 W_t 的线性模型
$$W_t - 0.84W_{t-1} = a_t - 0.42a_{t-1}$$

把 $W_t = Z_t - 76.9$ 代入上式可得关于 Z_t 的线性模型
$$Z_t - 76.9 - 0.84(Z_{t-1} - 76.9) = a_t - 0.42a_{t-1}$$

即
$$Z_t - 0.84Z_{t-1} = 12.3 + a_t - 0.42a_{t-1}。$$

至此，前面所讲的确定平稳时间序列线性模型的步骤可归结如下：

(1) 对一个时间序列作 n 次测量得到一个样本 $Z_1, Z_2, \cdots, Z_n$，一般取 $n > 50$；

（2）数据预先处理：作变换 $W_t = Z_t - \bar{Z}\left(\text{其中 } \bar{Z} = \dfrac{1}{n}\sum_{j=1}^{n} Z_j\right)$，得到 n 个数据 $W_1,W_2,\cdots,W_n$；

（3）计算样本自协方差函数 $\hat{\gamma}_k$，样本自相关函数 $\hat{\rho}_k$，偏相关函数 $\hat{\phi}_{kk}$ 的数值，$k = 0,1,\cdots,K$。一般取 $K < \dfrac{n}{4}$，常用 $K \approx \dfrac{n}{10}$；

（4）模型识别：把 $\hat{\rho}_k$、$\hat{\phi}_{kk}$ 数值分别作出点图，按"截尾"、"拖尾"情况，查 §3 表 4-1 确定模型的类别与阶数 p、q；

（5）参数估计：利用 §5 中所列公式计算参数估计值 $\hat{\phi}_1,\hat{\phi}_2,\cdots,\hat{\phi}_p,\hat{\theta}_1,\hat{\theta}_2,\cdots,\hat{\theta}_q$ 以及 $\hat{\sigma}_a^2$。

前三步是做准备工作，后两步是确定模型的实质性步骤，最后获得关于 W_t 的线性模型

$$W_t - \hat{\phi}_1 W_{t-1} - \hat{\phi}_2 W_{t-2} - \cdots - \hat{\phi}_p W_{t-p}$$
$$= a_t - \hat{\theta}_1 a_{t-1} - \hat{\theta}_2 a_{t-2} - \cdots - \hat{\theta}_q a_{t-q}$$

至今，我们只是初步地介绍了确定平稳时间序列 W_t 的线性模型的方法和步骤。至于得到的线性模型是否合适，还要进一步做检查，这就是所谓**模型考核**。如果模型考核通过，就认为确定的线性模型是合适的；否则，认为确定的线性模型不合适，需要重新作模型识别和参数估计，直到所得线性模型通过考核为止。特别是识别为混合模型，阶数 p 和 q 的选取纯属主观。通常，先取 $p = 1$ 和 $q = 1$，作参数估计后得线性模型。作模型考核后，如果通过，则认为所得线性模型合适；否则，取 $p = 2$ 和 $q = 1$，再作参数估计。所得线性模型或者通过考核，或者再取 $p = 1$ 和 $q = 2$ 重新作参数估计依此类推。取 p 和 q 的阶数从低到高，直到所得混合模型通过考核为止。关于模型考核的方法，读者可看时间序列分析的专著[10]第 175 页或[9]第 138 页。

前面从理论上讨论了平稳序列 W_t 的线性模型，但平稳序列 Z_t 的线性模型的一般形式是怎样呢？对此，只要把 W_t 的差分方程

变成关于 Z_t 的差分方程即可。一般情形

$$W_t - \phi_1 W_{t-1} - \cdots - \phi_p W_{t-p} = a_t - \theta_1 a_{t-1} - \cdots - \theta_q a_{t-q}$$

其中 $W_t = Z_t - \mu$。代换得

$$(Z_t - \mu) - \phi_1(Z_{t-1} - \mu) - \cdots - \phi_p(Z_{t-p} - \mu)$$
$$= a_t - \theta_1 a_{t-1} - \cdots - \theta_q a_{t-q},$$

即

$$Z_t - \phi_1 Z_{t-1} - \cdots - \phi_p Z_{t-p} = \mu(1 - \phi_1 - \phi_2 - \cdots - \phi_p) + a_t -$$
$$\theta_1 a_{t-1} - \cdots - \theta_q a_{t-q}$$

令 $\theta_0 = \mu(1 - \phi_1 - \phi_2 - \cdots - \phi_p)$，上式可写成

$$Z_t - \phi_1 Z_{t-1} - \cdots - \phi_p Z_{t-p} = \theta_0 + a_t - \theta_1 a_{t-1} - \cdots - \theta_q a_{t-q}$$

$$(5.14)$$

这是关于 **Z_t 的线性模型**。与 W_t 的线性模型相比，右边多了一个常数项 θ_0。特殊地，对 MA(q) 模型有 $\theta_0 = \mu$。

在实际地由一个样本确定 Z_t 的模型时，一般是先把参数的估计值代入关于 W_t 的线性方程，得到关于 W_t 的线性模型，然后再利用 $W_t = Z_t - \overline{Z}$ 获得关于 Z_t 的线性模型。以混合模型为例，

$$W_t - \hat{\phi}_1 W_{t-1} - \hat{\phi}_2 W_{t-2} - \cdots - \hat{\phi}_p W_{t-p}$$
$$= a_t - \hat{\theta}_1 a_{t-1} - \cdots - \hat{\theta}_q a_{t-q}$$

代换得

$$(Z_t - \overline{Z}) - \hat{\phi}_1(Z_{t-1} - \overline{Z}) - \hat{\phi}_2(Z_{t-2} - \overline{Z}) - \cdots - \hat{\phi}_p(Z_{t-p} - \overline{Z})$$
$$= a_t - \hat{\theta}_1 a_{t-1} - \cdots - \hat{\theta}_q a_{t-q}$$

化简得

$$Z_t - \hat{\phi}_1 Z_{t-1} - \hat{\phi}_2 Z_{t-3} - \cdots - \hat{\phi}_p Z_{t-p}$$
$$= \overline{Z}(1 - \hat{\phi}_1 - \hat{\phi}_2 - \cdots - \hat{\phi}_p) + a_t - \hat{\theta}_1 a_{t-1} - \cdots - \hat{\theta}_q a_{t-q}$$

令 $\hat{\theta}_0 = \overline{Z}(1 - \hat{\phi}_1 - \hat{\phi}_2 - \cdots - \hat{\phi}_p)$，最后得到

$$Z_t - \hat{\phi}_1 Z_{t-1} - \hat{\phi}_2 Z_{t-2} - \cdots - \hat{\phi}_p Z_{t-p}$$
$$= \hat{\theta}_0 + a_t - \hat{\theta}_1 a_{t-1} - \cdots - \hat{\theta}_q a_{t-q}$$

$$(5.15)$$

§6　平稳时间序列的预报　递推预报法

上面介绍了平稳时间序列建立模型的方法。利用此法可以得到它的线性模型为

$$Z_t - \phi_1 Z_{t-1} - \cdots - \phi_p Z_{t-p} = \theta_0 + a_t - \theta_1 a_{t-1} - \cdots - \theta_q a_{t-q}$$

这里我们假定参数 $\phi_1, \phi_2, \cdots, \phi_p, \theta_1, \theta_2, \cdots, \theta_q, \theta_0$（或 μ），σ_a^2 都是已知的。实际上，这些参数是用相应估计值近似地确定的。下面介绍利用已建立的线性模型对平稳时间序列作预报。

一、什么叫预报？

所谓预报是指已经知道一个时间序列现在与过去的数值，对将来的数值进行估计。用记号表示，时间序列

$$\cdots, Z_{-2}, Z_{-1}, Z_0, Z_1, Z_2, \cdots, Z_k, \cdots, Z_{k+l}, \cdots$$ 其中 $k \geqslant 1, l \geqslant 1$。

若已经观测到 $Z_1, Z_2, \cdots, Z_k$ 的数值，要估计 Z_{k+l} 的数值，称为**在 k 时刻作 l 步预报**。Z_{k+l} 的估计值记为 $\hat{Z}_{k+l}$ 或 $\hat{Z}_k(l)$，称为 **l 步预报值**。在记号 $\hat{Z}_k(l)$ 中，k 表示现在时刻，l 表示从现在起算将来的第 l 个时刻。如西安地区利用 1950 年至去年的年降水量，预报今年、明年、后年年降水量等。

怎样计算估计值 $\hat{Z}_{k+l}$ 认为是最好的呢？这里采用**最小方差线性估计**的原则。用 $Z_1, Z_2, \cdots, Z_k$ 对 Z_{k+l} 作估计，取

$$\hat{Z}_k(l) = \hat{Z}_{k+l} = c_0 + \sum_{j=1}^{k} c_j Z_j$$

其中 $c_0, c_1, \cdots, c_k$ 是常数，选择 $c_0, c_1, \cdots, c_k$，使 $\hat{Z}_{k+l}$ 对 Z_{k+l} 的平均平方误差达到最小，亦即

$$\varepsilon = E(Z_{k+l} - \hat{Z}_{k+l})^2 = E\left(Z_{k+l} - c_0 - \sum_{j=1}^{k} c_j Z_j\right)^2 = \min$$

后面要讲的预报方法，建立在下述引理的基础上。

基本引理　若已经观测到平稳时间序列 $Z_1, Z_2, \cdots, Z_k$ 的数值，则

（1）将来第 $k+l$ 个时刻的白噪声估计值 $\hat{a}_{k+l}=0$ (6.1)

（2）现在或过去第 j 个时刻平稳序列估计值

$$\hat{Z}_j=Z_j,\ (1\leqslant j\leqslant k)\tag{6.2}$$

这些结论直观上是较明显的。事实上，由 §2 基本命题，$W_1,W_2,\cdots,W_k$ 中每一个与 a_{k+l} 不相关，因而 $Z_1,Z_2,\cdots,Z_k$ 中每一个都与 a_{k+l} 不相关，所以用 $Z_1,Z_2,\cdots,Z_k$ 估计 a_{k+l} 的值为 $\hat{a}_{k+l}=Ea_{k+l}=0$，即结论（1）成立。结论（2）显然。

证明 用最小方差线性估计证。

（1）取 $\hat{a}_{k+l}=c_0+\sum_{j=1}^{k}c_jZ_j$，此时

$$\varepsilon=E(a_{k+l}-\hat{a}_{k+l})^2=E\Big(a_{k+l}-c_0-\sum_{j=1}^{k}c_jZ_j\Big)^2$$

$$=E(a_{k+l})^2+E\Big(c_0+\sum_{j=1}^{k}c_jZ_j\Big)^2$$

$$=\sigma_a^2+E\Big(c_0+\sum_{j=1}^{k}c_jZ_j\Big)^2\geqslant\sigma_a^2$$

当 $c_j=0\ (0\leqslant j\leqslant k)$ 时，有 $\varepsilon=\sigma_a^2=\min$，所以 $\hat{a}_{k+l}=0$。

（2）取 $\bar{Z}_j=c_0+\sum_{m=1}^{k}c_mZ_m,\ 1\leqslant j\leqslant k$，此时

$$\varepsilon=E(Z_j-\hat{Z}_j)^2=E\Big(Z_j-c_0-\sum_{m=1}^{k}c_mZ_m\Big)^2\geqslant0$$

当 $c_0=0,c_j=1,c_m=0(m\neq j,m=1,2,\cdots,k)$ 时，有 $\varepsilon=0$，即 ε 达到最小，所以 $\hat{Z}_j=Z_j$。证毕。

平稳序列的预报方法有两种，一种为**递推预报法**，另一种是**直接预报法**。下面分三种模型介绍递推预报法。

二、自回归模型预报

一个平稳时间序列具有自回归模型（见（5.14）式）

$$Z_t-\phi_1Z_{t-1}-\cdots-\phi_pZ_{t-p}=\theta_0+a_t$$

或

$$Z_t = \theta_0 + \phi_1 Z_{t-1} + \cdots + \phi_p Z_{t-p} + a_t \tag{6.3}$$

已经观测到 $Z_1, Z_2, \cdots, Z_k (k \geqslant p)$ 的数值,怎样求预报值 $\hat{Z}_{k+l}$(或 $\hat{Z}_k(l)$)呢?

在上式中取 $t = k + l$,得到

$$Z_{k+l} = \theta_0 + \phi_1 Z_{k+l-1} + \phi_2 Z_{k+l-2} + \cdots + \phi_p Z_{k+l-p} + a_{k+l}$$

在等式两边取估计值

$$\hat{Z}_{k+l} = \theta_0 + \phi_1 \hat{Z}_{k+l-1} + \phi_2 \hat{Z}_{k+l-2} + \cdots + \phi_p \hat{Z}_{k+l-p} + \hat{a}_{k+l}$$

由基本引理,

$$\hat{Z}_k(l) = \hat{Z}_{k+l} = \theta_0 + \phi_1 \hat{Z}_{k+l-1} + \phi_2 \hat{Z}_{k+l-2} + \cdots + \phi_p \hat{Z}_{k+l-p} \tag{6.4}$$

在此式中分别取 $l = 1, 2, \cdots$,可分别得到一步,二步,$\cdots\cdots$ 预报值。即

$$\left.\begin{array}{l} 取\ l=1, \hat{Z}_k(1) = \hat{Z}_{k+1} = \theta_0 + \phi_1 Z_k + \phi_2 Z_{k-1} + \cdots + \phi_p Z_{k-p+1} \\ 取\ l=2, \hat{Z}_k(2) = \hat{Z}_{k+2} = \theta_0 + \phi_1 \hat{Z}_{k+1} + \phi_2 Z_k + \cdots + \phi_p Z_{k-p+2} \\ 取\ l=3, \hat{Z}_k(3) = \hat{Z}_{k+3} = \theta_0 + \phi_1 \hat{Z}_{k+2} + \phi_2 \hat{Z}_{k+1} + \cdots + \phi_p Z_{k-p+3} \\ \qquad\vdots \end{array}\right\} \tag{6.5}$$

需要指出,在算二步预报值时要用到一步预报值,在算三步预报值时要用到一步、二步预报值,等等。(6.4)式与(6.5)式都称为**预报公式**。当 $l \leqslant p$ 时

$$\hat{Z}_k(l) = \theta_0 + \phi_1 \hat{Z}_{k+l-1} + \cdots + \phi_{l-1} \hat{Z}_{k+1} + \phi_l Z_k + \cdots + \phi_p Z_{k+l-p}$$

当 $l > p$ 时

$$\hat{Z}_k(l) = \theta_0 + \phi_1 \hat{Z}_{k+l-1} + \cdots + \phi_p \hat{Z}_{k+l-p}$$

这是(6.5)式的通式。

例 1　§4 例 1 中年最大径流量的模型方程

$$Z_t = 7\,966 - 0.172 Z_{t-1} + 0.253 Z_{t-2} + a_t$$

预报公式为

$$\hat{Z}_{k+l} = 7\,966 - 0.172 \hat{Z}_{k+l-1} + 0.253 \hat{Z}_{k+l-2}$$

利用 $Z_{73(年)} = 9\,300, Z_{72(年)} = 10\,000$,得到

$$\hat{Z}_{74(\text{年})} = 7\,966 - 0.172Z_{73(\text{年})} + 0.253Z_{72(\text{年})}$$

$$= 7\,966 - 0.172 \times 9\,300 + 0.253 \times 10\,000 = 8\,896$$

又

$$\hat{Z}_{75(\text{年})} = 7\,966 - 0.172\hat{Z}_{74(\text{年})} + 0.253Z_{73(\text{年})}$$

$$= 7\,966 - 0.172 \times 8\,896 + 0.253 \times 9\,300 = 8\,789$$

又

$$\hat{Z}_{76(\text{年})} = 7\,966 - 0.172\hat{Z}_{75(\text{年})} + 0.253\hat{Z}_{74(\text{年})}$$

$$= 7\,966 - 0.172 \times 8\,789 + 0.253 \times 8\,896 = 8\,705$$

于是得到了 1974、1975、1976 年年最大径流量的预报值。

在实际问题中，遇到较多的是作一步预报。由(6.5)式，一步预报值计算公式是

$$\hat{Z}_k(1) = \theta_0 + \phi_1 Z_k + \phi_2 Z_{k-1} + \cdots + \phi_p Z_{k-p+1} \tag{6.6}$$

由(6.3)式，第 $k+1$ 时刻真实数值

$$Z_{k+1} = \theta_0 + \phi_1 Z_k + \phi_2 Z_{k-1} + \cdots + \phi_p Z_{k-p+1} + a_{k+1} \tag{6.7}$$

真实数值 Z_{k+1} 与一步预报值 $\hat{Z}_k(1)$ 之差

$$\hat{e}_k(1) = Z_{k+1} - \hat{Z}_k(1) \tag{6.8}$$

称为一步预报误差。它刻画了作一步预报时产生的误差。

把(6.6)、(6.7)式代入(6.8)式得

$$\hat{e}_k(1) = a_{k+1} \tag{6.9}$$

此式说明 k 时刻的一步预报误差等于第 $k+1$ 时刻的白色噪声的数值。

易得 $E\hat{e}_k(1) = Ea_{k+1} = 0$，又 $D\hat{e}_k(1) = E\hat{e}_k^2(1) = Ea_{k+1}^2 = \sigma_a^2$，所以 σ_a^2 刻画了一步预报的精度。

现在介绍计算一步预报误差范围的方法。对正态平稳时间序列 $\{Z_t, t = 0, \pm 1, \pm 2, \cdots\}$，可以证明线性模型(5.14)中出现的 $\{a_t, t = 0, \pm 1, \pm 2, \cdots\}$ 必定是正态白噪声。假定 $\{Z_t\}$ 是正态平稳序列。此时，一步预报误差 $\hat{e}_k(1)$ 服从正态分布 $N(0, \sigma_a^2)$，所以

$$P\{\mid \hat{e}_k(1) \mid < 2\sigma_a\} \approx 0.95$$

而其中 σ_a 可用 $\sqrt{\hat{\sigma}_a^2}$ 近似代替。由(5.2)式,有

$$\hat{\sigma}_a^2 = \hat{\gamma}_0 - \sum_{j=1}^{p} \hat{\phi}_j \hat{\gamma}_j \qquad (6.10)$$

因而,一步预报误差绝对值不超过 $2\sqrt{\hat{\sigma}_a^2}$ 的概率约为 95%,即置信概率为 0.95 的一步预报绝对误差的范围为 $2\sqrt{\hat{\sigma}_a^2}$。用它可以判断一步预报效果的好坏。

例 2　在 §4 例 1 中年最大径流量,经计算得 $\hat{\phi}_1 = -0.172$, $\hat{\phi}_2 = 0.253, \hat{\rho}_1 = -0.23, \hat{\rho}_2 = 0.29, \hat{\gamma}_0 = 5\,020\,385$。由(6.10)式,

$$\begin{aligned}
\hat{\sigma}_a^2 &= \hat{\gamma}_0\left(1 - \sum_{j=1}^{p}\hat{\phi}_j\frac{\hat{\gamma}_j}{\hat{\gamma}_0}\right) = \hat{\gamma}_0\left(1 - \sum_{j=1}^{p}\hat{\phi}_j\hat{\rho}_j\right) \\
&= 5\,020\,385(1 - 0.172 \times 0.23 - 0.253 \times 0.29) \\
&= 4\,453\,433
\end{aligned}$$

因而,$2\sqrt{\hat{\sigma}_a^2} = 4\,221$,一步预报误差范围是 $4\,221$,预报效果不好。

三、滑动平均模型的预报

滑动平均模型是(见(5.14)式)

$$Z_t - \mu = a_t - \theta_1 a_{t-1} - \theta_2 a_{t-2} - \cdots - \theta_q a_{t-q} \qquad (6.11)$$

或

$$Z_t = \mu + a_t - \theta_1 a_{t-1} - \theta_2 a_{t-2} - \cdots - \theta_q a_{t-q} \qquad (6.12)$$

已经测量到 $Z_1, Z_2, \cdots, Z_k(k \geqslant q)$ 的数值,怎样求 l 步预报值 $\hat{Z}_{k+l}$(或 $\hat{Z}_k(l)$)呢?

与自回归模型求预报值方法一样,在(6.12)式中,令 $t = k + l$,得到 $Z_{k+l} = \mu + a_{k+l} - \theta_1 a_{k+l-1} - \theta_2 a_{k+l-2} - \cdots - \theta_q a_{k+l-q}$;然后在等式两边取估计值

$$\hat{Z}_{k+l} = \mu + \hat{a}_{k+l} - \theta_1 \hat{a}_{k+l-1} - \theta_2 \hat{a}_{k+l-2} - \cdots - \theta_q \hat{a}_{k+l-q} \qquad (6.13)$$

利用上节基本引理得

$$\hat{Z}_k(l) = \hat{Z}_{k+l} = \mu - \theta_1 \hat{a}_{k+l-1} - \theta_2 \hat{a}_{k+l-2} - \cdots - \theta_q \hat{a}_{k+l-q} \qquad (6.14)$$

分别取 $l = 1, 2, \cdots$,可得一步、二步、… 预报值。

（1）取 $l=1$，得一步预报值表示式

$$\hat{Z}_k(1) = \hat{Z}_{k+1} = \mu - \theta_1\hat{a}_k - \theta_2\hat{a}_{k-1} - \cdots - \theta_q\hat{a}_{k-q+1} \qquad (6.15)$$

在一步预报值表示式中出现的 $\hat{a}_k, \hat{a}_{k-1}, \cdots, \hat{a}_{k-q+1}$，我们怎样根据 $Z_1, Z_2, \cdots, Z_k$ 的数值计算这 q 个白色噪声的估计值？可以采用下面方法，把（6.11）式改写为

$$a_t = Z_t - \mu + \theta_1 a_{t-1} + \theta_2 a_{t-2} + \cdots + \theta_q a_{t-q} \qquad (6.16)$$

两边取估计值

$$\hat{a}_t = \hat{Z}_t - \mu + \theta_1\hat{a}_{t-1} + \theta_2\hat{a}_{t-2} + \cdots + \theta_q\hat{a}_{t-q} \qquad (6.17)$$

取 $t=1, \hat{a}_1 = Z_1 - \mu + \theta_1\hat{a}_0 + \theta_2\hat{a}_{-1} + \cdots + \theta_q\hat{a}_{1-q}$，

令　$\hat{a}_0 = \hat{a}_{-1} = \cdots = \hat{a}_{1-q} = 0$，得 $\hat{a}_1 = Z_1 - \mu$；

　　取 $t=2, \hat{a}_2 = Z_2 - \mu + \theta_1\hat{a}_1$；

　　取 $t=3, \hat{a}_3 = Z_3 - \mu + \theta_1\hat{a}_2 + \theta_2\hat{a}_1$；

　　　　$\vdots$

　　取 $t=k, \hat{a}_k = Z_k - \mu + \theta_1\hat{a}_{k-1} + \theta_2\hat{a}_{k-2} + \cdots + \theta_q\hat{a}_{k-q}$。

总之，利用（6.17）式逐步递推可得 $\hat{a}_1, \hat{a}_2, \cdots, \hat{a}_k$ 的数值。

（2）在（6.14）式中取 $l=2$，得二步预报值的表示式

$$\hat{Z}_k(2) = \hat{Z}_{k+2} = \mu - \theta_1\hat{a}_{k+1} - \theta_2\hat{a}_k - \cdots - \theta_q\hat{a}_{k-q+2}$$

利用基本引理 $\hat{a}_{k+1} = 0$，得

$$\hat{Z}_k(2) = \hat{Z}_{k+2} = \mu - \theta_2\hat{a}_k - \cdots - \theta_q\hat{a}_{k-q+2} \qquad (6.18)$$

同理，三步预报值为

$$\hat{Z}_k(3) = \hat{Z}_{k+3} = \mu - \theta_3\hat{a}_k - \cdots - \theta_q\hat{a}_{k-q+3} \qquad (6.19)$$

等等。

（3）当预报步数 $l>q$ 时，（6.14）式最后一项中 $\hat{a}_{k+l-q}$ 的足标 $k+l-q > k$，由基本引理，$\hat{a}_{k+l-q} = 0$。同理，前面 $q-1$ 项中，$\hat{a}_{k+l-1} = \hat{a}_{k+l-2} = \cdots = \hat{a}_{k+l-q+1} = 0$，因而得到

$$\hat{Z}_k(l) = \hat{Z}_{k+l} = \mu \qquad (6.20)$$

此式表明具有滑动平均模型的平稳时间序列，当预报步数大于 q 时预报值都等于平均数 μ。综合（6.15）、（6.18）、（6.19）、（6.20）式

可得滑动平均模型各步预报公式：

$$当 1 \leqslant l \leqslant q \text{ 时}, \hat{Z}_k(l) = \mu - \theta_l \hat{a}_k - \theta_{l+1} \hat{a}_{k-1} - \cdots - \theta_q \hat{a}_{k-q+l} \left.\vphantom{\begin{array}{c}a\\a\end{array}}\right\}$$

$$当 l > q \text{ 时}, \hat{Z}_k(l) = \mu$$

$$(6.21)$$

其中 $\hat{a}_1, \hat{a}_2, \cdots, \hat{a}_k$ 可用（1）中介绍的方法计算。公式（6.14）与（6.21）都称为**滑动平均模型的预报公式**。应当指出，用（6.14）或（6.21）式作预报时，$\hat{a}_1, \hat{a}_2, \cdots, \hat{a}_k$ 用（1）中方法算出，所以要求 k 的数值大一些。

例 3　广东省梧州水文站，根据 1920 年到 1973 年各年最大径流量 54 个数据，确定的一阶滑动平均模型为

$$Z_t = 31\,563 + a_t - 0.01 a_{t-1} + 0.204 a_{t-2} \qquad (6.22)$$

现在要预报 1974、1975、1976 年年最大径流量。

由上式 $\mu = 31\,563, \theta_1 = 0.01, \theta_2 = -0.204$，代入预报公式（6.14）得

$$\hat{Z}_{k+l} = 31\,563 - 0.01 \hat{a}_{k+l-1} + 0.204 \hat{a}_{k+l-2}$$

1974 年年最大径流量预报值

$$\hat{Z}_{74(\text{年})} = 31\,563 - 0.01 \hat{a}_{73(\text{年})} + 0.204 \hat{a}_{72(\text{年})}$$

根据 1920 年到 1973 年 54 个数据可以计算得到 $\hat{a}_{72(\text{年})} = -18\,180$，$\hat{a}_{73(\text{年})} = -3\,277$，代入上式得

$$\begin{aligned}\hat{Z}_{74(\text{年})} &= 31\,563 - 0.01 \times (-3\,277) + 0.204 \times (-18\,180) \\ &= 27\,887\end{aligned}$$

1975 年年最大径流量预报值

$$\begin{aligned}\hat{Z}_{75(\text{年})} &= 31\,563 - 0.01 \hat{a}_{74(\text{年})} + 0.204 \hat{a}_{73(\text{年})} \\ &= 31\,563 + 0.204 \times (-3\,277) = 30\,895\end{aligned}$$

其中 $\hat{a}_{74} = 0$。

1976 年年最大径流量预报值

$$\hat{Z}_{76(\text{年})} = 31\,563 - 0.01 \hat{a}_{75(\text{年})} + 0.204 \hat{a}_{74(\text{年})} = 31\,563$$

其中 $\hat{a}_{75} = 0$。

事实上 1976 年以后年最大径流量预报值都是 31 563。

在实际问题中有时需作一步预报。一步预报公式由（6.21）式给出。

四、混合模型的预报

混合模型的预报方法是自回归模型与滑动平均模型两种预报方法的结合。

混合模型方程是（见（5.14）式）

$$Z_t - \phi_1 Z_{t-1} - \phi_2 Z_{t-2} - \cdots - \phi_p Z_{t-p}$$
$$= \theta_0 + a_t - \theta_1 a_{t-1} - \theta_2 q_{t-2} - \cdots - \theta_q a_{t-q} \tag{6.23}$$

已经测量到 $Z_1, Z_2, \cdots, Z_k (k \geqslant p, k \geqslant q)$ 的数值，l 步预报值怎样算呢？把（6.23）式改写为

$$Z_t = \theta_0 + \phi_1 Z_{t-1} + \phi_2 Z_{t-2} + \cdots + \phi_p Z_{t-p} + a_t - \theta_1 a_{t-1}$$
$$- \theta_2 a_{t-2} - \cdots - \theta_q a_{t-q} \tag{6.24}$$

令 $t = k + l$，两边取估计值得到**预报公式**

$$\hat{Z}_k(l) = \hat{Z}_{k+l} = \theta_0 + \phi_1 \hat{Z}_{k+l-1} + \phi_2 \hat{Z}_{k+l-2} + \cdots + \phi_p \hat{Z}_{k+l-p}$$
$$- \theta_1 \hat{a}_{k+l-1} - \theta_2 \hat{a}_{k+l-2} - \cdots - \theta_q \hat{a}_{k+l-q} \tag{6.25}$$

一步预报值

$$\hat{Z}_k(1) = \hat{Z}_{k+1} = \theta_0 + \phi_1 Z_k + \phi_2 Z_{k-1} + \cdots + \phi_p Z_{k-p+1}$$
$$- \theta_1 \hat{a}_k - \theta_2 \hat{a}_{k-1} - \cdots - \theta_q \hat{a}_{k-q+1}$$

二步预报值

$$\hat{Z}_k(2) = \hat{Z}_{k+2} = \theta_0 + \phi_1 \hat{Z}_{k+1} + \phi_2 Z_k + \cdots + \phi_p Z_{k-p+2}$$
$$- \theta_2 \hat{a}_k - \theta_3 \hat{a}_{k-1} - \cdots - \theta_q \hat{a}_{k-q+2}$$

三步预报值

$$\hat{Z}_k(3) = \hat{Z}_{k+3} = \theta_0 + \phi_1 \hat{Z}_{k+2} + \phi_2 \hat{Z}_{k+1} + \phi_3 Z_k + \cdots$$
$$+ \phi_p Z_{k-p+3} - \theta_3 \hat{a}_k - \cdots - \theta_q \hat{a}_{k-q+3}$$
$$\vdots$$

$$\tag{6.26}$$

必须指出，计算二步预报值时要用到一步预报值，计算三步预报值

时要用到一步、二步预报值,等等。

(6.26)式的通式:当 $l \leqslant q$ 时

$$\hat{Z}_k(l) = \theta_0 + \phi_1 \hat{Z}_{k+l-1} + \cdots + \phi_p \hat{Z}_{k+l-p} - \theta_l \hat{a}_k - \cdots - \theta_q \hat{a}_{k+l-q}$$

当 $l > q$ 时

$$\hat{Z}_k(l) = \theta_0 + \phi_q \hat{Z}_{k+l-1} + \cdots + \phi_p \hat{Z}_{k+l-p}$$

(6.26)式中出现的白色噪声的 q 个估计值 $\hat{a}_k, \hat{a}_{k-1}, \cdots, \hat{a}_{k-q+1}$ 可以用类似于滑动平均模型中的算法计算。叙述如下:

把(6.23)式改写为

$$a_t = -\theta_0 + Z_t - \phi_1 Z_{t-1} - \phi_2 Z_{t-2} - \cdots - \phi_p Z_{t-p}$$
$$+ \theta_1 a_{t-1} + \theta_2 a_{t-2} + \cdots + \theta_q a_{t-q}$$

两边取估计值

$$\hat{a}_t = -\theta_0 + \hat{Z}_t - \phi_1 \hat{Z}_{t-1} - \phi_2 \hat{Z}_{t-2} - \cdots - \phi_p \hat{Z}_{t-p}$$
$$+ \theta_1 \hat{a}_{t-1} + \theta_2 \hat{a}_{t-2} + \cdots + \theta_q \hat{a}_{t-q} \tag{6.27}$$

取 $Z_0 = Z_{-1} = \cdots = Z_{1-p} = \bar{Z}, \hat{a}_0 = \hat{a}_{-1} = \cdots = \hat{a}_{1-q} = 0$,其中 $\bar{Z} = \frac{1}{n}\sum_{i=1}^{n} Z_i$。在上式中取 $t = 1, 2, \cdots, k$ 分别得到

$$\left.\begin{aligned}
\hat{a}_1 &= -\theta_0 + Z_1 - (\phi_1 + \phi_2 + \cdots + \phi_p)\bar{Z} \\
\hat{a}_2 &= -\theta_0 + Z_2 - \phi_1 Z_1 + \theta_1 \hat{a}_1 - (\phi_2 + \cdots + \phi_p)\bar{Z} \\
\hat{a}_3 &= -\theta_0 + Z_3 - \phi_1 Z_2 - \phi_2 Z_1 + \theta_1 \hat{a}_2 + \theta_2 \hat{a}_1 \\
&\quad - (\phi_3 + \cdots + \phi_p)\bar{Z} \\
&\vdots \\
\hat{a}_k &= -\theta_0 + Z_k - \phi_1 Z_{k-1} - \phi_2 Z_{k-2} - \cdots - \phi_p Z_{k-p} \\
&\quad + \theta_1 \hat{a}_{k-1} + \theta_2 \hat{a}_{k-2} + \cdots + \theta_q \hat{a}_{k-q}
\end{aligned}\right\} \tag{6.28}$$

上面计算 $\hat{a}_1, \hat{a}_2, \cdots, \hat{a}_k$ 的递推方法要求 k 的数值比较大。

例4 混合模型

$$Z_t + 0.3 Z_{t-1} = 26.7 + a_t - 0.2 a_{t-1} \tag{6.29}$$

已经测量到 Z_1 到 Z_{100} 共100个数据,求预报值 $Z_{100}(l), l = 1, 2, 3$。

先根据100个数据和公式(6.28)算出 $\hat{a}_{100} = 1.3$(因为 $q = 1$,

只要算一个白色噪声估计值），又 $Z_{100} = 25.1$。

由模型方程(6.29)得到

$$Z_{k+l} = 26.7 - 0.3Z_{k+l-1} + a_{k+l} - 0.2a_{k+l-1}$$

两边取估计值得

$$\hat{Z}_{k+l} = 26.7 - 0.3\hat{Z}_{k+l-1} - 0.2\hat{a}_{k+l-1}$$

取 $l = 1,2,3$ 分别得

$$\hat{Z}_{100}(1) = \hat{Z}_{101} = 26.7 - 0.3Z_{100} - 0.2\hat{a}_{100}$$
$$= 26.7 - 0.3 \times 25.1 - 0.2 \times 1.3 = 18.9,$$
$$\hat{Z}_{100}(2) = \hat{Z}_{102} = 26.7 - 0.3\hat{Z}_{101} - 0.2\hat{a}_{101}$$
$$= 26.7 - 0.3 \times 18.9 = 21.0,$$
$$\hat{Z}_{100}(3) = \hat{Z}_{103} = 26.7 - 0.3\hat{Z}_{102} - 0.2\hat{a}_{102}$$
$$= 26.7 - 0.3 \times 21 = 20.4$$

于是我们计算出了一步、二步、三步预报值。

§7　　直接预报法

本节要导出计算预报值和预报误差的几个公式。

设平稳序列 $\{Z_t, t = 0, \pm 1, \pm 2, \cdots\}$ 具有 ARMA 模型

$$\Phi(B)Z_t = \theta_0 + \Theta(B)a_t \tag{7.1}$$

已知 $Z_j(-\infty < j \leqslant k,$ 而 $k \geqslant 1)$ 的值，对 $Z_{k+l}(l \geqslant 1)$ 作估计，称 $\{Z_t\}$ **在 k 时刻作 l 步预报**。估计值记为 $\hat{Z}_{k+1}$ 或 $\hat{Z}_k(l)$，称为 **l 步预报值**。与上节预报含义不同，这里已知 $Z_j(-\infty < j \leqslant k)$ 的值，而上节已知 $Z_j(1 \leqslant j \leqslant k)$ 的值。

为方便起见，把时间序列 $\{Z_t\}$ 的预报转化为时间序列 $\{W_t\}$ 的预报。事实上，令 $W_t = Z_t - \mu$，W_t 的 ARMA 模型为

$$\Phi(B)W_t = \Theta(B)a_t \tag{7.2}$$

对此模型，已知 $W_j(-\infty < j \leqslant k)$ 的值，对 W_{t+l} 作估计（或预报），估计值（或预报值）记为 $\hat{W}_{k+l}$（或 $\hat{W}_k(l)$）。利用 $\hat{Z}_k(l) = \hat{W}_k(l) + \mu$，可得 $\{Z_t\}$ 的预报值 $\hat{Z}_k(l)$。

下面由(7.2)式出发讨论 $\{W_t\}$ 序列的预报。类似于 §6，采用最小方差线性估计原则进行预报。即是：用 $W_j(-\infty < j \leqslant k)$ 对 $W_{k+l}(l \geqslant 1)$ 作估计，取

$$\hat{W}_k(l) = \hat{W}_{k+l} = \sum_{j=1}^{\infty} c_j W_{k-j}$$

其中 c_j 是常数，且满足 $\sum_{j=1}^{\infty} c_j^2 < \infty$，选择 $c_j(j \geqslant 1)$ 使

$$\varepsilon = E(W_{k+l} - \hat{W}_{k+l})^2$$

达到最小。相应地有如下基本引理。

基本引理　已知平稳序列 $\{W_t\}$ 中 $W_k, W_{k-1}, W_{k-2}, \cdots$ 的值，则

$$(1) \quad \hat{W}_j = W_j(j \leqslant k) \tag{7.3}$$

$$(2) \quad \hat{a}_{k+l} = 0 \ (l \geqslant 1) \tag{7.4}$$

利用基本引理可以证明下面一些公式：

(1) 当 $l > q$ 时，

$$\hat{W}_k(l) = \phi_1 \hat{W}_k(l-1) + \phi_2 \hat{W}_k(l-2) + \cdots + \phi_p \hat{W}_k(1-p) \tag{7.5}$$

此式的作用：当 $p \geqslant 1$ 时，取 $l = q+1$，由 $\hat{W}_k(q+1-p), \cdots, \hat{W}_k(q-1), \hat{W}_k(q)$ 可得 $\hat{W}_k(q+1)$，进而可得 $\hat{W}_k(q+2), \hat{W}_k(q+3), \cdots$ 等等。因此，知道 q 步预报前 p 个预报值可得 $q+1$ 步以后的所有预报值。

证明　在(7.2)式中取 $t = k+l$，然后两边取估计值得

$$\hat{W}_{k+l} - \phi_1 \hat{W}_{k+l-1} - \cdots - \phi_p \hat{W}_{k+l-p}$$
$$= \hat{a}_{k+l} - \theta_1 \hat{a}_{k+l-1} - \cdots - \theta_q \hat{a}_{k+l-q}$$

当 $l > q$ 时，右边等于零。(7.5)式得证。

下面解差分方程(7.5)，以进一步获得 $\hat{W}_k(l)$ 的表达式。注意，k 应看成固定数。(7.5)式写成

$$\Phi(B)\hat{W}_k(l) = \hat{W}_k(l) - \phi_1 \hat{W}_k(l-1) - \cdots - \phi_p \hat{W}_k(l-p)$$
$$= 0, \ l > q$$

用 §3 中差分方程解法得

$$\hat{W}_k(l) = A_1\lambda_1^l + A_2\lambda_2^l + \cdots + A_p\lambda_p^l, \quad l > q - p \quad (7.6)$$

其中 $\lambda_1^{-1}, \lambda_2^{-1}, \cdots, \lambda_p^{-1}$ 是代数方程 $\Phi(B) = 0$ 在单位圆 $|B| = 1$ 外 p 个不相同的根。利用 $\hat{W}_k(q), \hat{W}_k(q-1), \cdots, \hat{W}_k(q-p+1)$ 的值，可以确定系数 $A_1, A_2, \cdots, A_p$。事实上，只要在(7.6)式中取 $l = q - p + 1, \cdots, q - 1, q$，得

$$\hat{W}_k(l) = A_1\lambda_1^l + A_2\lambda_2^l + \cdots + A_p\lambda_p^l, \quad l = q - p + 1, \cdots, q - 1, q$$
$$(7.7)$$

解此方程组可得 $A_1, A_2, \cdots, A_p$。于是

$$\hat{W}_k(l) = A_1\lambda_1^l + A_2\lambda_2^l + \cdots + A_p\lambda_p^l, \quad l > q \quad (7.8)$$

这就是 **$l(l > q)$ 步预报公式**。需要注意这里要求 $p \geqslant 1$。而代数方程 $\Phi(B) = 0$ 在单位圆 $|B| = 1$ 外有重根的情形，这里不进行讨论。

$$(2) \quad \hat{W}_k(l) = \sum_{j=1}^{\infty} I_j^{(l)} W_{k+1-j}, \quad l \geqslant 1 \quad (7.9)$$

其中

$$\begin{cases} I_j^{(1)} = I_j, \quad j \geqslant 1 \\ I_j^{(l)} = I_{j+l-1} + \sum_{m=1}^{l-1} I_m I_j^{(l-m)}, \quad j \geqslant 1, l \geqslant 2 \end{cases} \quad (7.10)$$

而 $I_j(j \geqslant 1)$ 是线性模型的逆函数。(7.9)式表明 l 步预报值可用公式计算，但系数可用逆函数递推确定。

证明 在递转公式

$$a_t = W_t - \sum_{j=1}^{\infty} I_j W_{t-j}$$

中，取 $t = k + l$，然后两边取估计值得

$$\hat{a}_{k+l} = \hat{W}_{k+l} - \sum_{j=1}^{\infty} I_j \hat{W}_{k+l-j}$$

$$= \hat{W}_{k+l} - \sum_{j=1}^{l-1} I_j \hat{W}_{k+l-j} - \sum_{j=1}^{\infty} I_j \hat{W}_{k+l-j}$$

利用基本引理得

$$\hat{W}_k(l) = \sum_{j=1}^{l-1} I_j \hat{W}_k(l-j) + \sum_{j=l}^{\infty} I_j W_{k+l-j} \qquad (7.11)$$

在上式中取 $l=1$

$$\hat{W}_k(1) = \sum_{j=1}^{\infty} I_j W_{k+1-j}$$

与(7.9)式做比较得

$$I_j(1) = I_j$$

当 $l \geqslant 2$ 时,把(7.9)代入(7.11)式,

$$\sum_{j=1}^{\infty} I_j^{(l)} W_{k+1-j} = \sum_{j=1}^{l-1} I_j \sum_{m=1}^{\infty} I_m^{(l-j)} W_{k+1-m} + \sum_{j=l}^{\infty} I_j W_{k+l-j}$$

$$= \sum_{m=1}^{\infty} \left(\sum_{j=1}^{l-1} I_j I_m^{(l-j)} \right) W_{k+1-m} + \sum_{m=1}^{\infty} I_{m+l-1} W_{k-m+1}$$

$$= \sum_{m=1}^{\infty} \left(\sum_{j=1}^{l-1} I_j I_m^{(l-j)} + I_{m+l-1} \right) W_{k+1-m}$$

比较 W_{k+1-j} 的系数,得

$$I_j^{(l)} = I_{j+l-1} + \sum_{m=1}^{l-1} I_m I_j^{(l-m)}, \quad j \geqslant 1$$

这就是(7.10)式。

(3) l 步预报误差

$$\hat{e}_k(l) = W_{k+l} - \hat{W}_k(l) = \sum_{j=0}^{l-1} G_j a_{k+l-j}, \quad l \geqslant 1 \qquad (7.12)$$

其中 $G_j (j \geqslant 0)$ 是格林函数。此式表明 l 步预报误差可表示成 a_{k+1}, $a_{k+2}, \cdots, a_{k+l}$ 的加权和,而权为格林函数。

证明　在传递形式 $W_t = \sum_{j=0}^{\infty} G_j a_{t-j}$ 中,取 $t = k+l$,然后两边取估计值得

$$\hat{W}_{k+l} = \sum_{j=0}^{\infty} G_j \hat{a}_{k+l-j} = \sum_{j=0}^{l-1} G_j \hat{a}_{k+l-j} + \sum_{j=l}^{\infty} G_j \hat{a}_{k+l-j}$$

利用基本引理,并注意到当 $t \leqslant k$ 时,$\hat{a}_t = a_t$(用逆转公式可以证明),有

$$\hat{W}_k(l) = \sum_{j=l}^{\infty} G_j a_{k+l-j} \qquad (7.13)$$

所以

$$\hat{e}_k(l) = W_{k+l} - \hat{W}_k(l) = \sum_{j=0}^{\infty} G_j a_{k+l-j} - \sum_{j=l}^{\infty} G_j a_{k+l-j} = \sum_{j=0}^{l-1} G_j a_{k+l-j}$$

证毕。

特殊情形：当 $l=1$ 时，$\hat{e}_k(1) = a_{k+1}$，即一步预报误差等于 $k+1$ 时刻的白噪声。这个结论在本节的预报含义下对一般的 ARMA 模型成立。

下面用 (7.12) 式对预报误差范围做计算。假定 $\{W_t\}$ 是正态平稳序列，此时 $\{a_t\}$ 是正态白噪声。由 (7.12) 式，$\hat{e}_k(l)$ 服从正态分布。而

$$E\hat{e}_k(l) = 0, \quad D\hat{e}_k(l) = E[\hat{e}_k(l)]^2 = \sigma_a^2 \sum_{j=0}^{l-1} G_j^2$$

此式表明预报精度与 σ_a^2 有关，且 l 越大预报精度越低。利用正态分布性质，

$$P\{|\hat{e}_k(l)| < 2\sqrt{\sum_{j=0}^{l-1} G_j^2} \ \sigma_a\} \approx 95\%$$

因而在置信概率 0.95 下 l 步预报绝对误差的范围是 $2\sqrt{\sum_{j=0}^{l-1} G_j^2} \ \hat{\sigma}_a$，至于 $\hat{\sigma}_a^2$ 的求法在 §5 中已做过介绍。

下面对低阶模型导出一些具体的预报公式。

例1 AR(1) 模型

$$(1 - \phi_1 B) W_t = a_t$$

此时 $p=1, q=0$，可用 (7.8) 式算预报值。解方程 $1 - \phi_1 B = 0$，其根为 $B = \dfrac{1}{\phi_1}$，$-1 < \phi_1 < 1$，所以 $\lambda_1 = \phi_1$。因而 $\hat{W}_k(l) = A_1 \phi_1^l$，$l > -1$。取 $l=0$，$W_k = \hat{W}_k(0) = A_1$，故 $A_1 = W_k$。于是得预报公式

$$\hat{W}_k(l) = W_k \phi_1^l, \quad l \geq 1$$

此式表明作 l 步预报仅用到 W_k 值。又由格林函数 $G_j = \phi_1^j, j \geqslant 0$，所以平均平方预报误差

$$E\hat{e}_k^2(l) = \sigma_a^2 \sum_{j=0}^{l-1} \phi_1^{2j} = \sigma_a^2 \frac{1 - \phi_1^{2l}}{1 - \phi_1^2}$$

例 2　AR(2) 模型

$$(1 - \phi_1 B - \phi_2 B^2)W_t = a_t$$

此时 $p = 2, q = 0$，可用(7.8)式算预报值。设方程 $1 - \phi_1 B - \phi_2 B^2 = 0$ 有两个不相同实根 λ_1^{-1}、λ_2^{-1}，而 $|\lambda_1| < 1$，$|\lambda_2| < 1$。因而

$$\hat{W}_k(l) = A_1 \lambda_1^l + A_2 \lambda_2^l, \ l > -2$$

取　$l = 0, W_k = A_1 + A_2$ $\left.\right\}$
取　$l = -1, W_{k-1} = A_1 \lambda_1^{-1} + A_2 \lambda_2^{-1}$

解此方程组得

$$A_1 = \frac{W_k - \lambda_2 W_{k-1}}{1 - \lambda_2 \lambda_1^{-1}}, \quad A_2 = \frac{W_k - \lambda_1 W_{k-1}}{1 - \lambda_1 \lambda_2^{-1}}$$

因而 l 步预报值

$$\hat{W}_k(l) = \frac{W_k - \lambda_2 W_{k-1}}{1 - \lambda_2 \lambda_1^{-1}} \lambda_1^l + \frac{W_k - \lambda_1 W_{k-1}}{1 - \lambda_1 \lambda_2^{-1}} \lambda_2^l$$

$$= W_k \frac{\lambda_1^{l+1} - \lambda_2^{l+1}}{\lambda_1 - \lambda_2} - W_{k-1} \frac{\lambda_1 \lambda_2 (\lambda_1^l - \lambda_2^l)}{\lambda_1 - \lambda_2}, \ l > 0$$

此式表明预报值仅与 W_k 和 W_{k-1} 有关。

例 3　MA(1) 模型

$$W_t = (1 - \theta_1 B)a_t,$$

此时 $p = 0, q = 1$。用(7.8)式求预报值是不合适的。只能用(7.9)式，而逆函数 $I_j = -\theta_1^j, j \geqslant 1$。

一步预报，取 $l = 1$。由(7.10)式，$I_j^{(1)} = I_j = -\theta_1^j$，所以

$$\hat{W}_k(1) = \sum_{j=1}^{\infty} I_j^{(1)} W_{k+1-j} = -\sum_{j=1}^{\infty} \theta_1^j W_{k+1-j}$$

当 k 很大时

$$\hat{W}_k(l) \approx -\sum_{j=1}^{k} \theta_1^j W_{k+1-j}$$

此式仅用 $W_1, W_2, \cdots, W_k$ 的值作一步预报。

作 $l(l \geqslant 2)$ 步预报,不必代入公式(6.9),可以直接做。有

$$\hat{W}_k(l) = \hat{W}_{k+l} = \hat{a}_{k+l} - \theta_1 \hat{a}_{k+l-1} = 0$$

例 4 MA(2) 模型

$$W_t = (1 - \theta_1 B - \theta_2 B^2) a_t,$$

此时 $p = 0, q = 2$,可用(7.9)式求预报值。先求逆函数:设方程 $1 - \theta_1 B - \theta_2 B^2 = 0$ 的不相同的根为 μ_1^{-1}, μ_2^{-1},而 $|\mu_1| < 1, |\mu_2| < 1$。因而

$$I(B) = \frac{1}{\Theta(B)} = \frac{1}{1 - \theta_1 B - \theta_2 B^2} = \frac{1}{(1 - \mu_1 B)(1 - \mu_2 B)}$$

$$= \frac{1}{\mu_1 - \mu_2} \left[\frac{\mu_1}{1 - \mu_1 B} - \frac{\mu_2}{1 - \mu_2 B} \right] = \sum_{j=0}^{\infty} \frac{\mu_1^{j+1} - \mu_2^{j+1}}{\mu_1 - \mu_2} B^j$$

所以

$$I_0 = 1, \quad I_j = \frac{\mu_2^{j+1} - \mu_1^{j+1}}{\mu_1 - \mu_2}.$$

一步预报。由(7.10)式,$I_j^{(1)} = I_j, j \geqslant 1$。因而

$$\hat{W}_k(1) = \sum_{j=1}^{\infty} I_j^{(1)} W_{k+1-j} = \sum_{j=1}^{\infty} \frac{\mu_2^{j+1} - \mu_1^{j+1}}{\mu_1 - \mu_2} W_{k+1-j}$$

当 k 很大时,

$$\hat{W}_k(1) \approx \sum_{j=1}^{k} \frac{\mu_2^{j+1} - \mu_1^{j+1}}{\mu_1 - \mu_2} W_{k+1-j}$$

二步预报。在(7.10)式中取 $l = 2$,有

$$I_j^{(2)} = I_{j+1} + I_1 I_j = \frac{\mu_2^{j+2} - \mu_2^{j+2}}{\mu_1 - \mu_2} + \frac{\mu_2^2 - \mu_1^2}{\mu_1 - \mu_2} \cdot \frac{\mu_2^{j+1} - \mu_1^{j+1}}{\mu_1 - \mu_2}$$

$$= \frac{1}{\mu_1 - \mu_2} [2(\mu_2^{j+2} - \mu_1^{j+2}) + \mu_1 \mu_2 (\mu_2^j - \mu_1^j)]$$

因而

$$\hat{W}_k(2) = \sum_{j=1}^{\infty} I^{(2)} W_{k+1-j}$$

$$= \sum_{j=1}^{\infty} \frac{1}{\mu_1 - \mu_2} [2(\mu_2^{j+2} - \mu_1^{j+2}) + \mu_1 \mu_2 (\mu_2^j - \mu_1^j)] W_{k+1-j}$$

当 k 很大时,

$$\hat{W}_k(2) \approx \sum_{j=1}^{k} \frac{1}{\mu_1 - \mu_2} \left[2(\mu_2^{j+2} - \mu_1^{j+2}) + \mu_1 \mu_2 (\mu_2^j - \mu_1^j) \right] W_{k+1-j}$$

容易获得:当 $l > 2$ 时,$W_k(l) = 0$。

例 5　ARMA(1.1) 模型

$$(1 - \phi_1 B) W_t = (1 - \theta_1 B) a_t$$

其中 $-1 < \phi_1 < 1$,$-1 < \theta_1 < 1$。这里 $p = 1, q = 1$。

先用(7.9) 式求一步预报值。因为 $I_j^{(1)} = I_j = -\theta_1^{j-1}(\theta_1 - \phi_1)$,$j \geqslant 1$,所以

$$\hat{W}_k(1) = \sum_{j=1}^{\infty} I_j^{(1)} W_{k+1-j} = -\sum_{j=1}^{\infty} \theta_1^{j-1}(\theta_1 - \phi_1) W_{k+1-j} \tag{7.14}$$

再求 $l(l > 1)$ 步预报值。由(7.5) 式,

$$\hat{W}_k(l) = \phi_1 \hat{W}_k(l-1), \; l > 1$$

递推得

$$\hat{W}_k(l) = \phi_1^{l-1} \hat{W}_k(1)$$

用(7.14) 式,

$$\hat{W}_k(l) = -\phi_1^{l-1} \sum_{j=1}^{\infty} \theta_1^{j-1}(\theta_1 - \phi_1) W_{k+1-j} \tag{7.15}$$

事实上,此式对 $l \geqslant 1$ 时都成立。这是预报公式。

当 k 很大时,

$$\hat{W}_k(l) \approx -\phi_1^{l-1} \sum_{j=1}^{k} \theta_1^{j-1}(\theta_1 - \phi_1) W_{k+1-j}, \; l \geqslant 1$$

这是近似预报公式。

习　　题

1. 试判断下列线性模型的参数是否在平稳域或可逆域中。

(1) $W_t - 0.7 W_{t-1} = a_t$;

(2) $W_t = a_t + 0.46 a_{t-1}$;

(3) $W_t + 1.2W_{t-1} = a_t$;

(4) $W_t - W_{t-1} + 0.2W_{t-2} = a_t$;

(5) $W_t + 0.6W_{t-1} - 0.5W_{t-2} = a_t$;

(6) $W_t = a_t + 1.2a_{t-1} + 0.3a_{t-2}$;

(7) $W_t - W_{t-1} = a_t$;

(8) $W_t = a_t - 2a_{t-1} + a_{t-2}$;

(9) $W_t + 0.37W_{t-1} = a_t - 1.39a_{t-1}$;

(10) $W_t - 0.6W_{t-1} - 0.3W_{t-2} = a_t + 1.6a_{t-1} - 0.7a_{t-2}$。

2. 试问 AR(2) 模型 $W_t - \phi_1 W_{t-1} - \phi_2 W_{t-2} = a_t$(其中 $|\phi_1| \geqslant 2$) 的参数(ϕ_1, ϕ_2) 是否一定不在平稳域中。

3. 试判断下列线性模型的参数是否在平稳域或可逆域中。

(1) $W_t + 0.2W_{t-1} - 0.11W_{t-2} - 0.012W_{t-3} + 0.003\,6W_{t-4} = a_t$;

(2) $W_t + (2r-s)W_{t-1} + r(r-2s)W_{t-2} - r^2 sW_{t-3} = a_t$,其中 $|r| < 1, |s| < 1$;

(3) $W_t = a_t - 0.9a_{t-1} - 0.16a_{t-2} + 0.06a_{t-3}$;

(4) $W_t = a_t - 2(r+s)a_{t-1} + (r^2 + 4rs + s^2)a_{t-2} - 2rs(r+s)a_{t-3} + r^2 s^2 a_{t-4}$,其中 $|r| < 1, |s| < 1$。

4. 试求下列线性模型的传递形式和逆转形式,并写出格林函数和逆函数。

(1) $W_t - 0.7W_{t-1} = a_t$;

(2) $W_t = a_t + 0.46a_{t-1}$;

(3) $W_t - 0.1W_{t-1} - 0.72W_{t-2} = a_t$;

(4) $W_t = a_t + 1.2a_{t-1} + 0.32a_{t-2}$;

(5) $W_t - 1.2W_{t-1} + 0.36W_{t-2} = a_t$;

(6) $W_t + 0.3W_{t-1} = a_t - 0.4a_{t-1}$;

(7) $W_t - 1.6W_{t-1} + 0.63W_{t-2} = a_t + 0.4a_{t-1}$。

5. 设方程 $1 - \theta_1 B - \theta_2 B^2 = 0$ 有两个不相同的根 μ_1^{-1} 和 μ_2^{-1},而且 $|\mu_1| < 1, |\mu_2| < 1$。试证 MA(2) 模型 $W_t = a_t - \theta_1 a_{t-1} - $

$\theta_2 a_{t-2}$ 的逆转形式为

$$a_t = \sum_{j=0}^{\infty} \frac{\mu_1^{j+1} - \mu_2^{j+1}}{\mu_1 - \mu_2} W_{t-j}$$

并写出逆函数。

〔提示：利用 $1 - \theta_1 B - \theta_2 B^2 = (1 - \mu_1 B)(1 - \mu_2 B)$ 把

$$\frac{1}{1 - \theta_1 B - \theta_2 B^2}$$

化成部分分式〕

6. 设方程 $1 - \phi_1 B - \phi_2 B^2 = 0$ 有两个不相同的根 λ_1^{-1} 和 λ_2^{-1}，而且 $|\lambda_1| < 1$，$|\lambda_2| < 1$。根据题 5，试写出 AR(2) 模型 $W_t - \phi_1 W_{t-1} - \phi_2 W_{t-2} = a_t$ 的传递形式和格林函数。

7. 设方程 $1 - \phi_1 B - \phi_2 B^2 = 0$ 有重根 λ^{-1}，而 $|\lambda| < 1$。试证 AR(2) 模型 $W_t - \phi_1 W_{t-1} - \phi_2 W_{t-2} = a_t$ 的传递形式是 $W_t = \sum_{j=0}^{\infty} (j+1)\lambda^j a_{t-j}$，并写出格林函数。

8. 设方程 $1 - \phi_1 B - \phi_2 B^2 = 0$ 有两个不相同的根 λ_1^{-1} 和 λ_2^{-1}，又 $-1 < \theta_1 < 1$。试求 ARMA(2,1) 模型 $W_t - \phi_1 W_{t-1} - \phi_2 W_{t-2} = a_t - \theta_1 a_{t-1}$ 的传递形式和逆转形式，并写出格林函数和逆函数。

9. 试求下列线性模型的传递形式，并写出格林函数。

(1) $W_t - 0.07 W_{t-2} + 0.006 W_{t-3} = a_t$；

(2) $W_t + (2r-s) W_{t-1} + (r^2 - 2rs) W_{t-2} - r^2 s W_{t-3} = a_t$，其中 $|r| < 1$，$|s| < 1$，且 $r \neq -s$。

〔提示：用部分分式把分式成简单分式之和〕

10. 试问 AR(1) 模型 $W_t - 1.2 W_{t-1} = a_t$ 的传递形式是否存在？为什么？

11. AR(2) 模型 $W_t - 1.6 W_{t-1} + 0.64 W_{t-2} = a_t$，这里 $\Phi(B) = 1 - 1.6B + 0.64B^2$ 有重根。试按下列步骤证明 ρ_k 是拖尾的。

(1) ρ_k 满足差分方程 $\rho_k - 1.6\rho_{k-1} + 0.64\rho_{k-2} = 0, k > 0$；

(2) 令 $\rho_j = \lambda^j, j \geq -2$，是差分方程的解，定出 $\lambda = 0.8$；

（3）验证 $\rho_j = j(0.8)^j, j > -2$，是差分方程的解；

（4）差分方程的解为 $\rho_j = A_1 0.8^j + A_2 j 0.8^j, j > -2$，利用 $\rho_0 = 1$ 和 $\rho_1 = \rho_{-1}$ 定常数 A_1 和 A_2；

（5）说明 $\rho_j \leqslant c e^{-Mj}, j \geqslant 1$，其中 $c > 0, M > 0$，即 ρ_k 是拖尾的。

12. 试证偏相关函数 $\phi_{11} = \rho_1, \phi_{22} = \dfrac{\rho_2 - \rho_1^2}{1 - \rho_1^2}$，及

$$\phi_{33} = \frac{\rho_3 + \rho_1^3 + \rho_1 \rho_2^2 - 2\rho_1 \rho_2 - \rho_1^2 \rho_3}{1 + 2\rho_1^2 \rho_2 - \rho_2^2 - 2\rho_1^2}$$

13. 平稳时间序列 $\{Z_t\}$ 的一个长为 50 的样本数据如表 3-6，试求 W_t 的样本自相关函数 $\hat{\rho}_k, k = 1, 2, \cdots, 12$。

表 3-6

i	Z_i									
$1 \sim 10$	289	285	289	286	288	287	288	292	291	291
$11 \sim 20$	292	296	297	301	304	304	303	307	299	296
$21 \sim 30$	293	301	293	301	295	284	286	286	287	284
$31 \sim 40$	282	278	281	278	277	279	278	270	268	272
$41 \sim 50$	273	279	279	280	275	271	277	278	275	285

14. 平稳时间序列 $\{W_t\}$ 的相本自相关函数如表 3-7：

表 3-7

k	1	2	3	4	5	6	7	8	9	10
$\hat{\rho}_k$	-0.34	-0.05	0.09	-0.14	0.08	0.04	-0.06	0.04	-0.08	-0.02

试用两种方法计算样本偏相关函数 $\hat{\phi}_{11}, \hat{\phi}_{22}, \hat{\phi}_{33}$。一种方法是用 (4.7)、(4.8)、(4.9) 递推公式，另一种是用题 12 中的公式。

15. 五个形为 $\{W_t\}$ 的平稳序列 A, B, C, D, E，每一个序列取一个长为 300 的样本，算得样本自相关函数 ρ_k 和样本偏相关函数 $\hat{\phi}_{kk}$ 列在表 3-8 和表 3-9 中 ($k = 16$)：

表 3 − 8 样本自相关函数

名称	$\hat{\rho}_1$	$\hat{\rho}_2$	$\hat{\rho}_3$	$\hat{\rho}_4$	$\hat{\rho}_5$	$\hat{\rho}_6$	$\hat{\rho}_7$	$\hat{\rho}_8$	$\hat{\rho}_9$
A	− 0.34	− 0.05	0.09	− 0.10	0.08	0.04	− 0.06	0.04	− 0.08
B	− 0.59	0.10	0.04	− 0.07	0.07	− 0.05	0.04	− 0.05	0.10
C	0.56	0.30	0.17	0.05	0.07	0.05	− 0.02	− 0.05	− 0.09
D	0.80	0.59	0.42	0.32	0.25	0.17	0.10	0.05	0.03
E	− 0.23	− 0.13	− 0.06	0.02	0.03	0.07	− 0.11	0.07	0.04

名称	$\hat{\rho}_{10}$	$\hat{\rho}_{11}$	$\hat{\rho}_{12}$	$\hat{\rho}_{13}$	$\hat{\rho}_{14}$	$\hat{\rho}_{15}$	$\hat{\rho}_{16}$	$\hat{\gamma}_0$	$\hat{\mu}$
A	− 0.02	0.08	− 0.06	0.05	− 0.07	0.04	0.05	1.23	0.001
B	0.16	0.17	− 0.10	0.00	0.05	− 0.06	− 0.02	2.25	− 0.002
C	− 0.05	0.02	0.01	0.02	0.05	0.05	0.09	1.57	0.001
D	0.03	0.03	0.00	− 0.05	− 0.07	− 0.08	− 0.04	2.72	0.006
E	− 0.12	0.06	0.04	− 0.03	0.01	− 0.02	0.09	1.19	− 0.003

表 3 − 9 样本偏相关函数

名称 \ ϕ_{kk} \ k	1	2	3	4	5	6	7	8
A	− 0.34	− 0.19	0.01	− 0.12	0.00	0.05	0.00	0.01
B	− 0.59	0.39	− 0.20	− 0.19	− 0.10	− 0.10	− 0.03	− 0.08
C	0.56	− 0.02	0.02	− 0.07	0.10	− 0.03	− 0.07	− 0.02
D	0.80	− 0.16	0.00	0.08	− 0.03	− 0.06	− 0.02	0.02
E	− 0.23	− 0.19	− 0.15	− 0.07	0.07	− 0.07	0.06	

名称 \ ϕ_{kk} \ k	9	10	11	12	13	14	15	16
A	− 0.08	− 0.07	0.01	− 0.02	0.03	− 0.07	0.02	0.05
B	0.07	− 0.10	0.04	0.01	− 0.03	0.00	0.00	− 0.12
C	− 0.05	− 0.05	0.05	− 0.03	0.02	− 0.02	0.01	0.02
D	0.00	0.04	− 0.02	− 0.09	− 0.04	0.01	0.00	0.09
E	0.07	− 0.09	0.03	0.05	0.00	0.01	0.01	0.10

试问下面确定的模型类别和阶数是否合理：

（1）序列 A 具有 MA(1) 模型；

（2）序列 B 具有 MA(2) 模型；

（3）序列 C 具有 AR(1) 模型；

（4）序列 D 具有 AR(2) 模型；

（5）序列 E 具有 ARMA(1,1) 模型。

16. 试证下列参数估计公式：

（1）AR(1) 模型：$\hat{\phi} = \hat{\rho}_1$，$\hat{\sigma}_a^2 = \hat{\gamma}_0(1 - \hat{\rho}_1^2)$；

（2）AR(2) 模型：$\hat{\phi}_1 = \dfrac{\hat{\rho}_1(1 - \hat{\rho}_2)}{1 - \hat{\rho}_1^2}$，$\hat{\phi}_2 = \dfrac{\hat{\rho}_2 - \hat{\rho}_1^2}{1 - \hat{\rho}_1^2}$，

$$\hat{\sigma}_a^2 = \hat{\gamma}_0(1 - \hat{\phi}_1\hat{\rho}_1 - \hat{\phi}_2\hat{\rho}_2);$$

（3）MA(1) 模型：$\hat{\theta}_1 = \dfrac{-2\hat{\rho}_1}{1 + \sqrt{1 - 4\hat{\rho}_1^2}}$，$\hat{\sigma}_a^2 = \hat{\gamma}_0 \dfrac{1 + \sqrt{1 - 4\hat{\rho}_1^2}}{2}$；

（4）ARMA(1,1) 模型：$\hat{\phi}_1 = \dfrac{\hat{\rho}_2}{\hat{\rho}_1}$，$\hat{\theta}_1 = -\dfrac{1}{2}(b \mp \sqrt{b^2 - 4})$，其

中 $b = \dfrac{1}{\hat{\rho}_1 - \hat{\phi}_1}(1 - 2\hat{\rho}_2 + \hat{\phi}_1^2)$，选 $\hat{\theta}_1$ 表示式中正负号使 $|\hat{\theta}_1| < 1$。

又 $\hat{\sigma}_a^2 = \dfrac{1 + \sqrt{1 - 4\hat{\rho}_1^{w^2}}}{2}(\hat{\gamma}_0 + \hat{\phi}_1^2\hat{\gamma}_0 - 2\hat{\phi}_1\hat{\gamma}_1)$。

17. 用参数估计法求15题中四个平稳序列 A、C、D、E 关于 W_t 的线性模型，并求出 $\hat{\sigma}_a^2$ 的数值。

18. 平稳序列 $\{W_t\}$ 的样本自相关函数如下：

$\hat{Z} = 0.03$	k	1	2	3	4	5
$\hat{\gamma}_0 = 3.34$	$\hat{\rho}_k$	-0.800	0.670	-0.518	0.390	-0.310

假定模型识别为 AR(1)，试求 Z_t 的模型方程和 $\hat{\sigma}_a^2$ 的值。

19. 平稳序列 $\{W_t\}$ 的样本自相关函数如下：

$\hat{Z} = -0.34$	k	1	2	3	4	5
$\hat{\gamma}_0 = 1.34$	$\hat{\rho}_k$	0.449	0.056	-0.023	0.028	0.013

假定模型识别为 MA(1)，试求 Z_t 的模型方程和 $\hat{\sigma}_a^2$ 的值。

20. 平稳序列 $\{W_t\}$ 的样本自相关函数如下：

$\hat{Z} = -0.05$

k	1	2	3	4	5
$\hat{\rho}_k$	-0.719	0.337	-0.083	0.075	-0.088

$\hat{\gamma}_0 = 2.32$

假定模型识别为 ARMA(1,1)，试求 Z_t 的模型方程和 $\hat{\sigma}_a^2$ 的值。

21. 平稳序列 $\{W_t\}$ 的样本自相关函数如下：

$\hat{Z} = 0.09$

k	1	2	3	4	5
$\hat{\rho}_k$	0.427	0.475	0.169	0.253	0.126

$\hat{\gamma}_0 = 1.15$

假定模型识别为 AR(2)，试求 Z_t 的模型方程和 $\hat{\sigma}_a^2$ 的值。

22. 由样本自相关函数 $\hat{\rho}_k (k \geqslant 1)$ 作参数估计得到的线性模型

$$W_t - \hat{\phi}_1 W_{t-1} - \cdots - \hat{\phi}_p W_{t-p} = a_t - \hat{\theta}_1 a_{t-1} - \cdots - \hat{\theta}_q a_{t-q}$$

要求 $(\hat{\varphi}_1, \cdots, \hat{\varphi}_p)$ 落在平稳域中，且 $(\hat{\theta}_1, \cdots, \hat{\theta}_q)$ 落在可逆域中。这样对 $\hat{\rho}_k$ 需要满足一定要求，即在允许域内取值。试证：

(1) AR(1) 模型的允许域为 $-1 < \hat{\rho}_1 < 1$；

(2) AR(2) 模型的允许域为 $-1 < \hat{\rho}_2 < 1, \hat{\rho}_1^2 < \frac{1}{2}(\hat{\rho}_2 + 1)$；

(3) MA(1) 模型的允许域为 $-0.5 < \hat{\rho}_1 < 0.5$。

23. 平稳序列 $\{Z_t\}$ 的线性模型为

$$Z_t = 0.05 - 0.80 Z_{t-1} + a_t, \text{ 而 } \hat{\sigma}_a^2 = 1.20$$

已知观察值 $Z_{100} = 3.2$，试用递推法求预报值 $Z_{100}(1)$、$Z_{100}(2)$、$Z_{100}(3)$，并求置信概率为 95% 的一步预报绝对误差的范围（假定正态平稳序列）。

24. 平稳序列 $\{Z_t\}$ 的线性模型为

$$Z_t = 0.03 + 0.27 Z_{t-1} + 0.36 Z_{t-2} + a_t, \text{ 而 } \hat{\sigma}_a^2 = 0.82$$

已知观察值 $Z_{100} = 3.6, Z_{99} = 5.7$，试用递推法求预报值 $\hat{Z}_{100}(1)$、

$\hat{Z}_{100}(2)$、$\hat{Z}_{100}(3)$,并求置信概率为 95% 的一步预报绝对误差的范围(假定正态平稳序列)。

25. 平稳序列$\{Z_t\}$的线性模型为

$$Z_t = -0.34 + a_t + 0.62a_{t-1},\ 而\ \hat{\sigma}_a^2 = 0.96.$$

利用观察值 $Z_1,Z_2,\cdots,Z_{50}$ 算得 $\hat{a}_{50} = 1.26$。试用递推法求预报值 $\hat{Z}_{50}(1)$、$\hat{Z}_{50}(2)$、$\hat{Z}_{50}(3)$。

26. 平稳序列$\{Z_t\}$的线性模型为

$$Z_t = 1.72 + a_t - 1.1a_{t-1} + 0.23a_{t-2},\ 而\ \hat{\sigma}_a^2 = 0.98.$$

利用观察值 $Z_1,Z_2,\cdots,Z_{50}$ 算得 $\hat{a}_{50} = 1.47,\hat{a}_{49} = 0.73$。试用递推法求预报值 $\hat{Z}_{50}(1)$、$\hat{Z}_{50}(2)$、$\hat{Z}_{50}(3)$。

27. 平稳序列$\{Z_t\}$的线性模型为

$$Z_t = -0.07 - 0.47Z_{t-1} + a_t - 0.66a_{t-1},\ 而\ \hat{\sigma}_a^2 = 0.88$$

利用观察值 $Z_1,Z_2,\cdots,Z_{50}$ 算得 $\hat{a}_{50} = 0.83$,而 $Z_{50} = 23.7$,用递推法求预报值 $\hat{Z}_{50}(1)$、$\hat{Z}_{50}(2)$、$\hat{Z}_{50}(3)$。

28. AR(2) 模型 $W_t - 1.6W_{t-1} + 0.64W_{t-2} = a_t$,这里 $\Phi(B) = 1 - 1.6B + 0.64B^2$ 有重根。已知观察值 $W_1,W_2,\cdots,W_k(k$ 很大)。利用 11 题中差分方程 $\rho_k - 1.6\rho_{k-1} + 0.64\rho_{k-2} = 0,k>0$,其解为 $\rho_j = A_1 0.8^j + A_2 0.8^j,j>-2$,试求 l 步预报值 $\hat{W}_k(l)$。

29. MA(q) 模型 $W_t = a_t - \theta_1 a_{t-1} - \cdots - \theta_q a_{t-q}$,试证:当 $l > q$ 时,$\hat{W}_t(l) = 0$。

30. 平稳序列$\{W_t\}$具有 ARMA 模型。已知 $W_t(-\infty < t \leqslant t)$ 的值。试证:当 $t \leqslant k$ 时。$\hat{a}_t = a_t$。

[提示:利用逆转公式]

31. 试对 §7 例2、例3、例4、例5 求 $E[\hat{e}_k(l)]^2$,其中 $\hat{e}_k(l)$ 是 l 步预报误差。

32. (1)AR(1) 模型 $W_t - 0.56W_{t-1} = a_t$,而 $\hat{\sigma}_a^2 = 1.06$。已知 $W_k = 6.7$,试求 l 步预报值 $\hat{W}_k(l)$,并求置信概率为 95% 的 l 步预报绝对误差的范围(假定正态平稳序列);

(2)AR(2) 模型 $W_t - 0.90W_{t-1} + 0.14W_{t-2} = a_t$。已知 $W_k = 3.2, W_{k-1} = -0.7$,试求 l 步预报值 $\hat{W}_k(l)$;

(3)MA(1) 模型 $W_t - 0.39a_{t-1}$。已知 $W_1, W_2, \cdots, W_k(k$ 很大$)$ 的值,试求一步预报值 $\hat{W}_k(1)$;

(4)MA(2) 模型 $W_t = a_t - 1.1a_{t-1} + 0.24a_{t-2}$。已知 $W_1, W_2, \cdots, W_k(k$ 很大$)$ 的值,试求预报值 $\hat{W}_k(1), \hat{W}_k(2)$;

(5)ARMA(1,1) 模型 $W_t - 0.56W_{t-1} = a_t - 0.90a_{t-1}$。已知 $W_1, W_2, \cdots, W_k(k$ 很大$)$ 的值,试求预报值 $\hat{W}_k(l)$。

第四章 马尔科夫过程

马尔科夫过程是无后效的随机过程。本章主要介绍马尔科夫过程的定义、转移概率及其关系、转移概率的极限性态,并着重讨论马尔科夫链以及两种特殊的马尔科夫过程 —— 泊松过程和维纳过程。

§1 马尔科夫过程的直观描述

马尔科夫(Markov)过程是具有无后效性的随机过程。所谓无后效性是指:当过程在时刻 t_m 所处的状态为已知时,过程在大于 t_m 的时刻 t 所处状态的概率特性只与过程在 t_m 时刻所处的状态有关,而与过程在 t_m 时刻以前的状态无关。

如果把 t_m 时刻作为"现在",t_m 以后的时刻作为"将来",t_m 以前的时刻作为"过去",那么无后效性也可解释为:过程在已知现在状态的条件下,将来的状态只与现在的状态有关,而与过去的状态无关。马尔科夫过程简称马氏过程。下面举几个例子。

例 1 直线上的随机游动 一个质点在零时刻处于实数轴上原点的位置。每隔单位时间右移或左移一个单位长度,右移的概率为 $p(0 < p < 1)$,左移的概率为 q,其中 $q = 1 - p$。记质点在第 n 时刻的位置为 $X(n)$,$n = 0, 1, 2, \cdots$。质点移动图像见图 4-1。质点在直线上的移动是随机的,故称之为质点在直线上的随机游动。很明显,已知质点现在的位置,将来的情况只与现在的位置有关,

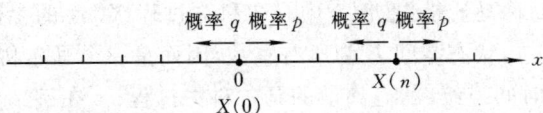

图 4 - 1

而与过去的情况无关。随机游动具有无后效性,所以它是一个马尔科夫过程。

例 2　电话交换站在 t 时刻前来到的呼唤数 $X(t)$(即时间 $[0, t]$ 内来到的呼唤数)是一个随机过程。已知现在 t_m 时刻前来到的呼唤数,未来时刻 $t(t > t_m)$ 前来到的呼唤数只依赖于 t_m 时刻前来到的呼唤数,这是因为 $[0, t]$ 内来到的呼唤数等于 $[0, t_m]$ 时间内来到的呼唤数加上 $(t_m, t]$ 时间内来到的呼唤数,而 $(t_m, t]$ 内来到的呼唤数与 t_m 以前来到呼唤数相互独立。因此,$X(t)$ 具有无后效性,是马尔科夫过程。

例 3　**布朗运动**　将一颗小花粉放在水面上,由于水分子的冲击,使它在液面上随机地游动(见图 4 - 2)。这种游动物理上称为**布朗**(Brown)**运动**。在水面上作一平面直角坐标系,不妨取花粉的起始位置为坐标原点。考察在 t 时刻花粉所处位置的 x 坐标,记为 $X(t)$。由于 t_m 时刻的花粉的位置仅依赖于现在(t_m 时刻)的位

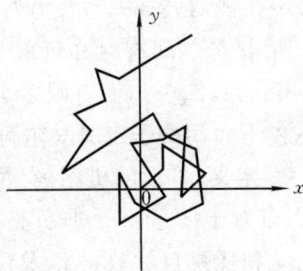

图 4 - 2

置,而与过去花粉的位置无关,所以花粉随机游动具有无后效性。因而 $X(t)$ 亦具有无后效性,是马尔科夫过程。同样地,花粉位置的 y 坐标 $Y(t)$ 亦是马尔科夫过程。

马尔科夫过程 $\{X(t), t \in T\}$ 按参数集 T 和状态空间(值域)E 的情况一般可分为下列三类:

(1) 时间离散、状态离散的马尔科夫过程　　通常称之为马尔

科夫链,简称马氏链。在例 1 中马尔科夫过程 $X(n)$ 的参数集 $T = \{0,1,2,\cdots\}$,状态空间 E 为所有整数,因而是一个马尔科夫链。

（2）时间连续、状态离散的马尔科夫过程　　在例 2 中,t 时刻前来到呼唤数 $X(t)$ 的参数集 $T = [0,\infty)$,状态空间 $E = \{0,1,2,\cdots\}$,所以是一个时间连续、状态离散的马尔科夫过程。

（3）时间连续、状态连续的马尔科夫过程　　在例 3 中,随机过程 $X(t)$ 的参数集 $T = [0,\infty)$,状态空间 $E = (-\infty,\infty)$,所以是一个时间连续、状态连续的马尔科夫过程。

下面先介绍马尔科夫链。

§2　　马尔科夫链

一、马尔科夫链的定义、转移概率

设随机序列 $\{X(n), n = 0,1,2,\cdots\}$ 的离散状态空间 E 为 $\{1,2,\cdots\}$ 或 $\{1,2,\cdots,N\}$。当然,根据实际需要,具有无限多个状态的离散状态空间有时亦可取为 $E = \{0,1,2,\cdots\}$ 或 $E = \{\cdots,-2,-1,0,1,2,\cdots\}$,而有限多个状态空间有时取为 $E = \{0,1,2,\cdots,N\}$。下面用式子定义马尔科夫链。

定义　　设随机序列 $\{X(n), n = 0,1,2,\}$ 的离散状态空间为 E。若对于任意 m 个非负整数 $n_1,n_2,\cdots,n_m (0 \leqslant n_1 < n_2 < \cdots < n_m)$ 和任意自然数 k,以及任意 $i_1,i_2,\cdots,i_m,j \in E$,满足

$$P\{X(n_m + k) = j \mid X(n_1) = i_1, X(n_2) = i_2, \cdots, X(n_m) = i_m\}$$
$$= P\{X(n_m + k) = j \mid X(n_m) = i_m\} \qquad (2.1)$$

则称 $\{X(n), n = 0,1,2\cdots\}$ 为**马尔科夫链**。

在（2.1）式中,如果 n_m 表示现在时刻 $n_1, n_2, \cdots, n_{m-1}$ 表示过去时刻,$n_m + k$ 表示将来时刻,此式表明过程在将来 $n_m + k$ 时刻处于状态 j 仅依赖于现在 n_m 时刻的状态 i_m,而与过去 $m-1$ 个时刻 $n_1, n_2, \cdots, n_{m-1}$ 所处的状态无关。（2.1）式给出了无后效性的表达式。

（2.1）式中右边条件概率形式为

$$P\{X(n+k) = j \mid X(n) = i\}, k \geqslant 1$$

称之为马尔科夫链在 n 时刻的 k **步转移概率**,记为 $p_{ij}(n, n+k)$。转移概率表示已知 n 时刻处于状态 i,经 k 个单位时间后过程处于状态 j 的概率。

转移概率 $p_{ij}(n, n+k)$ 是不依赖于 n 的马尔科夫链,称为**时齐马尔科夫链**。这种马尔科夫链的状态转移概率仅与转移出发状态 i、转移步数 k、转移到达状态 j 有关,而与转移的起始时刻 n 无关。此时,k 步转移概率可记为 $p_{ij}(k)$,即

$$p_{ij}(k) = p_{ij}(n, n+k) = P\{X(n+k) = j \mid X(n) = i\}, k \geqslant 1$$
$$(2.2)$$

下面只讨论时齐马尔科夫链。为方便起见把"时齐"二字省略。

当 $k = 1$ 时,$p_{ij}(1)$ 称为**一步转移概率**,简记为 p_{ij}。此时,

$$p_{ij} = p_{ij}(1) = P\{X(n+1) = j \mid X(n) = i\} \quad (2.3)$$

显然,一步转移概率具有下列两个性质:

(1) $0 \leqslant p_{ij} \leqslant 1, i, j = 1, 2 \cdots$(有限个或无限个);

(2) $\sum_j p_{ij} = 1, i = 1, 2, \cdots$。

一步转移概率可写成矩阵形式。对有限状态空间 $E = \{1, 2, \cdots, N\}$,矩阵

$$\boldsymbol{P} = \begin{bmatrix} p_{11} & p_{12} & \cdots & p_{1N} \\ p_{21} & p_{22} & \cdots & p_{2N} \\ \vdots & \vdots & & \vdots \\ p_{N1} & p_{N2} & \cdots & p_{NN} \end{bmatrix} \quad (2.4)$$

对无限状态空间 $E = \{1, 2, \cdots\}$,矩阵

$$\boldsymbol{P} = \begin{bmatrix} p_{11} & p_{12} & \cdots \\ p_{21} & p_{22} & \cdots \\ \cdots & \cdots & \cdots \\ \cdots & \cdots & \cdots \end{bmatrix} \quad (2.5)$$

式 (2.4)、(2.5) 都称为**一步转移概率矩阵**。由一步转移概率性质

可见，P 的所有元素都是非负的，且每一行元素之和等于1，如果一个方阵或无限矩阵（无限多行无限多列矩阵）的所有元素都是非负的，且每一行元素之和等于 1，则称此矩阵为**随机矩阵**。因此，一步转移概率矩阵 P 是随机矩阵。

下面举一些例子。

例 1   伯努利试验   设伯努利试验每次试验"成功"的概率为 $p(0 < p < 1)$，"失败"的概率为 $q(q = 1 - p)$；且各次试验是相互独立的。"成功"用状态"1"表示，"失败"用状态"2"表示。第 n 次试验的结果记为 $X(n)$，进行无限多次试验得 $\{X(n), n = 0, 1, 2, \cdots\}$。由于试验的独立性，(2.1) 式中的概率

$$P\{X(n_m + k) = 1 \mid X(n_1) = i_1, X(n_2) = i_2, \cdots, X(n_m) = i_m\} = p,$$
$$P\{X(n_m + k) = 1 \mid X(n_m) = i_m\} = p$$

而

$$P\{X(n_m + k) = 2 \mid X(n_1) = i_1, X(n_2) = i_2, \cdots, X(n_m) = i_m\} = q,$$
$$P\{X(n_m + k) = 2 \mid X(n_m) = i_m\} = q$$

所以 (2.1) 式成立。因此，$X(n)$ 是马尔科夫链。于是，一步转移概率

$$p_{i_1} = P\{X(n+1) = 1 \mid X(n) = i\} = p, \ i = 1, 2$$
$$p_{i_2} = P\{X(n+1) = 2 \mid X(n) = i\} = q, \ i = 1, 2,$$

一步转移概率矩阵为

$$P = \begin{bmatrix} p & q \\ p & q \end{bmatrix}$$

一般地说，独立同分布的离散随机变量序列 $\{X(n), n = 0, 1, 2, \cdots\}$ 亦是马尔科夫链。因为随机序列的将来不依赖于现在，更不依赖于过去。

例 2   直线上带吸收壁的随机游动   一质点只能处在实数轴上 1、2、3、4、5 五个点的位置。它处在 2、3、4 位置时，下一时刻右移一格的概率为 $p(0 < p < 1)$，左移一格的概率为 $q(q = 1 - p)$。当质点处在 1 位置时，它永远停留在 1 上；又当质点处在 5 位置时，

它永远停留在 5 上。把 1 和 5 点看作分别放置有吸收壁。质点的随机游动用 $\{X(n), n = 0, 1, 2, \cdots\}$ 表示,其中 $X(n)$ 表示第 n 时刻质点的位置。显而易见,将来的状况仅依赖于现在所处位置,而与以前的情况无关,所以它是马尔科夫链。一步转移概率如下:当 $i = 2, 3, 4$ 时,

$$p_{i,i+1} = p, p_{i,i-1} = q, p_{ij} = 0 (j \neq i-1, i+1)$$

而

$$p_{11} = 1, p_{1j} = 0 (j \neq 1), p_{55} = 1, p_{5j} = 0 (j \neq 5)$$

所以一步转移概率矩阵为

$$\boldsymbol{P} = \begin{bmatrix} 1 & 0 & 0 & 0 & 0 \\ q & 0 & p & 0 & 0 \\ 0 & q & 0 & p & 0 \\ 0 & 0 & q & 0 & p \\ 0 & 0 & 0 & 0 & 1 \end{bmatrix}$$

例 3 直线上带反射壁的随机游动 设 $0 < p < 1, q = 1 - p$。在上例中,当质点处于 2、3、4 位置时,下一时刻的移动规则仍保持。当质点处于 1 位置时,下一时刻留在原位置的概率为 q,右移一格的概率为 p;当质点处于 5 位置时,下一时刻左移一格的概率为 q,留在原位置的概率为 p,可看作在 1,5 位置分别放置有反射壁。显然,质点在第 n 时刻的位置 $X(n), n = 0, 1, 2, \cdots$ 是马尔科夫链。它的一步转移概率矩阵是

$$\boldsymbol{P} = \begin{bmatrix} q & p & 0 & 0 & 0 \\ q & 0 & p & 0 & 0 \\ 0 & q & 0 & p & 0 \\ 0 & 0 & q & 0 & p \\ 0 & 0 & 0 & q & p \end{bmatrix}$$

例 4 直线上带完全反射壁的随机游动 设 $0 < p < 1, q = 1 - p$。在例 2 中,当质点处于 2、3、4 位置时,下一时刻的移动规则仍保持。当质点处于 1 位置时,下一时刻必定移到 2 位置;当质点

处于 5 位置时,下一时刻必定移到 4 位置,可看作在 1,5 位置分别
放置具有完全弹性的反射壁。显然,质点随机游动的位置 $X(n)$,
$n = 1, 2, \cdots$ 是一个马尔科夫链。它的一步转移概率矩阵是

$$P = \begin{bmatrix} 0 & 1 & 0 & 0 & 0 \\ q & 0 & p & 0 & 0 \\ 0 & q & 0 & p & 0 \\ 0 & 0 & q & 0 & p \\ 0 & 0 & 0 & 1 & 0 \end{bmatrix}$$

例 5 直线上带完全反射壁允许停留的随机游动 设 $p > 0, q > 0, r > 0$,且 $p + q + r = 1$。相同于例 2,质点只能处于 1、2、3、4、5 五个点的位置。当质点处于 2、3、4 时,下一时刻保留在原来位置的概率为 r,右移一格的概率为 p,左移一格的概率为 q。当质点在 1 位置时,下一时刻必定移到 2 位置;当质点在 5 位置时,下一时刻必定移到 4 位置。此例与例 4 不同,这里从中间位置出发有三种可能情况:不动,右移一格,左移一格。显然,质点做随机游动的位置是马尔科夫链。它的一步转移概率矩阵是

$$P = \begin{bmatrix} 0 & 1 & 0 & 0 & 0 \\ q & r & p & 0 & 0 \\ 0 & q & r & p & 0 \\ 0 & 0 & q & r & p \\ 0 & 0 & 0 & 1 & 0 \end{bmatrix}$$

例 6 正半轴上带反射壁的随机游动 设 $0 < p < 1$,且 $q = 1 - p$。质点只能处在正整数点的位置上。当它处在 2、3、$\cdots$ 位置时,下一时刻右移一格的概率为 p,左移一格的概率为 q。当质点处于 1 位置时,下一时刻留在原位置的概率为 q,右移一格的概率为 p。显然,质点随机游动的位置是具有无限多个状态的马尔科夫链。它的一步转移概率矩阵为

$$\boldsymbol{P} = \begin{bmatrix} q & p & 0 & 0 & \cdots \\ q & 0 & p & 0 & \cdots \\ 0 & q & 0 & p & \cdots \\ \vdots & \vdots & \vdots & \vdots & \cdots \end{bmatrix}$$

二、高阶转移概率

在(2.2)式中把 n 改为 m，k 改为 n，得 n 步转移概率

$$\begin{aligned} p_{ij}(n) &= p_{ij}(m, m+n) = P\{X(m+n) \\ &= j \mid X(m) = i\} \\ & i, j = 1, 2, \cdots, n \geqslant 1 \end{aligned} \tag{2.6}$$

当 $n \geqslant 2$ 时，$p_{ij}(n)$ 称为**高阶转移概率**。

n 步转移概率亦可以写成矩阵形式。对有限状态空间 $E = \{1, 2, \cdots, N\}$，矩阵

$$\boldsymbol{P}(n) = \begin{bmatrix} p_{11}(n) & p_{12}(n) & \cdots & p_{1N}(n) \\ p_{21}(n) & p_{22}(n) & \cdots & p_{2N}(n) \\ \vdots & \vdots & & \vdots \\ p_{N1}(n) & p_{N2}(n) & \cdots & p_{NN}(n) \end{bmatrix}$$

对无限状态空间 $E = \{1, 2, \cdots\}$，矩阵

$$\boldsymbol{P}(n) = \begin{bmatrix} p_{11}(n) & p_{12}(n) & \cdots \\ p_{21}(n) & p_{22}(n) & \cdots \\ \vdots & \vdots & \cdots \end{bmatrix}$$

它们都称为 n **步转移概率矩阵**。显然有

$$0 \leqslant p_{ij}(n) \leqslant 1, \ i, j = 1, 2, \cdots \text{(有限个或无限个)}$$

和

$$\sum_j p_{ij}(n) = 1, \quad i = 1, 2, \cdots$$

因而 n 步转移概率矩阵 $\boldsymbol{P}(n)$ 是随机矩阵。

定理 1 马尔科夫链的转移概率之间有下列关系：设 $n = k +$

$l,k \geqslant 1, l \geqslant 1$,则

$$p_{ij}(n) = p_{ij}(k+l) = \sum_r p_{ir}(k) p_{rj}(l)$$

$$i,j = 1,2,\cdots \tag{2.7}$$

此式称为**切普曼-柯尔莫哥洛夫(Chapman - Kolmogorov)方程**。这个方程式的直观意义是:要想由 i 状态出发经 $k+l$ 步到达 j 状态,必须先经 k 步到达任意 r 状态,然后再经 l 步由 r 状态转移到 j 状态,推导时要用到无后效性。

证　$p_{ij}(k+l) = P\{X(m+k+l) = j \mid X(m) = i\}$

$$= \frac{P\{X(m) = i, X(m+k+l) = j\}}{P\{X(m) = i\}}$$

$$= \frac{\sum_r P\{X(m) = i, X(m+k) = r, X(m+k+l) = j\}}{P\{X(m) = i\}}$$

$$= \frac{\sum_r P\{X(m) = i, X(m+k) = r\}}{P\{X(m) = i\}}$$

$$\cdot \frac{P\{X(m+k+l) = j \mid X(m) = i, X(m+k) = r\}}{P\{X(m) = i\}}$$

利用无后效性

$$P_{ij}(k+l) = \frac{\sum_r P\{X(m) = i, X(m+k) = r\} P\{X(m+k+l) = j \mid X(m+k) = r\}}{P\{X(m) = i\}}$$

$$= \sum_r \frac{P\{X(m) = i, X(m+k) = r\}}{P\{X(m) = i\}} p_{ij}(l)$$

$$= \sum_r p_{ir}(k) p_{rj}(l)$$

证毕。

将(2.7)式表示成矩阵形式,得

$$\boldsymbol{P}(k+l) = \boldsymbol{P}(k)\boldsymbol{P}(l)^① \tag{2.8}$$

在(2.8)式中,取 $k=1, l=1$,得

$$\boldsymbol{P}(2) = \boldsymbol{P}(1)\boldsymbol{P}(1) = [\boldsymbol{P}(1)]^2$$

取 $k=2, l=1$,得

$$\boldsymbol{P}(3) = \boldsymbol{P}(2)\boldsymbol{P}(1) = [\boldsymbol{P}(1)]^3$$

一般地有

$$\boldsymbol{P}(n) = [\boldsymbol{P}(1)]^n \tag{2.9}$$

此式表明 n 步转移概率矩阵等于 n 个一步转移概率矩阵的乘积。由此可见,n 步转移概率矩阵可由一步转移概率矩阵获得。因此,在马尔科夫链中,一步转移概率是最基本的,它完全确定链的状态转移的统计规律。

通常,我们还规定

$$p_{ij}(0) = \delta_{ij} = \begin{cases} 1, & i=j \\ 0, & i \neq j \end{cases} \tag{2.10}$$

其中 δ 是 Kroneker 的记号。

三、初始概率,绝对概率

马尔科夫链在初始时刻(即零时刻)取各状态的概率分布

$$p_i^{(0)} = P\{X(0) = i\}, \ i=1,2,\cdots \tag{2.11}$$

称为它的**初始(概率)分布**。显然有

$$p_i^{(0)} \geqslant 0 (i=1,2,\cdots), \ \sum_j p_i^{(0)} = 1$$

特殊地,马尔科夫链在零时刻由确定的 i_0 状态出发,此时有 $p_i^{(0)}=1, p_j^{(0)}(j \neq i_0)$。

马尔科夫链在第 $n(n \geqslant 0)$ 时刻取各状态的概率分布

$$p_i^{(n)} = P\{X(n) = i\}, i=1,2,\cdots \tag{2.12}$$

称为它在时刻 n 的**绝对概率分布**。当 $n=0$ 时,绝对概率分布变为

---

① 当矩阵的行数和列数都为无限大时,两个矩阵乘积的定义类似于两个有限矩阵的乘积。

初始概率分布。显然有

$$p_i^{(n)} \geqslant 0(i = 1, 2, \cdots), \quad \sum_i p_i^{(n)} = 1$$

利用全概率公式可得

$$P\{X(n) = j\} = \sum_i P\{X(0) = i\} P\{X(n) = j \mid X(0) = i\}$$

即

$$p_j^{(n)} = \sum_i p_i^{(0)} p_{ij}^{(n)} \tag{2.13}$$

此式表明在 n 时刻绝对概率分布完全被初始概率分布和 n 步转移概率所确定。

定理 2 马尔科夫链的有限维分布

$$P\{X(n_1) = i_1, X(n_2) = i_2, \cdots, X(n_m) = i_m\}$$
$$= \sum_i p_i^{(0)} p_{ii_1}(n_1) p_{i_1 i_2}(n_2 - n_1) p_{i_2 i_3}(n_3 - n_2) \cdots$$
$$p_{i_{m-1} i_m}(n_m - n_{m-1}) \tag{2.14}$$

此式表明有限维分布完全初始概率分布和转移概率所确定。

证 $P\{X(n_1) = i, X(n_2) = i_2, \cdots, X(n_m) = i_m\}$

$= P\{X(n_1) = i_1, X(n_2) = i_2, \cdots, X(n_{m-1}) = i_{m-1}\}$

$\quad \cdot P\{X(n_m) = i_m \mid X(n_1) = i_1, X(n_2) = i_2, \cdots,$

$\quad X(n_{m-1}) = i_{m-1}\}$

$= P\{X(n_1) = i_1, X(n_2) = i_2, \cdots, X(n_{m-1}) = i_{m-1}\}$

$\quad \cdot P\{X(n_m) = i_m \mid X(n_{m-1}) = i_{m-1}\}$

$= P\{X(n_1) = i_1, X(n_2) = i_2, \cdots, X(n_{m-1}) = i_{m-1}\}$

$\quad p_{i_{m-1} i_m}(n_m - n_{m-1})$

$= \cdots$

$= p_{n_i}^{(n_1)} p_{i_1 i_2}(n_2 - n_1) p_{i_2 i_3}(n_3 - n_2) \cdots p_{i_{m-1} i_m}(n_m - n_{m-1})$

$= \sum_i p_i^{(0)} p_{ii_1}(n_1) p_{i_1 i_2}(n_2 - n_1) p_{i_2 i_3}(n_3 - n_2) \cdots$

$\quad p_{i_{m-1} i_m}(n_m - n_{m-1})$

证毕。

四、遍历性

马尔科夫链理论中一个重要问题是讨论当 $n \to \infty$ 时转移概率 $P_{ij}(n)$ 的极限。这里的讨论有时需要区分有限状态空间和无限状态空间。具有有限多个状态的马尔科夫链简称为有限马尔科夫链。设它的状态空间 $E = \{1,2,\cdots,N\}$。又设具有无限多个状态马尔科夫链的状态空间为 $E = \{1,2,\cdots\}$。

定义 若马尔科夫链转移概率的极限

$$\lim_{n\to\infty} p_{ij}(n) = p_j, \ i,j \in E \qquad (2.15)$$

存在，且与 i 无关，则称此马尔科夫链有**遍历性**。

对有限马尔科夫链，显然有

$$p_j \geqslant 0 \ (j = 1,2,\cdots,N), \ \sum_{j=1}^{N} p_j = 1 \qquad (2.16)$$

事实上，前者由转移概率的非负性即得，而后者在等式 $\sum\limits_{j=1}^{N} p_{ij}(n) = 1$ 中让 $n \to \infty$ 可得。此时，我们称 $\{p_j, j = 1,2,\cdots,N\}$ 为转移概率的极限分布。

对于具有无限多个状态的马尔科夫链，有

$$p_j \geqslant 0 \ (j = 1,2,\cdots), \ \sum_{j=1}^{\infty} p_j \leqslant 1 \qquad (2.16')$$

前者是显然的，而后者的证明如下：由 $\sum\limits_{j=1}^{\infty} p_{ij}(n) = 1$，有 $\sum\limits_{j=1}^{M} p_{ij}(n) \leqslant 1$，让 $n \to \infty$ 得 $\sum\limits_{j=1}^{M} p_j \leqslant 1$，再让 $M \to \infty$ 得所需结果。此时转移概率的极限不一定构成概率分布（定义见189页）。如果 $\{p_j, j = 1, 2,\cdots\}$ 满足 $\sum\limits_{j=1}^{\infty} p_j = 1$，则称它是转移概率的极限分布。

当马尔科夫链具有遍历性时，考察绝对概率 $p_j^{(n)}(n \to \infty)$ 的极限。在 (2.13) 式中，让 $n \to \infty$，得

$$\lim_{n\to\infty} p_j^{(n)} = \lim_{n\to\infty} \sum_i p_i^{(0)} p_{ij}(n) = \sum_i p_i^{(0)} \lim_{n\to\infty} p_{ij}(n)$$

$$= \sum_i p_i^{(0)} p_j = p_j$$

即

$$\lim_{n \to \infty} p_j^{(n)} = p_j , \ j = 1, 2, \cdots \tag{2.17}$$

这里，$j = 1, 2, \cdots$ 表示有限多个或无限多个自然数。需要指出，上面推导中的第二个等号成立，用到了极限号与和号交换次序的知识。对有限马尔科夫链，和号为 $\sum_{i=1}^{N}$，等号显然成立；对 $\sum_{i=1}^{\infty}$ 的情形，等号成立需用到数学分析中的一致收敛性。(2.17)式表明绝对概率的极限与转移概率的极限是相同的。这说明讨论转移概率的极限已经足够，而绝对概率分布的极限自然地可以被得到。

在工程技术中，当马尔科夫链极限分布存在，它的遍历性表示一个系统经过相当长时间以后达到平衡状态，此时系统各状态的概率分布不随时间而变，亦不依赖于初始状态。

在(2.7)式中，取 $l = 1$，得

$$p_{ij}(k+1) = \sum_r p_{ir}(k) p_{rj} \tag{2.18}$$

对具有遍历性的马尔科夫链，让 $k \to \infty$，有[①]

$$p_j = \sum_r p_r p_{rj} \tag{2.19}$$

下面介绍平稳分布。

定义　若有限或无限数列 $\{q_j, \ j = 1, 2, \cdots\}$ 满足：(1) $q_j \geqslant 0, j = 1, 2, \cdots$，(2) $\sum_j q_j = 1$，则称它是**概率分布**。如果一个概率分布 $\{q_j, j = 1, 2, \cdots\}$ 满足

$$q_j = \sum_i q_i p_{ij} , \ j = 1, 2, \cdots \tag{2.20}$$

则称它是**平稳分布**。

---

① 对有限马尔科夫链(2.18)式中和号是 $\sum_{r=1}^{N}$，结论显然。对 $\sum_{r=1}^{\infty}$ 情形，见参考书〔15〕第 390 页。

由(2.19)式可见,有限马尔科夫链转移概率的极限分布是平稳分布;而对具有无限多个状态的马尔科夫链,如果转移概率的极限是一个概率分布,那么它是平稳分布。

对于平稳分布$\{q_j, j=1,2,\cdots\}$,有

$$q_j = \sum_i q_i p_{ij} = \sum_i (\sum_k q_k p_{ki}) p_{ij}$$
$$= \sum_k q_k (\sum_i p_{ki} p_{ij}) = \sum_k q_k p_{kj} \quad (2)$$

一般地可得

$$q_j = \sum_i q_i p_{ij}(n), \; n=1,2,\cdots \quad\quad (2.21)$$

如果马尔科夫链的初始概率分布取为平稳分布,即$p_i^{(0)}=q_i$, $i=1,2,\cdots$,其中$\{q_i, i=1,2,\cdots\}$是平稳分布。由(2.13)、(2.21)式得

$$p_j^{(n)} = \sum_i q_i p_{ij}(n) = q_j$$

即在任意时刻n链的绝对概率分布都等于初始概率分布。这亦是"平稳分布"名词的来由。

下面仅讨论有限马尔科夫链的遍历性,先介绍一个定理。

定理3 对有限马尔科夫链,如果存在正整数k,使

$$p_{ij}(k) > 0, \; i,j=1,2,\cdots,N \quad\quad (2.22)$$

则此链是遍历性的,即

$$\lim_{n\to\infty} p_{ij}(n) = p_j$$

且极限分布$\{p_j, j=1,2,\cdots,N\}$是方程组

$$p_j = \sum_{i=1}^N p_i p_{ij}, \; j=1,2,\cdots,N \quad\quad (2.23)$$

满足条件

$$p_j > 0 \; (j=1,2,\cdots,N), \; \sum_{j=1}^N p_j = 1 \quad\quad (2.24)$$

的唯一解。

此定理的证明省略。[①]定理表明在(2.22)条件下极限分布中的概率都是正的,且在计算极限分布时只需求方程组(2.23)满足约束条件(2.24)的解即可。

例7　在例3中直线上带反射壁的随机游动,如果质点只能取 1,2,3 三个点,一步转移概率矩阵为

$$\boldsymbol{P} = \begin{bmatrix} q & p & 0 \\ q & 0 & p \\ 0 & q & p \end{bmatrix} \tag{2.25}$$

其中含有零元素。现计算二步转移概率矩阵

$$\boldsymbol{P}(2) = \boldsymbol{P}^2 = \begin{bmatrix} q^2 + pq & pq & p^2 \\ q^2 & 2pq & p^2 \\ q^2 & pq & pq + p^2 \end{bmatrix}$$

它的所有元素都大于零,即在 $k = 2$ 时(2.22)式成立,所以此链具有遍历性。因而有

$$\lim_{n \to \infty} p_{ij}(n) = p_j, i, j = 1, 2, 3$$

下面求极限概率 $p_j, j = 1, 2, 3$。把(2.25)式代入(2.23)式得

$$\begin{cases} qp_1 + qp_2 & = p_1 \\ pp_1 & + qp_3 = p_2 \\ pp_2 + pp_3 = p_3 \end{cases}$$

由此方程组得 $p_2 = \dfrac{p}{q} p_1, p_3 = \left(\dfrac{p}{q}\right)^2 p_1$,再代入(2.24)式得

$$p_1 \left[1 + \frac{p}{q} + \left(\frac{p}{q}\right)^2 \right] = 1$$

所以

$$p_1 = \left[1 + \frac{p}{q} + \left(\frac{p}{q}\right)^2 \right]^{-1}$$

因此,

---

① 定理的证明见参考书〔1〕第185页。

$$p_2 = \frac{p}{q}\left[1 + \frac{p}{q} + \left(\frac{p}{q}\right)^2\right]^{-1}$$

$$p_3 = \left(\frac{p}{q}\right)^2\left[1 + \frac{p}{q} + \left(\frac{p}{q}\right)^2\right]^{-1}$$

即为所求。特殊地，当 $p = q = \frac{1}{2}$ 时，有 $p_1 = p_2 = p_3 = \frac{1}{3}$。这时极限分布为等概率分布。

例 8　在例 4 中直线上带完全反射壁的随机游动，如果质点只能取 1、2、3 三个点，一步转移概率矩阵为

$$\boldsymbol{P} = \begin{bmatrix} 0 & 1 & 0 \\ q & 0 & p \\ 0 & 1 & 0 \end{bmatrix}$$

二步转移概率矩阵为

$$\boldsymbol{P}(2) = \boldsymbol{P}^2 = \begin{bmatrix} q & 0 & p \\ 0 & 1 & 0 \\ q & 0 & p \end{bmatrix}$$

三步转移概率矩阵为

$$\boldsymbol{P}(3) = \boldsymbol{P}(2)\boldsymbol{P} = \begin{bmatrix} 0 & 1 & 0 \\ q & 0 & p \\ 0 & 1 & 0 \end{bmatrix} = \boldsymbol{P}$$

一般地有

$$\boldsymbol{P}(2n-1) = \boldsymbol{P}$$

和

$$\boldsymbol{P}(2n) = \begin{bmatrix} q & 0 & p \\ 0 & 1 & 0 \\ q & 0 & p \end{bmatrix}$$

其中 n 是自然数。显然，转移概率的极限

$$\lim_{k \to \infty} p_{ij}(k)$$

是不存在的。因而此链不具有遍历性。

例9 在例2中直线上带吸收壁的随机游动,如果质点只能取1、2、3三个点,一步转移概率矩阵为

$$\boldsymbol{P} = \begin{bmatrix} 1 & 0 & 0 \\ q & 0 & p \\ 0 & 0 & 1 \end{bmatrix}$$

二步转移概率矩阵为

$$\boldsymbol{P}(2) = \boldsymbol{P}^2 = \begin{bmatrix} 1 & 0 & 0 \\ q & 0 & p \\ 0 & 0 & 1 \end{bmatrix}$$

一般地,n 步转移概率矩阵 $\boldsymbol{P}(n) = \boldsymbol{P}^n = \boldsymbol{P}$。显然,转移概率的极限存在,且

$$\lim_{n \to \infty} p_{ij}(n) = p_{ij}$$

这个极限与 i 有关,所以此链不具有遍历性。

例10 在例5中直线上带完全反射壁允许停留的随机游动,设 $p = q = r = \dfrac{1}{3}$。此时,一步转移概率矩阵为

$$\boldsymbol{P} = \begin{bmatrix} 0 & 1 & 0 & 0 & 0 \\ \frac{1}{3} & \frac{1}{3} & \frac{1}{3} & 0 & 0 \\ 0 & \frac{1}{3} & \frac{1}{3} & \frac{1}{3} & 0 \\ 0 & 0 & \frac{1}{3} & \frac{1}{3} & \frac{1}{3} \\ 0 & 0 & 0 & 1 & 0 \end{bmatrix} \tag{2.26}$$

其中含有零元素。逐个计算转移概率矩阵 $\boldsymbol{P}(2), \boldsymbol{P}(3), \cdots$,得

$$\boldsymbol{P}(4) = \begin{bmatrix} \dfrac{5}{27} & \dfrac{10}{27} & \dfrac{8}{27} & \dfrac{1}{9} & \dfrac{1}{27} \\[2mm] \dfrac{10}{81} & \dfrac{33}{81} & \dfrac{21}{81} & \dfrac{14}{81} & \dfrac{1}{27} \\[2mm] \dfrac{8}{81} & \dfrac{21}{81} & \dfrac{23}{81} & \dfrac{21}{81} & \dfrac{8}{81} \\[2mm] \dfrac{1}{27} & \dfrac{14}{81} & \dfrac{21}{81} & \dfrac{33}{81} & \dfrac{10}{81} \\[2mm] \dfrac{1}{27} & \dfrac{1}{9} & \dfrac{8}{27} & \dfrac{10}{27} & \dfrac{5}{27} \end{bmatrix}$$

它的所有元素都大于零。因而此链具有遍历性,有

$$\lim_{n \to \infty} p_{ij}(n) = p_j, \quad i, j = 1, 2, 3, 4, 5$$

下面求极限概率分布 p_j, $j = 1, 2, 3, 4, 5$。把(2.26)式代入方程
(2.23)式,得

$$\begin{cases} \dfrac{1}{3}p_2 & = p_1 \\[2mm] p_1 + \dfrac{1}{3}p_2 + \dfrac{1}{3}p_3 & = p_2 \\[2mm] \dfrac{1}{3}p_2 + \dfrac{1}{3}p_3 + \dfrac{1}{3}p_4 & = p_3 \\[2mm] \dfrac{1}{3}p_3 + \dfrac{1}{3}p_4 + p_5 & = p_4 \\[2mm] \dfrac{1}{3}p_4 & = p_5 \end{cases}$$

加上条件

$$p_1 + p_2 + p_3 + p_4 + p_5 = 1$$

可以解得

$$p_1 = p_5 = \frac{1}{11}, \quad p_2 = p_3 = p_4 = \frac{3}{11}$$

与例 8 相比,两者都是直线上带完全反射壁的随机游动,但是例 8
中马尔科夫链没有遍历性,而此链具有遍历性。这是由此链允许质
点保持原位置(概率为 r)所引起的。

§3 时间连续状态离散的马尔科夫过程

一、定义、转移概率函数

设离散状态空间为 $E = \{0,1,2,\cdots,N\}$ 或 $E = \{0,1,2,\cdots\}$。当然,根据实际需要,具有无限多个状态的离散状态空间有时亦可取为 $E = \{1,2,\cdots\}$ 或 $E = \{\cdots,-2,-1,0,1,2,\cdots\}$,有限多个状态的空间有时取为 $E = \{1,2,\cdots,N\}$。

定义 设时间连续状态离散的随机过程 $\{X(t),t \in [0,\infty)\}$ 的状态空间为 E,若对于任意整数 $m(m \geqslant 2)$,任意 m 个时刻 $t_1,t_2,\cdots,t_m(0 \leqslant t_1 < t_2 < \cdots < t_m)$,任意正数 s 以及任意 $i_1,i_2,\cdots,i_m$,$j \in E$,满足

$$P\{X(t_m+s) = j \mid X(t_1) = i_1, X(t_2) = i_2, \cdots, X(t_m) = i_m\}$$
$$= P\{X(t_m+s) = j \mid X(t_m) = i_m\} \tag{3.1}$$

则称 $\{X(t),t \in [0,\infty)\}$ 为马尔科夫过程。

在(3.1)式中,如果 t_m 表示现在时刻,$t_1,t_2,\cdots,t_{m-1}$ 表示过去时刻,t_m+s 表示将来时刻,那么此式表明过程在将来 t_m+s 时刻的状态,仅依赖现在 t_m 时刻所处的状态,而与过去时刻 $t_1,t_2,\cdots,t_{m-1}$ 过程的状态无关。(3.1)式给出了无后效性的表达式。

(3.1)式中右边条件概率的形式为

$$P\{X(t+s) = j \mid X(t) = i\},\ t \geqslant 0, s > 0$$

称之为马尔科夫过程在 t 时刻经 s 时间的**转移概率函数**,记为 $p_{ij}(t,t+s)$。转移概率函数表示已知 t 时刻处于状态 i,t 经 s 时间后变成处于状态 j 的概率。

转移概率函数 $p_{ij}(t,t+s)$ 不依赖于 t 的马尔科夫过程,称为**时齐马尔科夫过程**。这种马尔科夫过程的状态转移概率函数,仅与转移出发的状态 i、转移所经过的时间 s、转移到达的状态 j 有关,而与转移开始的时刻 t 无关。此时,转移概率函数可记为 $p_{ij}(s)$,即

$$p_{ij}(s) = p_{ij}(t,t+s) = P\{X(t+s) = j \mid X(t) = i\}$$

$$t \geqslant 0, s > 0 \tag{3.2}$$

下面我们只讨论时齐马尔科夫过程。为方便起见把"时齐"二字省略。

根据条件概率性质,转移概率函数具有下列两条性质:

(1) $0 \leqslant p_{ij}(s) \leqslant 1$, $i, j = 1, 2, \cdots$(有限多个或无限多个);

(2) $\sum_j p_{ij}(s) = 1$, $i = 1, 2, \cdots$。

通常,我们规定

$$p_{ij}(0) = \delta_{ij} = \begin{cases} 1, & i = j \\ 0, & i \neq j \end{cases} \tag{3.3}$$

转移概率函数之间具有下列关系式:对 $s > 0, t > 0$,

$$p_{ij}(s+t) = \sum_r p_{ir}(s) p_{rj}(t), \quad i, j = 0, 1, 2, \cdots$$

此式称为**切普曼－柯尔莫哥洛夫(Chapman - Kolmogorov)方程**。这个方程式的直观意义是:由 i 状态出发经 $s+t$ 时间到达 j 状态,必须先经 s 时间到达任意 r 状态,然后再经 t 时间由 r 状态转移到 j 状态。此方程的证明方法类似于马尔科夫链中切普曼-柯尔莫哥洛夫方程的证明方法,只要把那里的 m, k, l 分别换成 t_m, s, t 即可。

马尔科夫过程在初始时刻(即零时刻)取各状态的概率分布

$$p_i^{(0)} = P\{X(0) = i\}, \quad i = 0, 1, 2, \cdots \tag{3.5}$$

称为它的**初始(概率)分布**。显然有

$$p_i^{(0)} \geqslant 0 \ (i = 0, 1, 2, \cdots), \quad \sum_i p_i^{(0)} = 1 \tag{3.6}$$

特别地,当马尔科夫过程在零时刻由固定的 i_0 状态出发,此时 $p_i^{(0)} = 1, p_j^{(0)} = 0 \ (j \neq i_0)$。

马尔科夫过程在 $t(t \geqslant 0)$ 时刻取各状态的概率分布

$$p_i(t) = P\{X(t) = i\}, \quad i = 0, 1, 2, \cdots \tag{3.7}$$

称在 t 时刻的**绝对概率分布**。显然有

$$p_i(t) \geqslant 0 \ (i = 0, 1, 2, \cdots), \quad \sum_i p_i(t) = 1 \tag{3.8}$$

利用全概率公式可以得到

$$p_j(t) = \sum_i p_i^{(0)} p_{ij}(t), \; j = 0,1,2,\cdots \tag{3.9}$$

此式表明绝对概率完全被初始概率分布和转移概率函数所确定。

在马尔科夫链中，n 步转移概率可以由一步转移概率算得，而一步转移概率可用直观方法求得。在马尔科夫过程中，转移概率函数 $p_{ij}(t)$ 可以通过解微分方程获得。为此首先需要导出转移概率函数所满足的微分方程组。

二、柯尔莫哥洛夫向前和向后方程

设 $\{X(t), t \in [0,\infty)\}$ 是状态有限（即具有有限多个状态）的马尔科夫过程，$E = \{0,1,2,\cdots,N\}$。

定义　设状态有限的马尔科夫过程 $X(t)$ 的转移概率函数为 $p_{ij}(t)$。若

$$\lim_{t \to 0_+} p_{ij}(t) = \delta_{ij} = \begin{cases} 1, & i = j \\ 0, & i \neq j \end{cases} \tag{3.10}$$

成立，则称此过程为**随机连续马尔科夫过程**。

(3.10)式表示：当 t 很小，过程由状态 i 转移到 i 的概率接近于 1，而转移到状态 $j (\neq i)$ 的概率接近于零；亦即经过很短时间系统的状态几乎是不变的。显然，用(3.10)式定义马尔科夫过程的连续性是合理的。

在马尔科夫过程理论中，由条件(3.10)可以证明极限

$$\lim_{t \to 0_+} \frac{p_{ij}(t) - \delta_{ij}}{t} = q_{ij}, \; i,j = 0,1,2,\cdots,N \tag{3.11}$$

存在且有限。由(3.3)式与导数的定义可得

$$q_{ij} = p'(0_+)$$

这里的 q_{ij} 称为马尔科夫过程的**速率函数**。它刻画马尔科夫过程的转移概率函数在零时刻对时间的变化率。

矩阵

$$Q = \begin{bmatrix} q_{00} & q_{01} & q_{02} & \cdots & q_{0N} \\ q_{10} & q_{11} & q_{12} & \cdots & q_{1N} \\ \vdots & \vdots & \vdots & & \vdots \\ q_{N0} & q_{N1} & q_{N2} & \cdots & q_{NN} \end{bmatrix}$$

称为马尔科夫过程的**速率矩阵**,简称 Q 矩阵。

速率函数具有下列性质:

(1) $q_{ii} \leqslant 0$, $i = 0,1,2,\cdots,N$;

(2) $q_{ij} \geqslant 0$, $i \neq j$, $i,j = 0,1,2,\cdots,N$;

(3) $\sum_{j=0}^{n} q_{ij} = 0$, $i = 0,1,2,\cdots,N$。

事实上,性质(1)、(2) 根据 q_{ij} 的定义容易得到,性质(3) 的证明为

$$\sum_{j=0}^{N} q_{ij} = \sum_{j=0}^{N} \lim_{t \to 0_+} \frac{p_{ij}(t) - \delta_{ij}}{t} = \lim_{t \to 0_+} \frac{\sum_{j=0}^{N} p_{ij}(t) - \sum_{j=0}^{N} \delta_{ij}}{t}$$
$$= 0$$

下面介绍 $p_{ij}(t)$ 满足的微分方程组。

定理1　设随机连续状态有限马尔科夫过程的转移概率函数为 $p_{ij}(t)$,速率函数为 q_{ij},则有

$$\frac{\mathrm{d}p_{ij}(t)}{\mathrm{d}t} = \sum_{k=0}^{N} p_{ik}(t)q_{kj}, \ i,j = 0,1,2,\cdots \quad (3.12)$$

和

$$\frac{\mathrm{d}p_{ij}(t)}{\mathrm{d}t} = \sum_{k=0}^{N} q_{ik}p_{kj}(t), \ i,j = 0,1,2,\cdots \quad (3.13)$$

其中(3.12) 式称为**柯尔莫哥洛夫(Kolmogrov) 向前方程**,(3.13) 式称为**哥尔莫哥洛夫向后方程**。

　　证　先推导(3.12) 式。利用(3.4) 式,

$$\frac{p_{ij}(t+\Delta t) - p_{ij}(t)}{\Delta t} = \frac{\sum_{k=0}^{N} p_{ik}(t)p_{kj}(\Delta t) - p_{ij}(t)}{\Delta t}$$

$$= \frac{\sum_{k=0}^{N} p_{ik}(t) p_{kj}(\Delta t) - \sum_{k=0}^{N} p_{ik}(t)\delta_{kj}}{\Delta t}$$

$$= \sum_{k=0}^{N} p_{ik}(t) \frac{p_{kj}(\Delta t) - \delta_{kj}}{\Delta t}$$

让 $\Delta t \to 0$，得

$$\frac{\mathrm{d}p_{ij}(t)}{\mathrm{d}t} = \sum_{k=0}^{N} p_{ik}(t) q_{kj}$$

这就是(3.12)式。

再推导(3.13)式。利用(3.4)式，

$$\frac{p_{ij}(t+\Delta t) - p_{ij}(t)}{\Delta t} = \frac{\sum_{k=0}^{N} p_{ik}(\Delta t) p_{kj}(t) - p_{ij}(t)}{\Delta t}$$

$$= \frac{\sum_{k=0}^{N} p_{ik}(\Delta t) p_{kj}(t) - \sum_{k=0}^{N} \delta_{ik} p_{kj}(t)}{\Delta t}$$

$$= \sum_{k=0}^{N} \frac{p_{ik}(\Delta t) - \delta_{ik}}{\Delta t} p_{kj}(t)$$

让 $\Delta t \to 0$，得

$$\frac{\mathrm{d}p_{ij}(t)}{\mathrm{d}t} = \sum_{k=0}^{N} q_{ik} p_{kj}$$

证毕。

柯尔莫哥洛夫向前和向后方程都是关于 $p_{ij}(t)$ 的线性微分方程组，各包含 $(N+1)^2$ 个方程。如果 q_{ij} 已知(通常可以根据过程的统计性质确定)，附加上初始条件 $p_{ij}(0) = \delta_{ij}$，就可以解出 $p_{ij}(t)$，$i, j = 0, 1, 2, \cdots, N$。

需要指出，对于状态无限(即具有无限多个状态)的马尔科夫过程，类似地进行上面的讨论，亦能够获得柯尔莫哥洛夫向前和向后方程。设状态空间为 $E = \{0, 1, 2, \cdots\}$，这时的柯尔莫哥洛夫向前和向后的方程，只需把(3.12)和(3.13)式中的 N 改为 ∞ 即可。

例1　电话交换站在时间 $[0,t]$ 内来到的呼唤数记为 $X(t)$。假定：(1) 在时间 $(a,a+t]$ 内来到的呼唤数 $X(a+t)-X(a)$ 的概率分布与 a 无关，其中 $a \geqslant 0$；(2) 在互不相交的时间区间内来到的呼唤数是相互独立的；(3) 在间隔长为 Δt 时间内来到多于 1 次呼唤的概率为 $o(\Delta t)$，这里 $o(\ )$ 表示高阶无穷小。显然，$X(0)=0$。由 §1 例 3 分析知 $X(t)$ 是马尔科夫过程。求此过程的转移概率函数。

解　首先说明此马尔科夫过程是时齐的。事实上，当 $j \geqslant i$，

$$P\{X(a+t)=j \mid X(a)=i\}$$

$$= \frac{P\{X(a)=i, X(a+t)=j\}}{P\{X(a)=i\}}$$

$$= \frac{P\{X(a)=i, X(a+t)-X(a)=j-i\}}{P\{X(a)=i\}}$$

$$\underline{\underline{\text{由假定(2)}}} \frac{P\{X(a)=i\}P\{X(a+t)-X(a)=j-i\}}{P\{X(a)=i\}}$$

$$= P\{X(a+t)-X(a)=j-i\}$$

由假定(1)，转移概率函数与 a 无关。

计算 q_{ij}。

$$p_{ij}(\Delta t) = P\{X(t+\Delta t)=j \mid X(t)=i\}$$

$$= P\{X(t+\Delta t)=j, X(t)=i \mid X(t)=i\}$$

$$= P\{\text{在}(t,t+\Delta t]\text{内来到}j-i\text{次呼唤} \mid X(t)=i\}$$

$$\underline{\underline{\text{由假定(2)}}} P\{\text{在}(t,t+\Delta t]\text{内来到}j-i\text{次呼唤}\}$$

$$\underline{\underline{\text{由假定(3)}}} \begin{cases} \lambda\Delta t + o(\Delta t), & j=i+1 \\ 1-\lambda\Delta t + o(\Delta t), & j=i \\ o(\Delta t), & j>i+1 \\ 0, & j<i \end{cases}$$

由 (3.11) 式，

$$q_{ij} = \lim_{\Delta t \to 0} \frac{p_{ij}(\Delta t) - \delta_{ij}}{\Delta t} = \begin{cases} \lambda, & j=i+1 \\ -\lambda, & j=i \\ 0, & j<i \text{ 或 } j>i+1 \end{cases}$$

代入(3.12)式,并取 $i = 0$,得

$$\begin{cases} \dfrac{\mathrm{d}p_{0j}(t)}{\mathrm{d}t} = \lambda p_{0,j-1}(t) - \lambda p_{0j}(t),\ j = 1,2,\cdots & (3.14) \\[2mm] \dfrac{\mathrm{d}p_{00}(t)}{\mathrm{d}t} = -\lambda p_{00}(t) & (3.15) \end{cases}$$

此方程组满足初始条件 $p_{0j}(0) = \delta_{oj}$ 的解为

$$p_{oj}(t) = \frac{(\lambda t)j}{j!}\mathrm{e}^{-\lambda t},\ j = 0,1,2,\cdots \qquad (3.16)$$

读者可用数学归纳法自己证明。

一般地,(3.12)式为

$$\begin{cases} \dfrac{\mathrm{d}p_{ij}(t)}{\mathrm{d}t} = \lambda p_{i,j-1}(t) - \lambda p_{ij}(t),\ j = i+1, i+2,\cdots \\[2mm] \dfrac{\mathrm{d}p_{ii}(t)}{\mathrm{d}t} = -\lambda p_{ii}(t) \end{cases}$$

此方程组满足初始条件 $p_{ij}(0) = \delta_{ij}$ 的解为

$$p_{ij}(t) = \frac{(\lambda t)j - i}{(j-i)!}\mathrm{e}^{-\lambda t},\ j = i, i+1,\cdots \qquad (3.17)$$

计算结果表明在时间间隔 t 内来到的呼唤次数服从参数为 λt 的泊松分布。此过程称为**泊松方程**。这个例子亦给出泊松过程的构造方法。

在讨论下面两个例子之前,先介绍负指数分布的无记忆性。**无记忆性**的直观解释为:假定某件产品的寿命 X 服从参数 λ 的负指数分布。用过一段时间 a 后,它的剩余寿命仍然服从参数 λ 的负指数分布,而与已经使用过的时间 a 无关。下面证明这一事实。

当 $x \geqslant 0$,负指数分布的分布函数为

$$F(x) = \int_0^x \lambda \mathrm{e}^{-\lambda x}\,\mathrm{d}x = 1 - \mathrm{e}^{-\lambda x}$$

所以

$$P\{X > x\} = \mathrm{e}^{-\lambda x}$$

当 $x > 0, a > 0$ 时,剩余寿命 $X - a$ 的分布为

$$P\{X-a > x \mid x > a\} = \frac{P\{X > a, X > a+x\}}{P\{X > a\}}$$

$$= \frac{P\{X > a+x\}}{P\{X > a\}} = \frac{\mathrm{e}^{-\lambda(a+x)}}{\mathrm{e}^{-\lambda x}} = \mathrm{e}^{-\lambda x}$$

故

$$P\{X-a \leqslant x \mid X > a\} = 1 - \mathrm{e}^{-\lambda x}$$

此式表明剩余寿命仍然服从参数 λ 的负指数分布。

例 2 考察一台机器的运转情况。如果机器正在运转,则认为处于状态 1;如果机器正在修理,则认为处于状态 0。为这台机器配备一个修理工。机器运转一段时间后遇到故障需要修理,经过一段时间修理,当机器修复后又进行运转。假定机器从一次起动直到需要修理的运转期是随机的,服从参数 μ 的负指数分布,其概率密度为 $\mu \mathrm{e}^{-\mu t}, t \geqslant 0$;而修理工修理一次,排除故障修复机器所需时间亦是随机的,服从参数 λ 的负指数分布。假定机器各次运转期相互独立,各次修复时间也相互独立,且各次运转期和修复时间之间相互独立。记 $X(t)$ 为在 t 时刻机器所处状态。由于 t 时刻以后机器的状况,仅与在 t 时刻的状态以及 t 时刻后剩余运转时间或剩余修复时间有关。利用负指数分布的无记忆性,所以 $X(t)$ 是马尔科夫过程。试求此马尔科夫过程的转移概率函数。

解 为了列出柯尔莫哥洛夫方程,先确定 q_{ij}。当 Δt 很小时,如果机器在 t 时刻处于修理状态,而在 $t+\Delta t$ 时刻转变为运转状态,那么只要求在 $(t, t+\Delta t)$ 时间内机器修复,此时,

$$p_{01}(\Delta t) = \int_0^{\Delta t} \lambda \mathrm{e}^{-\lambda t}\mathrm{d}t = 1 - \mathrm{e}^{-\lambda \Delta t} = \lambda \Delta t + o(\Delta t)$$

故有

$$q_{01} = \lim_{\Delta t \to 0} \frac{p_{01}(\Delta t)}{\Delta t} = \lambda$$

同样可得

$$p_{10}(\Delta t) = \mu \Delta t + o(\Delta t)$$

故有

$$q_{10} = \mu$$

利用速率函数的性质(3)可得

$$q_{00} = -\lambda, \quad q_{11} = -\mu$$

因而

$$Q = \begin{bmatrix} -\lambda & \lambda \\ \mu & -\mu \end{bmatrix}$$

柯尔莫哥洛夫向前方程是

$$\begin{cases} q'_{i0}(t) = -\lambda p_{i0}(t) + \mu p_{i1}(t) \\ p'_{i1}(t) = \lambda p_{i0}(t) - \mu p_{i1}(t), \quad i = 0,1 \end{cases}$$

由于 $p_{i0}(t) + p_{i1}(t) = 1$,因而 $p_{i1}(t) = 1 - p_{i0}(t)$,代入上面第一个方程得

$$p'_{i0}(t) + (\lambda + \mu) p_{i0}(t) = \mu$$

容易解得

$$p_{i0}(t) = \frac{\mu}{\lambda + \mu} + c \mathrm{e}^{-(\lambda+\mu)t}$$

利用初始条件 $p_{00}(0) = 1$ 和 $p_{10}(0) = 0$,可以确定常数 c。因而得

$$p_{00}(t) = \frac{\mu + \lambda \mathrm{e}^{-(\lambda+\mu)t}}{\lambda + \mu}$$

$$p_{10}(t) = \frac{\mu - \mu \mathrm{e}^{-(\lambda+\mu)t}}{\lambda + \mu}$$

再利用 $p_{i1}(t) = 1 - p_{i0}(t)$ 代入上面第二个柯尔莫哥洛夫方程,得

$$p_{01}(t) = \frac{\lambda - \lambda \mathrm{e}^{-(\lambda+\mu)t}}{\lambda + \mu},$$

$$p_{11}(t) = \frac{\lambda + \mu \mathrm{e}^{-(\lambda+\mu)t}}{\lambda + \mu}。$$

例3 考察一个服务窗口前顾客排队的情况。假定排队场地有限,最多可容纳 N 个人。设顾客的来到数是例1中的泊松过程。如果顾客到来时见服务窗口有空,那么立即接受服务;如果见到服务窗口前有人,但不超过 $N-1$ 个,那么他排到队上等待,等到前

面的顾客服务完毕,再接受服务;如果见到服务窗口前有 N 个人,那么他立刻离去,不再接受服务。假定各个顾客接受服务的时间长度都服从参数 μ 的负指数分布,且相互独立,又与顾客来到的情况独立。记 t 时刻队长(队上的顾客数)为 $X(t)$。它可能取的值为 0,$1,2,\cdots,N$。由于 t 时刻以后队长的变化情况仅与在 t 时刻的队长有关,所以 $X(t)$ 是马尔科夫过程。这是因为 t 时刻以后顾客的来到情况与 t 以前无关,以及 t 时刻正在接受服务的顾客的剩余服务时间具有无记忆性所致。

为了列出柯尔莫哥洛夫方程,先确定 q_{ij}。一个在 t 时刻正在接受服务的顾客,在 $(t,t+\Delta t)$ 时间中结束服务,亦即其剩余服务时间 Y 小于 Δt,其概率为

$$P\{Y<\Delta t\}=1-\mathrm{e}^{-\mu\Delta t}=\mu\Delta t+o(\Delta t)$$

如果在 t 时刻队长为 $i(i\leqslant N-1)$,而在 $(t,t+\Delta t)$ 中来到一个顾客,正在接受服务的顾客还未服务完,那么在 $t+\Delta t$ 时刻有 $i+1$ 个顾客。因而,概率

$$\begin{aligned}p_{i,i+1}(\Delta t)&=[\lambda\Delta t+o(\Delta t)][1-\mu\Delta t-o(\Delta t)]\\&=\lambda\Delta t+o(\Delta t)\end{aligned}$$

故

$$q_{i,i+1}=\lim_{\Delta t\to 0}\frac{p_{i,i+1}(\Delta t)}{\Delta t}=\lambda$$

如果在 t 时刻队长为 $i(i\geqslant 1)$,而在 $(t,t+\Delta t)$ 中正在接受服务的顾客服务完毕,没有顾客来到,那么在 $t+\Delta t$ 时刻有 $i-1$ 个顾客。因而,概率

$$\begin{aligned}p_{i,i-1}(\Delta t)&=[\mu\Delta t+o(\Delta t)][1-\lambda\Delta t-o(\Delta t)]\\&=\mu\Delta t+o(\Delta t)\end{aligned}$$

故　　　　　$$q_{i,i-1}=\lim_{\Delta t\to 0}\frac{p_{i,i-1}(\Delta t)}{\Delta t}=\mu$$

如果在 t 时刻队长为 $i(1\leqslant i\leqslant N-1)$,而在 $(t,t+\Delta t)$ 中没有顾客来到,正在接受服务的顾客没有服务完,那么在 $t+\Delta t$ 时刻仍

有 i 个顾客。因而,概率

$$p_{ii}(\Delta t) = [1 - \lambda\Delta t - o(\Delta t)][1 - \mu\Delta t - o(\Delta t)]$$
$$= 1 - (\lambda + \mu)\Delta t + o(\Delta t)$$

故

$$q_{ii} = \lim_{\Delta t \to 0} \frac{p_{ii}(\Delta t) - 1}{\Delta t} = -(\lambda + \mu)$$

同理,因为

$$p_{NN}(\Delta t) = 1 - \mu\Delta t + o(\Delta t)$$
$$p_{00}(\Delta t) = 1 - \lambda\Delta t + o(\Delta t)$$

所以

$$q_{NN} = -\mu, \quad q_{00} = -\lambda$$

综合上面计算结果,并利用速率矩阵的性质,可得

$$Q = \begin{bmatrix} -\lambda & \lambda & 0 & \cdots & \cdots & \cdots & 0 \\ \mu & -(\lambda+\mu) & \lambda & \cdots & \cdots & \cdots & 0 \\ 0 & \mu & -(\lambda+\mu) & \cdots & \cdots & \cdots & 0 \\ \vdots & \vdots & \vdots & \cdots & \vdots & \vdots & \vdots \\ 0 & 0 & 0 & \cdots & \mu & -(\lambda+\mu) & \lambda \\ 0 & 0 & 0 & \cdots & \cdots & \mu & -\mu \end{bmatrix}$$

因此,柯尔莫哥洛夫向前方程为

$$\begin{cases} p'_{i0}(t) = -\lambda p_{i0}(t) + \mu p_{i1}(t) \\ p'_{ij}(t) = -(\lambda+\mu)p_{ij}(t) + \lambda p_{i,j-1}(t) + \mu p_{i,j+1}(t), \\ \qquad\qquad\qquad 1 \leqslant i \leqslant N-1 \\ p'_{iN}(t) = \lambda p_{i,N-1}(t) - \mu p_{i,N}(t) \end{cases} \quad (3.18)$$

求这个微分方程组的解比较复杂,这里不做介绍。

三、遍历性

马尔科夫过程的遍历性与马尔科夫链的遍历性相类似。这里有时需要区分有限状态空间和无限状态空间。设有限状态空间 $E = \{0,1,2,\cdots,N\}$,无限状态空间 $E = \{0,1,2,\cdots\}$。

定义 若马尔科夫过程的转移概率的极限

$$\lim_{t \to \infty} p_{ij}(t) = p_i, \quad i,j \in E$$

存在,且与 i 无关,则称此马尔科夫过程具有**遍历性**。

对状态有限的马尔科尔过程,显然有

$$p_j \geqslant 0 \ (j = 0,1,2,\cdots,N), \quad \sum_{j=0}^{N} p_j = 1$$

通常称 $\{p_j, j = 0,1,2,\cdots,N\}$ 为**转移概率函数的极限分布**。

对状态无限的马尔科夫过程,有

$$p_j \geqslant 0 \ (j = 0,1,2,\cdots), \quad \sum_{j=0}^{\infty} p_j \leqslant 1$$

如果 $\{p_j, j = 0,1,2,\cdots\}$ 满足 $\sum_{j=0}^{\infty} p_j = 1$,则称它是转移概率函数的极限分布。

当马尔科夫过程具有遍历性时,考察绝对概率 $p_j(t)$ $(t \to \infty)$ 的极限。利用(3.9)式,绝对概率的极限为

$$\lim_{t \to \infty} p_j(t) = \lim_{t \to \infty} \sum_i p_i^{(0)} p_{ij}(t) = \sum_i p_i^{(0)} \lim_{t \to \infty} p_{ij}(t)^{①}$$

$$= \sum_i p_i^{(0)} p_j = p_j$$

结果表明此极限与转移概率函数的极限相同。

下面给出状态有限的马尔科夫过程具有遍历性的一个充分条件。

定理 2　对状态有限的马尔科夫过程,如果存在 $t_0 > 0$,使

$$p_{ij}(t_0) > 0, \quad i,j = 0,1,2,\cdots 0,N$$

则此过程是遍历性的。

此定理的证明较长,因而省略。

例 4　讨论例 3 中马尔科夫过程的遍历性。直观上看,从队长为 i 出发经过时间 t 后转变成队长为 j 总是可能的,即对所有的

---

①　当状态有限时,和式为 $\sum_{i=0}^{N}$,这一等号显然成立;当状态无限时,等号成立要用"一致收敛性"。

$p_{ij}(t) > 0$。利用上面定理,可知极限分布

$$\lim_{t\to\infty} p_{ij}(t) = p_j, \quad j = 0,1,2,\cdots,N$$

存在。下面求此极限分布。

在方程组(3.18)式两边让 $t \to \infty$,由于 $p_{ij}(t)$ 极限存在,可以证明 $\lim_{t\to\infty} p'_{ij}(t) = 0$[①],因而

$$\begin{cases} 0 = -\lambda p_0 + \mu p_1 \\ 0 = -(\lambda+\mu)p_j + \lambda p_{j-1} + \mu p_{j+1}, \quad 1 \leqslant i \leqslant N-1 \\ 0 = \lambda p_{N-1} - \mu p_N \end{cases}$$

令 $u_i = -\lambda p_{i-1} + \mu p_i$, $i = 1,2,\cdots,N$。上式变为

$$\begin{cases} u_1 = 0 \\ u_j = u_{j+1}, \quad 1 \leqslant j \leqslant N-1 \\ u_N = 0 \end{cases}$$

从而得

$$u_j = -\lambda p_{j-1} + \mu p_j = 0$$

即

$$p_j = \left(\frac{\lambda}{\mu}\right)p_{j-1} = \cdots = \left(\frac{\lambda}{\mu}\right)^j p_0, \quad 1 \leqslant j \leqslant N$$

利用 $\sum_{j=0}^{N} p_j = 1$,即

$$\sum_{j=0}^{N} p_j = \frac{1 - \left(\frac{\lambda}{\mu}\right)^{N+1}}{1 - \frac{\lambda}{\mu}} p_0 = 1$$

---

① 利用(3.18)式,可得极限 $\lim_{t\to\infty} p'_{ij}(t)$ 必定存在。用反证法,如果 $\lim_{t\to\infty} p'_{ij}(t) = a > 0$。任给 $\varepsilon > 0$(取 $\varepsilon < a$,且固定),总可找到 t_0,当 $t \geqslant t_0$ 时,$p'_{ij}(t) > a - \varepsilon > 0$。由牛顿-莱布尼兹公式,$p_{ij}(t) = p_{ij}(t_0) + \int_{t_0}^{t} p'_{ij}(t)\mathrm{d}t > p_{ij}(t_0) + (a-\varepsilon)(t-t_0)$。当 $t \to \infty$ 时,$p_{ij}(t) \to \infty$。则与 $\lim_{t\to\infty} p_{ij}(t) \leqslant 1$ 矛盾。同样可证 $\lim_{t\to\infty} p'_{ij}(t) = a < 0$ 不能成立。于是,$\lim_{t\to\infty} p'_{ij}(t) = 0$。

可得

$$p_0 = \frac{1 - \dfrac{\lambda}{\mu}}{1 - \left(\dfrac{\lambda}{\mu}\right)^{N+1}}$$

因而

$$p_j = \frac{1 - \dfrac{\lambda}{\mu}}{1 - \left(\dfrac{\lambda}{\mu}\right)^{N+1}} \left(\frac{\lambda}{\mu}\right)^{j}, \quad 0 \leqslant j \leqslant N$$

这就是要求的极限分布。

四、独立增量过程

下面介绍独立增量过程的定义以及它与马尔科夫过程的关系。

定义　如果随机过程 $\{X(t), t \in [0, \infty)\}$ 满足下列两个条件:

(1) $X(0) = 0$;

(2) 对于任意整数 $m(m \geqslant 3)$ 和任意 m 个时刻 $t_1, t_2, \cdots, t_m$ $(0 \leqslant t_1 < t_2 < \cdots < t_m)$,有 $X(t_2) - X(t_1), X(t_3) - X(t_2), \cdots,$ $X(t_m) - X(t_{m-1})$ 是 $m-1$ 个相互独立的随机变量,那么称 $X(t)$ 是独立增量过程[①]。如果独立增量过程的每一增量 $X(a+s) - X(a)$ 的概率分布与 a 无关,那么称为**平稳独立增量过程**。

在上面定义中取 $t_1 = 0$,对独立增量过程有

$$X(t_2), X(t_3 - t_2), \cdots, X(t_m) - X(t_{m-1})$$

相互独立。

需要指出,这个定义并不要求随机过程的状态空间是离散的。

在本节关于电话交换站的例 1 中,$X(t)$ 显然是平稳独立增量过程。

---

① 有些书用条件(2)定义独立增量过程,见参考书〔14〕第 133 页。

定理 3　若 $\{X(t), t \in [0, \infty)\}$ 是状态离散的平稳独立增量过程，则它是时齐马尔科夫过程。

证　利用条件概率的定义和定理的假定，

$$P\{X(t_m + s) = j \mid X(t_1) = i_1, X(t_2) = i_2, \cdots, X(t_m) = i_m\}$$

$$= \frac{P\{X(t_1) = i_1, X(t_2) = i_2, \cdots, X(t_m) = i_m, X(t_m + s) = j\}}{P\{X(t_1) = i_1, X(t_2) = i_2, \cdots, X(t_m) = i_m\}}$$

$$= \frac{P\{X(t_1) = i_1, X(t_2) - X(t_1) = i_2 - i_1, \cdots,}{P\{X(t_1) = i_1, X(t_2) - X(t_1) = i_2 - i_1, \cdots,}$$

$$\frac{X(t_m) - X(t_{m-1}) = i_m - i_{m-1}, X(t_m + s) - X(t_m) = j - i_m\}}{X(t_m) - X(i_{m-1}) = i_m - i_{m-1}\}}$$

$$= \frac{P\{X(t_1) = i_1\} P\{X(t_2) - X(t_1) = i_2 - i_1\} \cdots P\{X(t_m)}{P\{X(t_1) = i_1\} P\{X(t_2) - X(t_1) = i_2 - i_1\} \cdots}$$

$$\frac{- X(t_{m-1}) = i_m - i_{m-1}\} P\{X(t_m + s) - X(t_m) = j - i_m\}}{P\{X(t_m) - X(t_{m-1}) = i_m - i_{m-1}}$$

$$= P\{X(t_m + s) - X(t_m) = j - i_m\}$$

$$= \frac{P\{X(t_m + s) - X(t_m) = j - i_m\} P\{X(t_m) = i_m\}}{P\{X(t_m) = i_m\}}$$

$$= \frac{P\{X(t_m + s) - X(t_m) = j - i_m, X(t_m) = i_m\}}{P\{X(t_m) = i_m\}}$$

$$= \frac{P\{X(t_m) = i_m, X(t_m + s) = j\}}{P\{X(t_m) = i_m\}}$$

$$= P\{X(t_m + s) = j \mid X(t_m) = i\}$$

因而 $X(t)$ 是马尔科夫过程。在推导过程中，有

$$P\{X(t_m + s) = j \mid X(t_m) = i\}$$
$$= P\{X(t_m + s) - X(t_m) = j - i_m\} \qquad (3.19)$$

再由独立增量过程的平稳性，可知转移概率函数与 t_m 无关，即马尔科夫过程是时齐的。

在本节关于电话交换站的例 1 中，亦可用此定理说明 $X(t)$ 是马尔科夫过程。

§4 泊松过程及其性质

泊松过程是工程技术中较多见的马尔科夫过程。例如,在电子管中热阴极射向阳极随时间变化的总电子数,放射性物质放射出的随时间变化的总 α 粒子数,服务系统来到的随时间变化的总顾客数等都是泊松过程。又如上节例1或电话交换站来到的随时间变化的呼唤总数亦是泊松过程。泊松过程有两种定义方法,介绍如下:

定义 1 设随机过程$\{X(t), t \in [0, \infty)\}$的无限状态空间是$E = \{0, 1, 2, \cdots\}$。若满足下列两个条件:

(1) $X(t)$ 是平稳独立增量过程;

(2) 对任意$a, t \geqslant 0$,每一增量$X(a+t) - X(a)$非负,且服从参数为 λt 的泊松分布,即有

$$P\{X(a+t) - X(a) = k\} = \frac{(\lambda t)^k}{k!} e^{-\lambda t}, \ k = 0, 1, 2, \cdots$$

$$(4.1)$$

其中$\lambda > 0$,则称 $X(t)$ 是**具有参数 λ 的泊松(Poisson) 过程**。

定义 2 设随机过程$\{X(t), t \in [0, \infty)\}$的无限状态空间是$E = \{0, 1, 2, \cdots\}$。若满足下列两个条件:

(1) $X(t)$ 是平稳独立增量过程;

(2) 任意$a, t \geqslant 0$,增量$X(a+t) - X(a)$非负,且有

$$P\{X(t + \Delta t) - X(t) = 1\} = \lambda \Delta t + o(\Delta t) \qquad (4.2)$$

$$P\{X(t + \Delta t) - X(t) \geqslant 2\} = o(\Delta t) \qquad (4.3)$$

其中$\lambda > 0$,则称 $X(t)$ 是**具有参数 λ 的泊松(Poisson) 过程**。

这两种定义中的条件(1)是相同的,所不同的是条件(2)。前者给出增量的具体概率分布,后者给出在小时间间隔 Δt 内引起增量分布的极限性质。可以说,前者从宏观上给出增量的概率分布,后者从微观上给出增量的分布。泊松过程是独立增量过程,由上节

定理 3 可以判断它是马尔科夫过程,且 $X(0)=0$。

定理 1   定义 1 与定义 2 是等价的。

证   由定义 2 推出定义 1 成立,只要由(4.2)和(4.3)式导出(4.1)式即可。事实上,在上节的例 1 中已经进行了证明。

由定义 1 推出定义 2 成立。只要由(4.1)式导出(4.2)和(4.3)式即可。事实上,由(4.1)式可得

$$P\{X(t+\Delta t)-X(t)=1\}=\lambda\Delta t\,\mathrm{e}^{-\lambda\Delta t}=\lambda\Delta t+o(\Delta t)$$

和

$$P\{X(t+\Delta t)-X(t)\geqslant 2\}=\sum_{k=2}^{\infty}\frac{(\lambda\Delta t)^{k}}{k!}\mathrm{e}^{-\lambda t}$$

$$=(\lambda\Delta t)^{2}\sum_{k=2}^{\infty}\frac{(\lambda\Delta t)^{k-2}}{k!}\mathrm{e}^{-\lambda\Delta t}=o(\Delta t),\text{证毕}。$$

下面讨论另一种类型的随机过程——计数过程。然后,从计算过程的角度看泊松过程。

设 $X_1,X_2,X_3,\cdots$ 是相互独立的非负随机变量,且每一个随机变量服从参数 λ 的负指数分布,即 X_i 的分布密度为

$$f(x)=\begin{cases}\lambda\mathrm{e}^{-\lambda x}, & x\geqslant 0\\ 0, & x<0\end{cases}$$

其中 $\lambda>0$。如果从零时刻起算,X_1 理解为第一个"事件"的发生时刻,X_2 理解为第一个"事件"发生与第二个"事件"发生的相隔时间,X_3 理解为第二个"事件"发生与第三个"事件"发生的相隔时间,……。一般地,X_n 理解为第 $n-1$ 个"事件"发生与第 n 个"事件"发生的相隔时间,见图 4-3。令 $S_n=X_1+X_2+\cdots+X_n,n=1,2,\cdots$。它表示第 n 个"事件"发生的时刻。在 $[0,t]$ 时间内发生的事件数记为 $X(t)$,即

$$X(t)=\begin{cases}0, & \text{若 } X_1>t\\ n, & \text{若 } S_n\leqslant t,S_{n+1}>t\end{cases}$$

则称 $\{X(t),t\in[0,\infty)\}$ 为**具有负指数间隔的计数过程**。

计数过程 $X(t)$ 的状态空间为 $E=\{0,1,2,\cdots\}$,它是时间连续

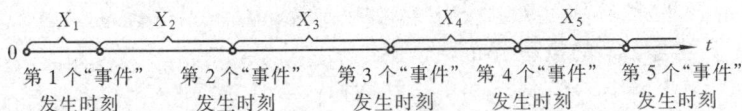

图 4 - 3

状态离散的随机过程。具有负指数间隔的计数过程和泊松过程之间有非常密切的关系。

考虑泊松过程 $\{X(t), t \in \infty\}$。它的样本轨道如图 4-4 所示。把每一个跳跃增加 1 的时刻看作"事件"发生时刻，如此以 X_1 表示第 1 个"事件"发生时刻，以 $X_n(n \geqslant 2)$ 表示第 $n-1$ 个"事件"与第 n 个"事件"发生时刻之间的间隔。于是，$X(t)$ 恰好表示在 $[0,t]$ 时间内发生的事件数，可以看作计数过程。

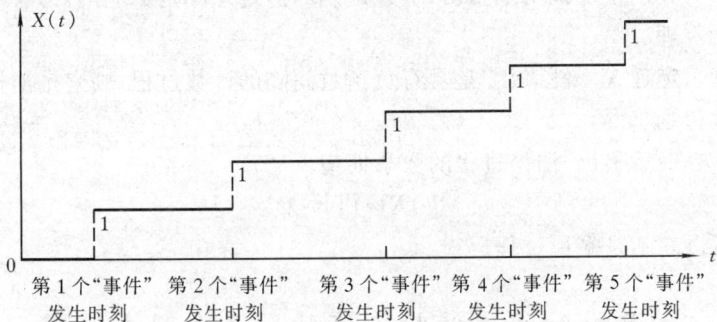

图 4 - 4

定理 2 泊松过程 $\{X(t), t \in [0,\infty)\}$ 是具有负指数间隔的计数过程。

证 只要证明上面的 $X_1, X_2, \cdots$ 是相互独立、具有相同概率分布的随机变量，且每个 X_i 都服从参数 λ 的负指数分布即可。

因为 $X(t)$ 是泊松过程，所以在 $(a, a+t]$ 时间内没有"事件"发生的概率为

$$P\{X(a+t)-X(a)=0\}=\mathrm{e}^{-\lambda t},\ t\geqslant 0,a\geqslant 0$$

考察 X_1 的概率分布，

$$P\{X_1>t\}=P\{X(t)=0\}=\mathrm{e}^{-\lambda t}$$

再看 X_2 对 X_1 的条件概率分布，

$$P\{X_2>t\mid X_1=s\}=P\{X_2>t,X_1=s\mid X_1=s\}$$
$$=P\{在(s,s+t]时间内没有"事件"发生\mid X_1=s\}$$
$$=P\{X(s+t)-X(s)=0\mid X_1=s\}$$

由于泊松过程是独立增量过程，故

$$P\{X_2>t\mid X_1=s\}=P\{X(s+t)-X(s)=0\}=\mathrm{e}^{-\lambda t}$$

因而 X_2 亦是参数 λ 的负指数分布，且与 X_1 独立。

运用同样的方法可证 X_n 服从参数 λ 的负指数分布，且与 X_1，X_2，$\cdots$，X_{n-1} 独立，于是定理得到证明。

我们不加证明地指出，上述定理的逆定理亦是成立的，即有下面定理。

定理3　设 $X(t)$ 是具有负指数间隔的计数过程，则它是泊松过程[①]。

最后指出，泊松过程的数学期望

$$E[X(t)]=\lambda t$$

所以它不是平稳过程。

§5　时间连续状态连续的马尔科夫过程，维纳过程

一、马尔科夫过程的定义，转移概率密度

本节讨论时间连续状态连续的马尔科夫过程 $\{X(t),t\geqslant 0\}$，设状态空间 $E=(-\infty,\infty)$。这种马尔科夫过程的定义要用到条件分布函数或条件分布密度。为此，先回忆一下概率论中的条件分

[①]　证明见参考书〔16〕第14页。

布。设随机矢量为 $(X_1, X_2, \cdots, X_n)^\tau$，作

$$F_{X_n}(x_n \mid X_1 = x_1, X_2 = x_2, \cdots, X_{n-1} = x_{n-1})$$

$$= \lim_{\substack{h_i \to 0_+ \\ i=1,2,\cdots,n-1}} P\{X_n \leqslant x_n \mid x_1 - h_1 < X_1 \leqslant x_1, \cdots, x_{n-1} - h_{n-1}$$

$$< X_{n-1} \leqslant x_{n-1}\}$$

$$= \lim_{\substack{h_i \to 0_+ \\ i=1,2,\cdots,n-1}}$$

$$\frac{P\{X_n \leqslant x_n, x_1 - h_1 < X_1 \leqslant x_1, \cdots, x_{n-1} - h_{n-1} < X_{n-1} \leqslant x_{n-1}\}}{P\{x_1 - h_1 < X_1 \leqslant x_1, \cdots, x_{n-1} - h_{n-1} < X_{n-1} \leqslant x_{n-1}\}}$$

$$(5.1)$$

称之为在 $X_1 = x_1, X_2 = x_2, \cdots, X_{n-1} = x_{n-1}$ 条件下 X_n 的条件分布函数。

若条件分布函数的导数

$$\frac{\mathrm{d}}{\mathrm{d}x_n} F_{X_n}(x_n \mid X_1 = x_1, X_2 = x_2, \cdots, X_{n-1} = x_{n-1})$$

$$= f_{X_n}(x_n \mid X_1 = x_1, X_2 = x_2, \cdots, X_{n-1} = x_{n-1}) \quad (5.2)$$

存在，则称此导数为在 $X_1 = x_1, X_2 = x_2, \cdots, X_{n-1} = x_{n-1}$ 条件下 X_n 的条件分布密度。

定义 设随机过程 $\{X(t), t \in [0, \infty)\}$ 的状态空间 $E = (-\infty, \infty)$。若对任意自然数 m，任意 m 个 $t_1, t_2, \cdots, t_m (0 \leqslant t_1 < t_2 < \cdots < t_m)$ 以及任意 $s > 0$，有 $X(t_m + s)$ 在条件 $X(t_i) = x_i, i = 1, 2, \cdots, m$ 下的条件分布函数等于 $X(t_m + s)$ 在条件 $X(t_m) = x_m$ 下的条件分布函数，即

$$F(x, t_m + s \mid x_1, t_1, x_2, t_2, \cdots, x_m, t_m) = F(x, t_m + s \mid x_m, t_m)$$

$$(5.3)$$

其中

$$F(x, t_m + s \mid x_1, t_1, x_2, t_2, \cdots, x_m, t_m)$$

$$= F_{X(t_m + s)}(x \mid X(t_1) = x_1, X(t_2) = x_2, \cdots, X(t_m) = x_m)$$

$$(5.4)$$

和

$$F(x,t_m + s \mid x_m, t_m) = F_{X(t_m+s)}(x \mid X(t_m) = x_m) \quad (5.5)$$

则称 $X(t)$ 是**马尔科夫过程**。

(5.3) 式表示过程的无后效性。需要指出,这种定义马尔科夫过程的方式,亦适用于定义马尔科夫链和时间连续状态离散的马尔科夫过程。

(5.5) 式给出的形式为

$$F(x,t \mid x',t') = F_{X(t)}(x \mid X(t') = x'), \ t' < t \quad (5.6)$$

此式称为马尔科夫过程 $X(t)$ 的**转移概率分布函数**。它刻画在 t' 时刻处于 x' 状态条件下,时间进到 t 时刻时过程状态的概率分布。

显然,转移分布函数具有下列性质:

(1) $0 \leqslant F(x,t \mid x',t') \leqslant 1$;

(2) $F(x,t \mid x',t')$ 对 x 非降;

(3) $F(x,t \mid x',t')$ 对 x 右连续;

(4) $\lim\limits_{x \to -\infty} F(x,t \mid x',t') = 0, \ \lim\limits_{x \to +\infty} F(x,t \mid x',t') = 1$。

通常规定

$$F(x,t;x',t) = \begin{cases} 1, & x' \leqslant x \\ 0, & x' > x \end{cases} \quad (5.7)$$

当 (5.6) 式中转移概率分布函数仅与时间间隔 $t - t'$ 有关,而与转移的起始时刻 t' 无关时,记作

$$F(x \mid x', t - t') = F(x,t \mid x',t') \quad (5.8)$$

或

$$F(x \mid x', \tau) = F(x,t' + \tau \mid x',t'), \ \tau > 0 \quad (5.9)$$

称 $X(t)$ 为**时齐马尔科夫过程**。

如果 (5.4) 和 (5.5) 式中条件分布函数对 x 的导数存在,记

$$f(x,t_m + s \mid x_1, t_1, x_2, t_2, \cdots, x_m, t_m)$$

$$= \frac{\mathrm{d}}{\mathrm{d}x} F(x,t_m + s \mid x_1, t_1, x_2, t_2, \cdots, x_m, t_m) \quad (5.10)$$

和

$$f(x,t_m + s \mid x_m, t_m) = \frac{\mathrm{d}}{\mathrm{d}x} F(x,t_m + s \mid x_m, t_m) \quad (5.11)$$

那么 $X(t)$ 是马尔科夫过程的充分必要条件是

$$f(x,t_m+s \mid x_1,t_1,x_2,t_2,\cdots,x_m,t_m) = f(x,t_m+s \mid x_m,t_m)$$

(5.12)

成立。这里 $f(x,t_m+s \mid x_m,t_m)$ 称为马尔科夫过程 $X(t)$ 的**转移(概率)分布密度**,即

$$f(x,t \mid x',t') = \frac{\mathrm{d}}{\mathrm{d}x}F(x,t \mid x',t'),\ t' < t \qquad (5.13)$$

刻画马尔科夫过程状态转移的概率规律。

通常规定

$$f(x,t \mid x',t) = \delta(x-x') \qquad (5.14)$$

其中 δ 表示单位脉冲函数。这是由于要求在 t 时刻具有概率分布 $P\{X(t) = x'\} = 1$。

当转移分布密度仅与转移的时间间隔有关,而与起始时刻无关时,记

$$f(x \mid x',\tau) = f(x,t'+\tau \mid x',t'),\ \tau > 0 \qquad (5.15)$$

此时马尔科夫过程是时齐的。

例如,函数

$$f(x \mid x',\tau) = \frac{1}{\sqrt{2\pi}\sqrt{\tau}\sigma}\mathrm{e}^{-\frac{(x-x')^2}{2\tau\sigma^2}},\ \sigma > 0,\tau > 0$$

可作为时齐马尔科夫过程的转移分布密度。

二、切普曼 —— 柯尔莫歌洛夫方程

定理 1　设 $\{X(t),t \in [0,\infty)\}$ 是马尔科夫过程,则对 $0 \leqslant t_1 < t_2 < t_3$ 有

$$f(x_3,t_3 \mid x_1,t_1) = \int_{-\infty}^{\infty} f(x_3,t_3 \mid x_2,t_2)f(x_2,t_2 \mid x_1,t_1)\mathrm{d}x_2$$

(5.16)

这个方程称为**切普曼-柯尔莫哥洛夫(Chapman - Kolmogrov)方程**。特别地,对时齐马尔科夫过程有

$$f(x_3 \mid s+\tau) = \int_{-\infty}^{\infty} f(x_3 \mid x_2,\tau)f(x_2 \mid x_1,s)\mathrm{d}x_2 \qquad (5.17)$$

(5.16) 和(5.17) 式给出了转移概率密度之间的关系。

证 利用公式

$$f_1(x_1) = \int_{-\infty}^{\infty} f(x_1, x_2) \mathrm{d}x_2$$

得

$$f(x_3, t_3 \mid x_1, t_1) = \int_{-\infty}^{\infty} f(x_3, t_3, x_2, t_2 \mid x_1, t_1) \mathrm{d}x_2 \qquad (5.18)$$

此式中

$$f(x_3, t_3, x_2, t_2 \mid x_1, t_1) = \frac{f(x_1, x_2, x_3; t_1, t_2, t_3)}{f(x_1; t_1)}$$

$$= \frac{f(x_1, x_2; t_1, t_2) f(x_3, t_3 \mid x_1, t_1, x_2, t_2)}{f(x_1; t_1)}$$

由无后效性知

$$f(x_3, t_3, x_2, t_2 \mid x_1, t_1) = \frac{f(x_1, x_2; t_1, t_2) f(x_3, t_3 \mid x_2, t_2)}{f(x_1; t_1)}$$

$$= f(x_2, t_2 \mid x_1, t_1) f(x_3, t_3 \mid x_2, t_2)$$

代入(5.18) 式,立即可得(5.16) 式。定理证毕。

对于时间连续状态连续的马尔科夫过程,它的转移概率分布函数或分布密度如何确定呢?有类特殊的马尔科夫过程 —— 扩散过程,它们分别满足两个偏微分方程,统称为柯尔莫哥洛夫方程,其一为向前方程,另一为向后方程。确定转移概率分布函数或分布密度只要解柯尔莫哥洛夫方程即可。限于篇幅,我们不做介绍。下面仅介绍一种特殊的马尔科夫过程 —— 维纳过程。

三、维纳过程和布朗运动

在§3 定理 3 中指出:状态离散的平稳独立增量过程是状态离散的时齐马尔科夫过程。这个结论对连续状态的随机过程亦是正确的。我们不加证明地给出如下定理。

定理 2 设$\{X(t), t \in [0, \infty)\}$是状态连续的平稳独立增量过程,而状态空间 $E = (-\infty, \infty)$,则它是时齐马尔科夫过程。

现在介绍维纳过程的定义。

定义 设随机过程 $\{X(t), t \in [0, \infty)\}$ 的状态空间是 $E = (-\infty, \infty)$。若满足

(1) $X(t)$ 是平稳独立增量过程；

(2) 每一增量 $X(t) - X(s)$ 服从均值为零和方差为 $\sigma^2 |t-s|$ 的正态分布，且 $\sigma > 0$；

则称它为**维纳(Wiener)过程**。

特殊地，σ 等于 1 的维纳过程称为标准维纳过程。

需要指出，维纳过程是平稳独立增量过程，根据独立增量过程的定义，维纳过程有 $X(0) = 0$。

维纳过程最早是在研究布朗运动时发现的。布朗运动在 §1 例 3 中已做过介绍，它是指花粉在水面上做随机不规则运动。不妨将水面上平面坐标系的原点取在花粉的起始位置。花粉在 t 时刻所处位置的横坐标和纵坐标分别用 $X(t), Y(t)$ 表示。这样，$X(t)$ 和 $Y(t)$ 分别是维纳过程。直观上看，$X(t)$(或 $Y(t)$)是符合维纳过程定义中的两个条件的。首先它在起始时刻位于原点；又在各个不相交时间间隔中花粉沿 x 方向的位移是互不影响、相互独立的；且在每一段时间间隔中沿 x 方向位移服从正态分布，由于左移与右移距离的概率分布是对称的，所以数学期望为零，而刻画位移分散程度的方差正比于时间间隔的长度。鉴于上述原因，维纳过程亦称为布朗运动。

由定义，维纳过程是平稳独立增量过程。利用上面定理 2，它是马尔科夫过程。类似于(3.19)式，转移概率分布密度等于在相应时刻上增量的分布密度。因此，维纳过程的转移分布密度为

$$f(y, t \mid x, s) = \frac{1}{\sqrt{2\pi}\, \sigma \sqrt{t-s}} \exp\left\{ -\frac{(y-x)^2}{2\sigma^2(t-s)} \right\}, \ t > s$$

$$(5.19)$$

定理 3 维纳过程是正态过程。

证 维纳过程 $X(t)$ 在 $t_1, t_2, \cdots, t_n (0 \leqslant t_1 < t_2 < \cdots < t_n)$ 时刻上的 n 维概率分布为 $(X(t_1), X(t_2), \cdots, X(t_n))^\tau$ 的 n 维分布。

然而

$$\begin{cases} X(t_1) = X(t_1) - X(0) \\ X(t_2) = [X(t_1) - X(0)] + [X(t_2) - X(t_1)] \\ X(t_3) = [X(t_1) - X(0)] + [X(t_2) - X(t_1)] \\ \qquad\quad + [X(t_3) - X(t_2)] \\ \qquad\qquad \vdots \\ X(t_n) = [X(t_1) - X(0)] + [X(t_2) - X(t_1)] \\ \qquad\quad + \cdots + [X(t_n) - X(t_{n-1})] \end{cases}$$

由 维 纳 过 程 定 义，$X(t_1) - X(0), X(t_2) - X(t_1), \cdots, X(t_n) - X(t_{n-1})$ 是相互独立的正态变量。利用附录中多维正态分布性质4，可得 $(X(t_1), X(t_2), \cdots, X(t_n))^{\tau}$ 服从 n 维正态分布。因此，$X(t)$ 是正态过程。

下面讨论维纳过程的数学期望和协方差函数。

定理 4　　维纳过程 $X(t)$ 的数学期望 $m_X(t) = 0$，协方差函数 $C_X(s,t) = \sigma^2 \min(s,t)$。

由此可见，协方差函数与 s、t 都有关，因此维纳过程不是平稳随机过程。

证　　先算数学期望，

$$m_X(t) = EX(t) = E[X(t) - X(0)] = 0$$

再算协方差函数，当 $s \leqslant t$,

$$\begin{aligned} C_X(s,t) &= E[X(s)X(t)] \\ &= E[X(s) - X(0)]\{[X(t) - X(s)] + [X(s) - X(0)]\} \\ &= E[X(s) - X(0)]^2 = \sigma^2 s \end{aligned}$$

同理，当 $s > t$,

$$C_X(s,t) = \sigma^2 t$$

综合得

$$C_X(s,t) = \sigma^2 \min(s,t)$$

下面讨论维纳过程的均方连续性和均方可微性。

定理 5　　维纳过程 $X(t)$ 在 $t > 0$ 均方连续，且不均方可导。

证 利用第一章 §5 中随机过程均方连续充要条件,由于

$$R_X(t_1, t_2) = C_X(t_1, t_2) = \sigma^2 \min(t_1, t_2)$$

$$= \begin{cases} \sigma^2 t_1, & t_1 \leqslant t_2 \\ \sigma^2 t_2, & t_1 > t_2 \end{cases}$$

在第一象限的分角线上连续,所以维纳过程均方连续。又第二章 §5 中随机过程 $X(t)$ 均方可导的充要条件是极限

$$\lim_{\substack{h \to 0 \\ h' \to 0}} \frac{R_X(t+h, t+h') - R_X(t+h, t) - R_X(t, t+h') + R_X(t,t)}{hh'}$$

(4.20)

存在且有限。对于维纳过程,在上式中取 $h > 0, h' > 0, h < h'$(见图 4-5),此极限为

$$\lim_{\substack{h \to 0 \\ h' \to 0}} \frac{(t+h) - t - t + t}{hh'} \sigma^2$$

$$= \lim_{\substack{h \to 0 \\ h' \to 0}} \frac{\sigma^2}{h'}$$

$$= \infty$$

因而,(4.20)式中极限不存在。故维纳过程不是均方可导的。定理证毕。

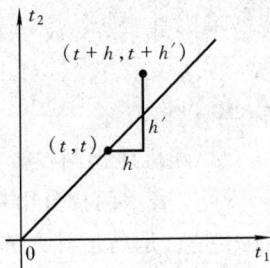

图 4-5

习　题

1. 将一颗骰子扔很多次。记 X_n 为第 n 次扔正面出现的点数,问 $\{X(n), n = 1, 2, \cdots\}$ 是马尔科夫链吗?如果是,试写出一步转移概率矩阵。又记 Y_n 为前 n 次扔正面出现点数的总和,问 $\{Y(n), n = 1, 2, \cdots\}$ 是马尔科夫链吗?如果是,试写出一步转移概率。

2. 一个质点在直线上做随机游动,一步向右的概率为 $p(0 < p < 1)$,一步向左的概率为 $q, q = 1 - p$。在 $x = 0$ 和 $x = a$ 处放置吸收壁。记 $X(n)$ 为第 n 步质点的位置,它的可能值是 $0, 1, 2, \cdots, a$。

试写出一步转移概率矩阵。

3. 做一列独立的贝努里试验,其中每一次出现"成功"的概率为 $p(0 < p < 1)$,出现"失败"的概率为 $q,q = 1 - p$。如果第 n 次试验出现"失败"认为 $X(n)$ 取数值零;如果第 n 次试验出现"成功",且接连着前面 k 次试验都出现"成功",而第 $n - k$ 次试验出现"失败",认为 $X(n)$ 取数值 k。问 $\{X(n),n = 1,2,\cdots\}$ 是马尔科夫链吗?试写出其一步转移概率。

4. 在一个罐子中放有 50 个红球和 50 个蓝球。每随机地取出一球后,再放一新球进去,新球为红球和蓝球的概率各为 $\frac{1}{2}$。第 n 次取出一球后,又放一新球进去,留下的红球数记为 $X(n)$。问 $\{X(n),n = 0,1,2,\cdots\}$ 是马尔科夫链吗?试写出一步转移概率矩阵(当 $n \geqslant 50$)。

5. 随机地扔两枚分币,每枚分币的面有"国徽"和"分值"之分。$X(n)$ 表示两枚分币扔 n 次后正面出现"国徽"的总个数。试问 $X(n)$ 是否是马尔科夫链?写出一步转移概率。

6. 扔一颗骰子,如果前 n 次扔出现点数的最大值为 j,就说 $X(n)$ 的值等于 j。试问 $\{X(n),n = 1,2,\cdots\}$ 是不是马尔科夫链?并写出一步概移概率矩阵。

7. 假定随机变量 X_0 的概率分布为

$$P\{X_0 = 1\} = p, \ P\{X_0 = -1\} = 1 - p, \ 0 < p < 1$$

对 $n = 0,1,2,\cdots$,定义

$$X(2n) = \begin{cases} X_0, & \text{当 } n \text{ 为偶数} \\ -X_0, & \text{当 } n \text{ 为奇数} \end{cases}$$

$$X(2n + 1) = 0$$

(1) 画出 $\{X(n),n = 0,1,2,\cdots\}$ 的所有样本函数;

(2) 说明 $\{X(n),n = 0,1,2,\cdots\}$ 不具有马尔科夫性(即无后效性)。

8. 将适当的数字填在下面空白处,使矩阵

$$P = \begin{bmatrix} & \frac{1}{3} & \frac{1}{3} & \frac{1}{3} \\ \frac{1}{10} & & \frac{1}{10} & \frac{1}{10} \\ & & & 1 \\ \frac{1}{4} & \frac{3}{4} & & \end{bmatrix}$$

是一步转移概率矩阵。

9. 设马尔科夫链的一步转移概率矩阵为

$$P = \begin{bmatrix} \frac{1}{2} & \frac{1}{3} & \frac{1}{6} \\ \frac{1}{3} & \frac{1}{3} & \frac{1}{3} \\ \frac{1}{3} & \frac{1}{2} & \frac{1}{6} \end{bmatrix}$$

试求二步转移概率矩阵。

10. 设马尔科夫链的一步转移概率矩阵为

$$P = \begin{bmatrix} p & q \\ q & p \end{bmatrix}$$

其中 $p > 0, q > 0, p + q = 1$。试求二步转移概率矩阵和三步转移概率矩阵，并用数学归纳法证明一般 n 步转移概率矩阵为

$$P = \frac{1}{2} \begin{bmatrix} 1 + (p-q)^n & 1 - (p-q)^n \\ 1 - (p-q)^n & 1 + (p-q)^n \end{bmatrix}$$

11. 设马尔科夫链具有状态空间 $E = \{1, 2, 3\}$，初始概率分布为

$$p_1^{(0)} = \frac{1}{4}, \quad p_2^{(0)} = \frac{1}{2}, \quad p_3^{(0)} = \frac{1}{4}$$

和一步转移概率矩阵

$$\boldsymbol{P} = \begin{bmatrix} \dfrac{1}{4} & \dfrac{3}{4} & 0 \\ \dfrac{1}{3} & \dfrac{1}{3} & \dfrac{1}{3} \\ 0 & \dfrac{1}{4} & \dfrac{3}{4} \end{bmatrix}$$

(1) 计算 $P\{X(0)=1,X(1)=2,X(2)=2\}$；

(2) 试证 $P\{X(1)=2,X(2)=2 \mid X(0)=1\} = p_{12}p_{22}$；

(3) 计算 $p_{12}(2)$。

12. 设马尔科夫链具有状态空间 $E=\{1,2\}$，初始概率分布为

$$p_1^{(0)}=a, \quad p_2^{(0)}=b, \quad a>0, b>0, a+b=1$$

和一步转移概率矩阵为

$$\boldsymbol{P} = \begin{bmatrix} \dfrac{2}{3} & \dfrac{1}{3} \\ \dfrac{1}{2} & \dfrac{1}{2} \end{bmatrix}$$

(1) 计算 $P\{X(0)=1,X(1)=2,X(2)=2\}$；

(2) 计算 $P\{X(n)=1,X(n+1)=2,X(n+2)=1\}, n=1,2,3$；

(3) 计算 $P\{X(n)=1,X(n+2)=2\}, n=1,2,3$；

(4) 计算 $P\{X(n+2)=2\}, n=1,2,3$；

(5) 在(1)到(4)中哪些依赖于 n，哪些不依赖于 n？

13. 在上题中，初始概率分布为

$$p_1^{(0)} = \frac{3}{5}, \quad p_2^{(0)} = \frac{2}{5}$$

试对 $n=1,2,3$ 计算其绝对概率分布 $p_1^{(n)}, p_2^{(n)}$。

14. 设马尔科夫链的一步转移概率矩阵为

$$\boldsymbol{P} = \begin{bmatrix} 1 & 0 & 0 & 0 & 0 \\ 0 & 1 & 0 & 0 & 0 \\ p & 0 & q & r & 0 \\ p & 0 & 0 & q & r \\ p & r & 0 & 0 & q \end{bmatrix}$$

其中 $p < 0, q > 0, r > 0$，且 $p + q + r = 1$，初始概率分布为

$$p_1^{(0)} = 0, \quad p_2^{(0)} = 0, \quad p_3^{(0)} = 1, \quad p_4^{(0)} = 0 \quad p_5^{(0)} = 0$$

试对 $n = 1, 2, 3$ 计算其绝对概率分布 $p_1^{(n)}, p_2^{(n)}, p_3^{(n)}, p_4^{(n)}, p_5^{(n)}$。

15. 在第 9 题的马尔科夫链中，转移概率的极限 $\lim\limits_{n\to\infty} p_{ij}(n)$ 是否存在，此链是否遍历？并求极限分布。

16. 在第 11 题的马尔科夫链中，转移概率的极限 $\lim\limits_{n\to\infty} p_{ij}(n)$ 是否存在，此链是否遍历？并求极限分布。

17. 在第 10 题的马尔科夫链中，取初始概率分布

$$p_1^{(0)} = \alpha, \quad p_2^{(0)} = \beta$$

其中 $\alpha \geqslant 0, \beta \geqslant 0, \alpha + \beta = 1$。

(1) 利用第 10 题的结果计算转移概率的极限 $\lim\limits_{n\to\infty} p_{ij}(n)$；

(2) 利用遍历性定理求转移概率的极限 $\lim\limits_{n\to\infty} p_{ij}(n)$；

(3) 计算第 n 时刻的绝对概率分布 $p_1^{(n)}, p_2^{(n)}$；

(4) 求绝对概率的极限分布 $\lim\limits_{n\to\infty} p_j^{(n)}$。

18. 在直线上的一维随机游动，一步向右和向左的概率分别为 p 和 q，而 $q = 1 - p, 0 < p < 1$。在 $x = 0$ 和 $x = a$ 处置完全反射壁。记 $X(n)$ 为第 n 步质点所处位置，它可能取的值为 $0, 1, 2, \cdots, a$。试写出此马尔科夫链的一步转移概率矩阵，并求它的平稳分布。

19. 假定某商店有一部电话。如果在时刻 t 电话正被使用，那么置 $X(t) = 1$，否则置 $X(t) = 0$。假定 $\{X(t), t \geqslant 0\}$ 具有转移概率矩阵

$$P(t) = \begin{bmatrix} \dfrac{1+7\mathrm{e}^{-st}}{8} & \dfrac{7-7\mathrm{e}^{-st}}{8} \\[3mm] \dfrac{1-\mathrm{e}^{-st}}{8} & \dfrac{7+\mathrm{e}^{-st}}{8} \end{bmatrix}$$

又假定初始分布为

$$p_0^{(0)} = \frac{1}{10}, \ p_1^{(0)} = \frac{9}{10}$$

（1）计算矩阵 $P(0)$；

（2）验证 $P(t)$ 的每一行元素之和等于 1；

（3）计算概率：$P\{X(0.2)=0\}, P\{X(0.2)=0 \mid X(0)=0\}$，$P\{X(0.1)=0, X(0.6)=1, X(1.1)=1 \mid X(0)=0\}, P\{X(1.1) = 0, X(0.6)=1, X(0.1)=0\}$；

（4）计算 t 时刻的绝对概率分布；

（5）计算 $P'(t)$，从而得到速率矩阵 Q；

（6）验算矩阵 Q 的每一行元素之和等于零。

20. 填写下列速率矩阵 Q 的空白元素。

$$Q = \begin{bmatrix} -5 & & 3 \\ & 6 & 6 \\ & & 0 \end{bmatrix}$$

21. 随机过程 $X(t)$ 表示在 $(0,t)$ 时间内某种事件发生的个数。设恰有一个事件在时间 $(t, t+\Delta t)$ 内发生的概率不依赖于 t 时刻前的性态，且等于 $a\mathrm{e}^{-t/b}\Delta t + o(\Delta t)$，其中 $a>0, b>0$；而多于一个事件发生的概率为 $o(\Delta t)$。假定两个互不相交时间区间内各发生的事件数相互独立。试证在时间 (u, v) 内没有事件发生的概率是

$$\exp\{-ab(\mathrm{e}^{-\frac{u}{b}} - \mathrm{e}^{-\frac{v}{b}})\}。$$

［提示：先导出转移概率函数 $p_{00}(t)$ 所满足的微分方程，再求解得 $p_{00}(t)$，所求概率为 $p_{00}(v)/p_{00}(u)$。］

22. 随机过程 $X(t)$ 表示在时刻 t 某生物群体内的个体数。设

任何个体在长为 Δt 的时间内生出另一个个体的概率为 $\lambda\Delta t + o(\Delta t)$。假定个体不会死亡,且各个体的生殖是相互独立的。若初始时有 a 个个体,即 $X(0) = a$,其中 $a > 0$。试证明转移概率函数满足微分方程

$$\begin{cases} p'_{aa}(t) = -a\lambda p_{aa}(t) \\ p'_{aj}(t) = -j\lambda p_{aj}(t) + (j-1)\lambda p_{a,j-1}, \ j \geqslant a+1 \end{cases}$$

试验证此方程组满足初始条件 $p_{aa}(0) = 1$ 的解是

$$p_{aj}(t) = C_{j-1}^{a-1} e^{-a\lambda t} (1 - e^{-\lambda t})^{j-a}, \ j \geqslant a$$

23. 设有 a 台机器。假定每台机器的使用寿命是随机的,都服从参数 μ 的负指数分布,且相互独立。设 $X(t)$ 表示在 t 时刻能使用的机器数。

(1) 试证:在 t 时刻有 j 台机器能使用的条件下,时间 $(t, t+\Delta t)$ 内有一台不能使用的概率是 $j\mu\Delta t + o(\Delta t)$;

(2) 试证转移概率函数 $p_{ij}(t)$ 满足微分方程

$$\begin{cases} p'_{a0}(t) = \mu p_{a1}(t) \\ p'_{aj}(t) = (j+1)\mu p_{a,j+1}(t) - j\mu p_{aj}(t), \ 1 \leqslant j \leqslant a-1 \\ p'_{aj}(t) = -a\mu p_{aa}(t) \end{cases}$$

(3) 试验证此方程组满足初始条件 $p_{aa}(0) = 1$ 的解是

$$p_{aj}(t) = C_a^j e^{-j\mu t} (1 - e^{-\mu t})^{a-j}, \ 0 \leqslant j \leqslant a$$

24. 试求本章 §3 例 2 中转移概率函数 $p_{ij}(t)$ 当 $t \to \infty$ 时的极限分布。

25. 设电话交换站有 N 条线路。假定来到的呼唤数(即打电话次数)是参数 λ 的泊松过程。如果来到的呼唤遇到线路有空,就占一条空的线路进行一次通话。每次通话时间服从参数 μ 的负指数分布。如果 N 条线路全部被占,则呼唤立刻消失。各个通话时间长度相互独立,且与呼唤来到的情况独立。记在 t 时刻被占的线路数为 $X(t)$。

(1) 试证:在 t 时刻有 j 条线路被占的条件下,时间 $(t, t+\Delta t)$ 内有一个呼唤通话结束的概率为 $j\mu\Delta t + o(\Delta t)$;

（2）试证转移概率函数 $p_{ij}(t)$ 满足微分方程

$$
\begin{cases}
p'_{i0}(t) = -\lambda p_{i0}(t) \\
p'_{ij}(t) = -(\lambda + j\mu)p_{ij}(t) + (j+1)\mu p_{i,j+1}(t) + \lambda p_{i,j-1}(t), \\
\qquad 1 \leqslant j \leqslant N-1 \\
p'_{iN}(t) = -N\mu p_{iN}(t) + \lambda p_{i,N-1}(t)
\end{cases}
$$

（3）试证当 $t \to \infty$ 时转移概率函数 $p_{ij}(t)$ 的极限是

$$
p_j = \frac{1}{j!}\left(\frac{\lambda}{\mu}\right)^j\left[\sum_{l=0}^{N}\frac{1}{l!}\left(\frac{\lambda}{\mu}\right)^l\right]^{-1}, \ 0 \leqslant j \leqslant N
$$

26. 如果 $X_1, X_2, \cdots, X_n$ 是独立同分布随机变量，且每一随机变量都服从参数 λ 的负指数分布，试用数学归纳法证明 $S_n = \sum_{k=1}^{n} X_k$ 服从自由度为 $n-1$ 的爱尔朗分布，即它的分布密度为

$$
f(x) = \lambda\frac{(\lambda x)^{n-1}}{(n-1)!}e^{-\lambda x}, \ x > 0
$$

27. 设 $\{X(t), t \geqslant 0\}$ 是泊松过程，试求它的有限维分布列族。

28. 试证泊松过程 $X(t)$ 的自相关函数是

$$
R_X(t_1, t_2) = \begin{cases}
\lambda^2 t_1 t_2 + \lambda t_2, & t_1 > t_2 \\
\lambda^2 t_1 t_2 + \lambda t_1, & t_1 \leqslant t_2
\end{cases}
$$

29. 设 $X(t)$ 和 $Y(t)(t \geqslant 0)$ 是两个相互独立的、分别具有参数 λ 和 μ 的泊松过程，试证

$$
S(t) = X(t) + Y(t)
$$

是具有参数 $\lambda + \mu$ 的泊松过程。

30. 设 $\{X(t), t \geqslant 0\}$ 是维纳过程，试求它的有限维分布密度族。

附录　概率论的补充知识

学习随机过程,仅有工程数学中《概率论》的知识是不够的,还需要更多一些概率论知识,例如概率空间、多维正态分布等。本附录所述概率论的补充内容,不仅是为了读者学习随机过程的需要,而且对于阅读应用概率论的工程技术书籍和文献亦会有所帮助。本附录内容包括概率空间、随机变量及其概率分布、特征函数、随机矢量及其多维特征函数、多维正态分布等,可以按需要选学。

§1　概率空间　随机变量

概率论中曾经指出,概率是指一个事件发生的可能性大小的度量,而事件是指"事情"。本节先用样本空间的观点讲述事件,进而介绍概率的公理化定义。

一、样本空间

在概率论中,随机试验是指在一定条件下出现的结果带有随机性的试验。我们用 E 表示随机试验。随机试验的所有可能出现的结果构成一个集合,而把每一可能出现的试验结果称为一个基本事件。随机试验 E 的所有基本事件构成所谓样本空间。下面举几个实际例子。

例1　掷一枚分币。出现"正面"、"反面"都是基本事件。这两个基本事件构成一个样本空间。

例2　掷一颗骰子。分别出现"1点"、"2点"、"3点"、"4点"、"5

点"、"6点"都是基本事件。这六个基本事件构成一个样本空间。

例3 向实数轴的(0,1)区间上随意地投掷一个点。在(0,1)区间中的每一个点是一个基本事件,而所有点的集合(即(0,1)区间)构成一个样本空间。

抽象地说,**样本空间**是一个点的集合,此集合中每个点都称为**样本点**。样本空间记为 $\Omega = (\omega)$,其中 ω 表示样本点。这里小括号表示所有样本点构成的集合。

样本空间的某些子集称为**事件**。从数学观点看,要求事件(样本点的集合)之间有一定的联系,亦即对事件需加一些约束。

定义 设样本空间 $\Omega = (\omega)$ 的某些子集构成的集合记为 $\mathscr{F}$,如果 $\mathscr{F}$ 满足下列性质:

(1) $\Omega \in \mathscr{F}$;

(2) 若 $A \in \mathscr{F}$,则 $\bar{A} = \Omega - A \in \mathscr{F}$;

(3) 若 $A_k \in \mathscr{F}, k = 1, 2, \cdots$,则 $\bigcup_{k=1}^{\infty} A_k \in \mathscr{F}$

那么称 $\mathscr{F}$ 是一个**波雷尔(Borel)事件域**,或 **σ 事件域**。波雷尔事件域中每一个样本空间 Ω 的子集称为一个**事件**。

特别指出,样本空间 Ω 称为**必然事件**,而空集 $\varnothing$ 称为**不可能事件**。

在上面三个样本空间的例子中,每一个样本点都是基本事件。但是,一般并不要求样本点必须是基本事件。

在例1中共有两个样本点:"正面","反面"。作 $\mathscr{F} = \{$正面或反面,正面,反面,空集$\}$,它构成一个波雷尔事件域,其中每一个元素都是一个事件。需要说明,$\mathscr{F}$ 表达式中的花括号,是指事件的集合。

在例2中共有六个样本点,记 ω_i 为出现"i 点"的样本点,$i = 1, 2, 3, 4, 5, 6$。作 $\mathscr{F} = \{\omega_1, \omega_2, \cdots, \omega_6, (\omega_1, \omega_2), (\omega_1, \omega_3), \cdots, (\omega_5, \omega_6), (\omega_1, \omega_2, \omega_3), \cdots, (\omega_4, \omega_5, \omega_6), (\omega_1, \omega_2, \omega_3, \omega_4), \cdots, (\omega_3, \omega_4, \omega_5, \omega_6), (\omega_1, \omega_2, \omega_3, \omega_4, \omega_5), \cdots, (\omega_2, \omega_3, \omega_4, \omega_5, \omega_6), (\omega_1, \omega_2, \omega_3, \omega_4, \omega_5, \omega_6)\}$,它构成一个波雷尔事件域。这里每一对小括号表示它所

包含的样本点的集合。$\mathscr{F}$ 中每一元素（即 $\omega_1,\omega_2,\cdots,\omega_6$ 或每一对小括号表示的样本点集合）是一个事件。

在例 3 中，作 $\mathscr{F}_1 = \{(0,1)$ 区间中任意子集$\}$。$\mathscr{F}_1$ 构成一个波雷尔事件域，其中每一个元素是一个事件。再构造另一个波雷尔事件域。若取 $G = \{\bigcup\limits_{k=1}^{n} (a_k,b_k]:0 < a_k < b_k < 1, k = 1,2,\cdots,n,$ 而 $n \geqslant 1\}$，即 G 是 $(0,1)$ 区间中所有的左开右闭区间有限和集构成的集类。集类是指以点集作为元素的集合。显然 G 不具有波雷尔事件域的第三条性质，这是因为 G 中可列无限个元素之和，也可以是无限多个左开右闭区间之和，这种和不再是 G 中的元素，因而 G 不是波雷尔事件域。记 $\mathscr{F}_2$ 是包含 G 的最小的波雷尔事件域。数学上可以证明 $\mathscr{F}_2$ 与 $\mathscr{F}_1$ 并不重合，而 $\mathscr{F}_2$ 中的元素比 $\mathscr{F}_1$ 少。波雷尔事件域 $\mathscr{F}_2$ 中的每一个元素都是事件。

需要指出，在上面的三个例子中，四个 $\mathscr{F}$ 有三个取为样本空间 Ω 中任意子集全体构成的波雷尔域，因而样本空间的任意一个子集都是事件。但是，$\mathscr{F}$ 还可以选 Ω 的一部分子集构成一个波雷尔事件域，如例 3 中的 $\mathscr{F}_2$。又如在例 1 中取 $\mathscr{F} = \{\Omega, \varnothing\}$，这种 $\mathscr{F}$ 也构成波雷尔事件域。此时只有两个事件，但这样取 $\mathscr{F}$ 的实际意义不大。

二、概率的公理化定义

在概率论中曾提及概率的统计定义和古典概率定义。概率的统计定义与大量重复试验相联系。古典概率定义要求样本空间由 N 个等可能性的基本事件构成，具有一定的局限性。现在介绍一种概率的抽象的数学定义 —— 公理化定义。这种定义是从一些具体的概率定义（如概率的统计定义，古典概率定义等）抽象出来的，同时又保留了具体概率定义中的一些特征。事件的概率是对应于波雷尔事件域 $\mathscr{F}$ 中每一个 Ω 的子集的一个数，即可以看成集合函数。

概率的公理化定义　设 $P(A)$ 是定义在样本空间 Ω 中波雷尔事件域 $\mathscr{F}$ 上的集合函数。如果 $P(A)$ 满足

(1) 对任一 $A \in \mathscr{F}$,有 $0 \leqslant P(A) \leqslant 1$;

(2) $P(\Omega) = 1, P(\varnothing) = 0$;

(3) 若 $A_1, A_2, \cdots$ 两两不相交,即 $A_k A_j = \varnothing, k \neq j$,且 $A_k \in \mathscr{F}, k = 1, 2, \cdots$,则

$$P(\bigcup_{k=1}^{\infty} A_k) = \sum_{k=1}^{\infty} P(A_k)$$

那么称 **P 是波雷尔事件域上的概率**。

在例1中定义 $P(A) = \dfrac{k}{2}$,其中 k 是事件 A 包含的样本点数,$k = 0, 1, 2$,那么 P 是概率。另外,如果定义 $P(正面) = \dfrac{11}{20}, P(反面) = \dfrac{9}{20}, P(正面或反面) = 1, P(空集) = 0$,这样定义的 P 也是概率。

在例2中定义 $P(A) = k/6$,其中 k 是事件 A 包含的样本点数,$k = 0, 1, 2, 3, 4, 5, 6$,那么 P 是概率。

在例3中考虑波雷尔事件域 $\mathscr{F}_2$,数学上可以证明在 $\mathscr{F}_2$ 上存在一个集合函数 P,满足概率公理化定义中的三个条件,且对 $A = \bigcup_{k=1}^{n}(a_k, b_k]$,有 $P(A) = \sum_{k=1}^{n}(b_k - a_k)$,其中 $(a_k, b_k]$ 两两不相交(显然 A 是 G 中元素),所以这个 $\mathscr{F}_2$ 上的集合函数 P 是概率。此概率表示 $(0, 1)$ 区间上的均匀分布。特别指出,$\mathscr{F}_1$ 是由 $(0, 1)$ 区间上任意子集构成的波雷尔事件域,数学上已经证明并不存在 $\mathscr{F}_1$ 上的集合函数 P,对上述事件 A 有 $P(A) = \sum_{k=1}^{n}(b_k - a_k)$,且满足概率公理化定义中的三个条件。

对随机试验 E 而言,样本空间 Ω 给出它的所有可能的试验结果,$\mathscr{F}$ 给出了由这些可能结果组成的各种各样事件,而 P 给出每一事件发生的概率。$(\Omega, \mathscr{F}, P)$ 称为概率空间。

三、随机变量及其概率分布

在随机试验中,若存在一个变量,它依试验出现的结果改变而取不同的数值,则称此变量为**随机变量**。由于随机试验出现的结果带有随机性,因而随机变量的取值也带有随机性。从数学角度看,样本空间 Ω 中每一个样本点 ω(试验可能结果)对应有一个数 $X(\omega)$,这就是随机变量;或者说随机变量是定义在样本空间 Ω 上的函数。但是,对这个函数需要有一些要求。

定义　设 $X = X(\omega)$ 是定义在样本空间 Ω 上的函数。如果对任意一个实数 x,有 Ω 中的子集

$$(\omega : X(\omega) \leqslant x) \in \mathscr{F}$$

那么称 $X(\omega)$ 是**概率空间**$(\Omega, \mathscr{F}, P)$ **上的随机变量**,或称**波雷尔可测函数**。

例 4　掷一枚分币。按例1,$\Omega = ($正面,反面$)$。规定函数 X 的值:$X($正面$) = 1, X($反面$) = 0$。这样,$X(\omega)$ 是 $(\Omega, \mathscr{F}, P)$ 上的随机变量。

例 5　掷一颗骰子。按例2,$\Omega = ($1 点,2 点,3 点,4 点,5 点,6 点$)$。规定函数 $X(k$ 点$) = k, k = 1, 2, 3, 4, 5, 6$,即 $X(\omega) = \omega$。这样,$X(\omega)$ 是 $(\Omega, \mathscr{F}, P)$ 上的随机变量。

例 6　向$(0, 1)$区间上随机地掷一个点。按例3,$\Omega = (0, 1)$。规定函数 $X(\omega) = \omega, 0 < \omega < 1$。这样,$X(\omega)$ 是 $(\Omega, \mathscr{F}_2, P)$ 上的随机变量。

既然对任意一个实数 x,有 $(\omega : X(\omega) \leqslant x) \in \mathscr{F}$,那么对 Ω 的子集 $(\omega : X(\omega) \leqslant x)$ 就可以讲概率。

定义　设$(\Omega, \mathscr{F}, P)$ 是概率空间,而 $X = X(\omega)$ 是 $(\Omega, \mathscr{F}, P)$ 上的随机变量。对任意一个实数 x,有概率

$$F(x) = P(\omega : X(\omega) \leqslant x)$$

或简写为

$$F(x) = P(X \leqslant x)$$

则称 $F(x)$ 是**随机变量** X **的分布函数**。

最常见的是离散型和连续型随机变量。

若存在有限个或可列多个实数集合$(x_1,x_2,\cdots)$,使随机变量X有

$$P\{X \in (x_1,x_2,\cdots)\} = 1$$

则称X是**离散(型)随机变量**;而$p_k = P\{X = x_k\}$,$k=1,2,\cdots$,称为**离散随机变量X的概率分布列**。

若对任意实数x,存在非负实函数$f(x)$,使随机变量X的分布函数$F(x)$有

$$F(x) = \int_{-\infty}^{x} f(x)\mathrm{d}x$$

则称X是**连续(型)随机变量**,又称$f(x)$为连续随机变量X的**概率分布密度**。

§2 随机变量的特征函数

随机变量的特征函数是研究概率论的有力工具,它亦是概率论自身内容的一个组成部分。在介绍特征函数之前先引进斯蒂尔吉斯积分。

一、斯蒂尔吉斯积分

先看有限区间上的斯蒂尔吉斯积分。

定义 设$f(x),g(x)$是定义在区间$[a,b]$上的两个有界函数。把区间$[a,b]$分成n个子区间,分点为$a = x_0 < x_1 < \cdots < x_n = b$,在每一个子区间$[x_{k-1},x_k]$上任意取一个点$\xi_k$作和式

$$S = \sum_{k=1}^{n} f(\xi_k)[g(x_k) - g(x_{k-1})]$$

令$\Delta = \max_{1 \leqslant k \leqslant n}(x_k - x_{k-1})$。如果极限

$$\lim_{\Delta \to 0} S = \lim_{\Delta \to 0} \sum_{k=1}^{n} f(\xi_k)[g(x_k) - g(x_{k-1})]$$

存在,且与子区间的分法和ξ_i的取法无关,则称此极限为**函数**

$f(x)$ 对函数 $g(x)$ 在区间 $[a,b]$ 上的斯蒂尔吉斯(Stieltjes) 积分, 简称 S 积分。记为 $\int_a^b f(x)\mathrm{d}g(x)$。此时也称 $f(x)$ 对 $g(x)$ 在 $[a,b]$ 上 **S 可积**。

S 积分是高等数学中黎曼积分的推广。如果取 $g(x)=x$,那么 S 积分就变成黎曼积分了。

在无限区间 $(-\infty,\infty)$ 上的 S 积分,可用如下定义。

定义　设 $f(x),g(x)$ 是定义在无限区间 $(-\infty,\infty)$ 上的两个函数。若在任意有限区间 $[a,b]$ 上, $f(x)$ 对 $g(x)$ 是 S 可积的,且极限

$$\lim_{\substack{a\to-\infty\\b\to\infty}}\int_b^a f(x)\mathrm{d}g(x)$$

存在,则称此极限为 $f(x)$ **对 $g(x)$ 在无限区间 $(-\infty,\infty)$ 上的斯蒂尔吉斯积分**。简称 S 积分。记为 $\int_{-\infty}^{\infty} f(x)\mathrm{d}g(x)$。

在 S 积分中,当 $g(x)$ 取一些特殊形式时积分可化为通常积分或级数。

若 $g(x)$ 是在 $(-\infty,\infty)$ 上的阶梯函数,它的跳跃点为 $x_1,x_2,$ …(有限多个或可列无限多个),则

$$\int_{-\infty}^{\infty} f(x)\mathrm{d}g(x) = \sum_k f(x_k)[g(x_k+0)-g(x_k-0)]$$

若 $g(x)$ 是在 $(-\infty,\infty)$ 上的可微函数,它的导函数为 $g'(x)$, 则

$$\int_{-\infty}^{\infty} f(x)\mathrm{d}g(x) = \int_{-\infty}^{\infty} f(x)g'(x)\mathrm{d}x$$

上面两个结果我们就不证明了。前者把 S 积分化成和式,后者把 S 积分化成黎曼积分。

定义　设函数 $g(x)$ 定义在无限区间 $(-\infty,\infty)$ 上,若积分

$$\int_{-\infty}^{\infty} \mathrm{e}^{\mathrm{i}tx}\mathrm{d}g(x) = \int_{-\infty}^{\infty} \cos tx\,\mathrm{d}g(x) + \mathrm{i}\int_{-\infty}^{\infty} \sin tx\,\mathrm{d}g(x)$$

存在,则称此积分为对 $g(x)$ 的傅里叶-斯蒂尔吉斯(Fourier - Stieltjes)

积分，简称为 F‑S 积分。

二、特征函数的定义

先引进复随机变量。

定义　如果 X 与 Y 都是概率空间 $(\Omega,\mathscr{F},P)$ 上的实值随机变量，则 $Z = X + iY$ 称为**复(值)随机变量**，其中 $i = \sqrt{-1}$。

复随机变量是取复数值的随机变量。它的**数学期望**定义为

$$EZ = EX + iEY$$

其中 EX,EY 是(实值)随机变量的数学期望。

若 X 是(实值)随机变量，那么 e^{itX} 应是复随机变量。

定义　设 X 是(实值)随机变量，则对任意实数 t

$$\varphi(t) = Ee^{itX} = E(\cos tX + i\sin tX)$$
$$= E(\cos tX) + iE(\sin tX)$$

称为**随机变量 X 的特征函数**，其中 $i = \sqrt{-1}$。

设离散随机变量 X 的分布列为 $p_k = P(X = x_k), k = 1,2,\cdots,$ 则 X 的特征函数可表示成

$$\varphi(t) = Ee^{itX} = \sum_k e^{itX_k} p_k \tag{2.1}$$

设连续随机变量 X 的分布密度为 $f(x)$，则 X 的特征函数可表示成

$$\varphi(t) = Ee^{itX} = \int_{-\infty}^{\infty} e^{itx} f(x)\mathrm{d}x \tag{2.2}$$

一般地，设随机变量 X 的分布函数是 $F(x)$，则 X 的特征函数可表示为

$$\varphi(t) = Ee^{itX} = \int_{-\infty}^{\infty} e^{itx}\mathrm{d}F(x) \tag{2.3}$$

由(2.2)式可见，连续随机变量的特征函数 $\varphi(t)$ 是分布密度 $f(x)$ 的傅里叶积分，简称 F 积分。(2.3)式表明随机变量的特征函数 $\varphi(t)$ 是分布函数 $F(x)$ 的傅里叶‑斯蒂尔吉斯积分，或 F‑S 积分。傅里叶积分在数学中和工程技术上是一个强有力的工具。后面

将看到它在概率论中的作用。

下面计算一些重要分布的特征函数。

例1　单点分布　设随机变量 X 的分布为 $P\{X=c\}=1$，其中 c 是常数。由(2.1)式，有

$$\varphi(t)=e^{itc}$$

例2　二项分布　设随机变量 X 的分布列为 $P\{X=k\}=C_n^k p^k q^{n-k}$，其中 $0<p<1, q=1-p, k=0,1,2,\cdots,n$。由(2.1)式，有

$$\varphi(t)=\sum_{k=0}^n C_n^k p^k q^{n-k} e^{itk}=(pe^{it}+q)^n \qquad (2.5)$$

例3　泊松分布　设随机变量 X 的分布列为 $P\{X=k\}=\dfrac{\lambda^k}{k!}e^{-\lambda}$，其中 $\lambda>0, k=0,1,2,\cdots$。由(2.1)式，

$$\varphi(t)=\sum_{k=0}^\infty e^{ikt}\frac{\lambda^k}{k!}e^{-\lambda}=e^{-\lambda}\sum_{k=0}^\infty \frac{(\lambda e^{it})^k}{k!}$$

$$=e^{-\lambda}e^{-\lambda e^{it}}=e^{\lambda(e^{it}-1)} \qquad (2.6)$$

例4　正态分布　正态分布 $N(a,\sigma^2)$ 的分布密度是

$$f(x)=\frac{1}{\sqrt{2\pi}\,\sigma}e^{-\frac{(x-a)^2}{2\sigma^2}}\quad(-\infty<x<\infty)$$

其中 $-\infty<a<\infty, \sigma>0$。由(2.2)式，

$$\varphi(t)=\frac{1}{\sqrt{2\pi}\,\sigma}\int_{-\infty}^\infty e^{itx}e^{-\frac{(x-a)^2}{2\sigma^2}}dx$$

$$\xlongequal{\text{令}u=\frac{x-a}{\sigma}}\frac{1}{\sqrt{2\pi}}\int_{-\infty}^\infty e^{it(a+\sigma u)}e^{-\frac{u^2}{2}}du$$

$$=\frac{1}{\sqrt{2\pi}}e^{ia-\frac{\sigma^2 t^2}{2}}\int_{-\infty}^\infty e^{-\frac{(u-it)^2}{2}}du$$

$$=e^{iat-\frac{1}{2}\sigma^2 t^2} \qquad (2.7)$$

特殊情形，标准正态分布 $N(0,1)$ 的特征函数为

$$\varphi(t) = \mathrm{e}^{-\frac{1}{2}t^2} \qquad (2.8)$$

已知一个概率分布可以用(2.1)、(2.2)、或(2.3)式计算它的特征函数。反过来,如果给定一个特征函数怎样确定它所对应的概率分布呢?且问它所对应的概率分布是否唯一?

先看连续概率分布情形。此时,特征函数 $\varphi(t)$ 是分布密度 $f(x)$ 的 F 积分,那么 $f(x)$ 应当是 $\varphi(t)$ 的反演。根据 F 积分理论,在 $\int_{-\infty}^{\infty} |\varphi(t)| \mathrm{d}t < \infty$ 的条件下有反演公式

$$f(x) = \frac{1}{2\pi} \int_{-\infty}^{\infty} \mathrm{e}^{-itx} \varphi(t) \mathrm{d}t \qquad (2.9)$$

且 F 积分的反演是唯一的。

一般地说,随机变量 X 的概率分布用分布函数 $F(x)$ 给出。由特征函数 $\varphi(t)$ 确定对应的分布函数 $F(x)$ 可用下面公式。

逆转公式 设分布函数 $F(x)$ 的特征函数为 $\varphi(t)$,则对 $F(x)$ 的连续点 x_1、x_2,有

$$F(x_2) - F(x_1) = \lim_{T \to \infty} \frac{1}{2\pi} \int_{-T}^{T} \frac{\mathrm{e}^{-itx_1} - \mathrm{e}^{-itx_2}}{it} \varphi(t) \mathrm{d}t \qquad (2.10)$$

此公式的证明省略。

唯一性定理 分布函数 $F(x)$ 被它的特征函数 $\varphi(t)$ 唯一地确定。

证 在 $F(x)$ 的连续点 x 上,利用逆转公式,当 y 沿着 $F(x)$ 的连续点趋向于 $-\infty$ 时,有

$$F(x) = \lim_{y \to -\infty} [F(x) - F(y)]$$

$$= \lim_{y \to -\infty} \lim_{T \to \infty} \frac{1}{2\pi} \int_{-T}^{T} \frac{\mathrm{e}^{-ity} - \mathrm{e}^{-itx}}{it} \varphi(t) \mathrm{d}t \qquad (2.11)$$

在 $F(x)$ 的不连续点 x 上,利用分布函数的右连续性,选一列单调下降地趋向于 x 的 $F(x)$ 的连续点,$x_1, x_2, \cdots$,那么

$$F(x) = \lim_{x_n \downarrow x} F(x_n)$$

$$= \lim_{x_n \downarrow x} \lim_{y \to -\infty} \lim_{T \to \infty} \frac{1}{2\pi} \int_{-T}^{T} \frac{\mathrm{e}^{-ity} - \mathrm{e}^{-itx_n}}{it} \varphi(t) \mathrm{d}t \qquad (2.12)$$

式(2.11)与(2.12)给出了由特征函数 $\varphi(t)$ 确定分布函数 $F(x)$ 的公式,且由 $\varphi(t)$ 确定 $F(x)$ 是唯一的。定理证毕。

由此定理可见概率分布函数 $F(x)$ 与特征函数 $\varphi(t)$ 是一一对应的。例如,特征函数是 $(q + pe^{it})^n$ 的概率分布必定是二项分布;特征函数是 $e^{-\frac{1}{2}t^2}$ 的概率分布必定是标准正态分布。在概率论中,概率分布与特征函数的一一对应性,是特征函数应用的理论基础。

三、特征函数的性质

下面介绍特征函数的一些性质。一般地说,可以用特征函数表示式(2.3)进行证明。为了方便起见,我们仅对连续概率分布情形,用特征函数表示式(2.2)进行证明。

(1) $| \varphi(t) | \leqslant \varphi(0) = 1$

证　$\varphi(0) = \displaystyle\int_{-\infty}^{\infty} 1 \cdot f(x)\mathrm{d}x = 1$

又

$$| \varphi(t) | = | \int_{-\infty}^{\infty} e^{itx} f(x)\mathrm{d}x | \leqslant \int_{-\infty}^{\infty} | e^{itx} | \ f(x)\mathrm{d}x$$

$$= \int_{-\infty}^{\infty} f(x)\mathrm{d}x = 1$$

(2) 共轭对称性 $\varphi(-t) = \overline{\varphi(t)}$。

证　$\varphi(-t) = \displaystyle\int_{-\infty}^{\infty} e^{-itx} f(x)\mathrm{d}x = \int_{-\infty}^{\infty} \overline{e^{itx}} f(x)\mathrm{d}x$

$$= \overline{\int_{-\infty}^{\infty} e^{itx} f(x)\mathrm{d}x} = \overline{\varphi(t)}$$

(3) 特征函数 $\varphi(t)$ 在区间 $(-\infty, \infty)$ 上一致连续。

所谓函数 $\varphi(t)$ 在区间 $(-\infty, \infty)$ 上一致连续,其定义为:任给 $\varepsilon > 0$,总可以找到与 t 无关的 $\delta > 0$,当 $| h | < \delta$ 时有

$$| \varphi(t+h) - \varphi(t) | < \varepsilon \quad (-\infty < t < \infty)$$

应该指出,函数 $\varphi(t)$ 在区间 $(-\infty, \infty)$ 上一致连续可以得到它在每一点 t 上都连续,即在 $(-\infty, \infty)$ 上连续;由于一致连续要求 δ 与 t 无关,所以 $\varphi(t)$ 在区间 $(-\infty, \infty)$ 上一致连续比在此区间

上连续要求高。这个性质的证明从略[1]。

(4) 设随机变量 $Y = aX + b$，其中 a, b 是常数，则

$$\varphi_Y(t) = e^{ibt}\varphi_X(at) \tag{2.13}$$

其中 $\varphi_X(t), \varphi_Y(t)$ 分别表示随机变量 X, Y 的特征函数。

证 由特征函数定义

$$\varphi_Y(t) = Ee^{itY} = Ee^{it(aX+b)} = e^{itb}Ee^{i(at)X}$$
$$= e^{ibt}\varphi_X(at)$$

(5) 设随机变量 X, Y 相互独立，又 $Z = X + Y$，则

$$\varphi_Z(t) = \varphi_X(t)\varphi_Y(t)$$

此式表示两个相互独立随机变量之和的特征函数等于各自特征函数的乘积。

证 由特征函数的定义

$$\varphi_Z(t) = Ee^{itZ} = Ee^{it(X+Y)} = E[e^{itX}e^{itY}]$$
$$= Ee^{itX}Ee^{itY} = \varphi_X(t)\varphi_Y(t)$$

这里第四个等号成立用到了随机变量 X 与 Y 的独立性。

(6) 设随机变量 X 的 n 阶原点矩存在，则它的特征函数可以微分 n 次，且有

$$\varphi^{(n)}(0) = i^n EX^n \tag{2.15}$$

或

$$EX^n = i^{-n}\varphi^{(n)}(0) \tag{2.16}$$

(2.16) 式表明随机变量 X 的 n 阶原点矩可以利用它的特征函数在原点的 n 阶导数获得。

证 $\varphi(t) = \int_{-\infty}^{\infty} e^{itx} f(x)\mathrm{d}x$

$$\varphi^{(n)}(t) = \frac{\mathrm{d}^n}{\mathrm{d}t^n}\int_{-\infty}^{\infty} e^{itx} f(x)\mathrm{d}x$$
$$= \int_{-\infty}^{\infty} \frac{\mathrm{d}^n e^{itx}}{\mathrm{d}t^n} f(x)\mathrm{d}x \tag{2.17}$$

---

[1] 证明见参考书〔2〕第 208 页。

上式第二个等号成立,需要加条件

$$\int_{-\infty}^{\infty}\left|\frac{\mathrm{d}^n \mathrm{e}^{\mathrm{i}tx}}{\mathrm{d}t^n}\right| f(x)\mathrm{d}x < \infty$$

即

$$\int_{-\infty}^{\infty}|(\mathrm{i}x)^n \mathrm{e}^{\mathrm{i}tx}| f(x)\mathrm{d}x < \infty$$

亦即

$$\int_{-\infty}^{\infty}|x|^n f(x)\mathrm{d}x < \infty$$

由定理的已知条件得此式成立。

(2.17) 式改写为

$$\varphi^{(n)}(t) = \mathrm{i}^n \int_{-\infty}^{\infty} x^n \mathrm{e}^{\mathrm{i}tx} f(x)\mathrm{d}x$$

因而

$$\varphi^{(n)}(0) = \mathrm{i}^n \int_{-\infty}^{\infty} x^n f(x)\mathrm{d}x = \mathrm{i}^n EX^n,\text{证毕}。$$

例 5　若随机变量 X 和 Y 相互独立,且分别服从参数为 λ_1 和 λ_2 的泊松分布。试用特征函数求随机变量 $Z = X + Y$ 的概率分布。

解　由(2.6)式,

$$\varphi_X(t) = \mathrm{e}^{\lambda_1(\mathrm{e}^{\mathrm{i}t}-1)}, \quad \varphi_Y(t) = \mathrm{e}^{\lambda_2(\mathrm{e}^{\mathrm{i}t}-1)}$$

利用特征函数性质(5),

$$\varphi_Z(t) = \mathrm{e}^{\lambda_1(\mathrm{e}^{\mathrm{i}t}-1)} \mathrm{e}^{\lambda_2(\mathrm{e}^{\mathrm{i}t}-1)}$$

$$= \mathrm{e}^{(\lambda_1+\lambda_2)(\mathrm{e}^{\mathrm{i}t}-1)}$$

这是参数为 $\lambda_1 + \lambda_2$ 的泊松分布的特征函数。由唯一性定理得随机变量 Z 具有参数 $\lambda_1 + \lambda_2$ 的泊松分布。

例 6　若随机变量 X 和 Y 相互独立,且分别服从正态分布 $N(a_1,\sigma_1^2)$ 和 $N(a_2,\sigma_2^2)$。试用特征函数求随机变量 $Z = X + Y$ 的概率分布。

解　由(2.7)式,

$$\varphi_X(t) = \mathrm{e}^{\mathrm{i}a_1 t - \frac{1}{2}\sigma_1^2 t^2}, \quad \varphi_Y(t) = \mathrm{e}^{\mathrm{i}a_2 t - \frac{1}{2}\sigma_2^2 t^2}$$

利用特征函数性质(5)

$$\varphi_Z(t) = \mathrm{e}^{\mathrm{i}a_1 t - \frac{1}{2}\sigma_1^2 t^2} \mathrm{e}^{\mathrm{i}a_2 t - \frac{1}{2}\sigma_2^2 t^2}$$

$$= \mathrm{e}^{\mathrm{i}(a_1+a_2)t - \frac{1}{2}(\sigma_1^2+\sigma_2^2)t^2}$$

这是正态分布 $N(a_1 + a_2, \sigma_1^2 + \sigma_2^2)$ 的特征函数。由唯一性定理得到随机变量 Z 服从正态分布 $N(a_1 + a_2, \sigma_1^2 + \sigma_2^2)$。

这两个例子说明相互独立的泊松变量之和仍是泊松变量；相互独立的正态变量之和仍是正态变量。这种性质称为**再生性**。上面我们看到利用特征函数求相互独立随机变量之和的概率分布是比较方便的。

例 7　利用特征函数求正态分布 $N(a, \sigma^2)$ 的数学期望和方差。

解　由(2.7)式，正态分布的特征函数为

$$\varphi(t) = \mathrm{e}^{\mathrm{i}at - \frac{1}{2}\sigma^2 t^2}$$

易得

$$\varphi'(t) = (\mathrm{i}a - \sigma^2 t)\mathrm{e}^{\mathrm{i}at - \frac{1}{2}\sigma^2 t^2}$$

故 $\varphi'(0) = \mathrm{i}a$。由(2.16)式得

$$EX = \frac{1}{\mathrm{i}}\varphi'(0) = a$$

又

$$\varphi''(t) = [(\mathrm{i}a - \sigma^2 t)^2 - \sigma^2]\mathrm{e}^{\mathrm{i}at - \frac{1}{2}\sigma^2 t^2}$$

故 $\varphi''(0) = -(a^2 + \sigma^2)$。由(2.16)式得

$$EX^2 = \frac{1}{\mathrm{i}^2}\varphi''(0) = a^2 + \sigma^2$$

所以

$$DX = EX^2 - (EX)^2 = \sigma^2$$

此例表明在已经获得随机变量的特征函数的情况下，计算矩

归结为特征函数的求导问题,所以非常方便。然而,在概率论中计算矩通常用定义计算,归结为求级数或积分问题,因此比较繁琐。

四、波赫纳尔-辛钦定理

特征函数还有一条重要性质 —— **非负定性**。

定理 特征函数 $\varphi(t)$ 具有非负定性,即对于任意正整数 n,任意 n 个实数 $t_1, t_2, \cdots, t_n$ 及复数 $z_1, z_2, \cdots, z_n$,有

$$\sum_{k=1}^{n} \sum_{j=1}^{n} \varphi(t_k - t_j) z_k \bar{z}_j \geqslant 0 \tag{3.18}$$

证 利用特征函数的定义

$$\sum_{k=1}^{n} \sum_{j=1}^{n} \varphi(t_k - t_j) z_k \bar{z}_j = \sum_{k=1}^{n} \sum_{j=1}^{n} E e^{i(t_k - t_j)X} z_k \bar{z}_j$$

$$= E\Big[\sum_{k=1}^{n} \sum_{j=1}^{n} e^{it_k X} e^{-it_j X} z_k \bar{z}_j \Big]$$

$$= E \Big| \sum_{k=1}^{n} e^{it_k X} z_k \Big|^2 \geqslant 0, \text{证毕}.$$

此定理表明特征函数具有非负定性;反过来,对非负定函数加些条件就能得到特征函数。

波赫纳尔-辛钦(Bochner - Khintchine)定理 设 $\varphi(t)$ 满足 $\varphi(0) = 1$,且在 $-\infty < t < \infty$ 上是连续的复值函数,则 $\varphi(t)$ 是特征函数的充分必要条件为它是非负定的。

此定理的必要性由特征函数的性质(1)和(3),以及上面的定理可以得到。充分性的证明非常复杂,这里省略。

上述定理将在第二章平稳过程中应用。下面介绍一个与此相类似的定理,它也将应用于第二章。为此先定义复数数列的非负定性。

定义 若复数列 $\{c_k, k = 0, \pm 1, \pm 2, \cdots\}$,对任意正整数 n 及任意 n 个复数 $z_1, z_2, \cdots, z_n$,有

$$\sum_{k=1}^{n} \sum_{j=1}^{n} c_{k-j} z_k \bar{z}_j \geqslant 0$$

则称此复数列是非负定的。

赫尔格洛兹(Herglotz)定理　复数列$\{c_k, k = 0, \pm 1, \pm 2, \cdots\}$可以表示成

$$c_k = \int_{-\pi}^{\pi} e^{-ikx} dG(x), \ k = 0, \pm 1, \pm 2, \cdots$$

的充分必要条件为它是非负定的,这里 $G(x)$ 是$[-\pi, \pi]$区间上的有界非降函数。

特征函数还可以用于证明中心极限定理。这部分内容可参考复旦大学编《概率论》第一册。

§3　随机矢量及其多维特征函数, 正态随机矢量

一、随机矢量的概率分布及其数字特征

在实际问题中有些随机事件试验的结果需要用几个随机变量表示,亦即用概率空间$(\Omega, \mathscr{F}, P)$上的几个函数表示。

在概率论中随机矢量通常用行矢量$(X_1(\omega), X_2(\omega), \cdots, X_n(\omega))$表示。然而,在本书中改用列矢量[①]

$$\boldsymbol{X} = \begin{pmatrix} X_1(\omega) \\ X_2(\omega) \\ \vdots \\ X_n(\omega) \end{pmatrix} \quad 或 \quad \boldsymbol{X} = (X_1(\omega), X_2(\omega), \cdots, X_n(\omega))^{\tau}$$

其中记号 τ 表示转置。简记为

$$\boldsymbol{X} = \begin{pmatrix} X_1 \\ X_2 \\ \vdots \\ X_n \end{pmatrix} \quad 或 \quad \boldsymbol{X} = (X_1, X_2, \cdots, X_n)^{\tau}$$

———————————

① 本书中的矢量都是指列矢量,并用黑体字母表示。

例　一架轰炸机向地面上的
目标掷炸弹。在地面上作一个平面
坐标系,它的原点取在目标物上,
见图 0 - 1。每次投掷炸弹的着地点
位置可以用二维随机矢量$(X(\omega),$
$Y(\omega))^\tau$ 表示。这里的概率空间 Ω
可以取为整个地平面,而着弹点作
为 ω。$X(\omega),Y(\omega)$ 分别是点 ω 的横
坐标和纵坐标。

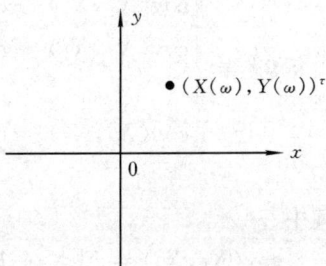

图 0 - 1

随机矢量 $\pmb{X}$ 的概率分布可以
用多维分布函数描绘。在概率论中,$\pmb{X}$ 的 n 维分布函数定义如下:

对任意 n 个实数 $x_1,x_2,\cdots,x_n$,

$$F(x_1,x_2,\cdots,x_n) = P\{X_1 \leqslant x_1, X_2 \leqslant x_2, \cdots, X_n \leqslant x_n\}$$

称为**随机矢量 $\pmb{X}$ 的 n 维分布函数**。用矢量形式可表示为

$$F(\pmb{x}) = P\{\pmb{X} \leqslant \pmb{x}\}$$

其中 $\pmb{x} = (x_1,x_2,\cdots,x_n)^\tau$,而 $\pmb{X} \leqslant \pmb{x}$ 理解为对每一个分量都有
$X_i \leqslant x_i$。

对于连续概率分布情形,随机矢量 $\pmb{X}$ 的概率分布可以用 n 维
分布密度描绘。此时 n 维分布密度

$$f(x_1,x_2,\cdots,x_n) = \frac{\partial^n F(x_1,x_2,\cdots,x_n)}{\partial x_1 \partial x_2 \cdots \partial x_n}$$

n 维随机矢量 $\pmb{X}$ 的数学期望矢量 $E\pmb{X}$ 定义为

$$E\pmb{X} = (EX_1, EX_2, \cdots, EX_n)^\tau \tag{3.1}$$

它的分量是 $\pmb{X}$ 各分量的数学期望,即为理论平均值。

随机矢量 $\pmb{X}$ 的协方差(矩)阵定义为

$$\boldsymbol{B}^{①} = \begin{bmatrix} \text{cov}(X_1,X_1) & \text{cov}(X_1,X_2) & \cdots & \text{cov}(X_1,X_n) \\ \text{cov}(X_2,X_1) & \text{cov}(X_2,X_2) & \cdots & \text{cov}(X_2,X_n) \\ \vdots & \vdots & & \vdots \\ \text{cov}(X_n,X_1) & \text{cov}(X_n,X_2) & \cdots & \text{cov}(X_n,X_n) \end{bmatrix}$$

$$(3.2)$$

其中

$$\text{cov}(X_k,X_j) = E[X_k - EX_k)(X_j - EX_j)], k,j = 1,2,\cdots,n。$$

当 $k \neq j$ 时,这是随机变量 X_k 和 X_j 的协方差;当 $k = j$ 时,$DX_k = \text{cov}(X_k,X_k)$,是随机变量 X_k 的方差。协方差阵的主对角线是随机矢量 $\boldsymbol{X}$ 各分量的方差。随机矢量 $\boldsymbol{X}$ 的协方差阵刻画它的各个分量概率分布的分散程度,以及各分量之间线性联系的密切程度。

协方差阵也可以用矢量形式表示。由(3.2)式

$$\boldsymbol{B} = E \begin{bmatrix} (X_1-EX_1)^2 & (X_1-EX_1)(X_2-EX_2) & \cdots & (X_1-EX_1)(X_n-EX_n) \\ (X_2-EX_2)(X_1-EX_1) & (X_2-EX_2)^2 & \cdots & (X_2-EX_2)(X_n-EX_n) \\ \vdots & \vdots & & \vdots \\ (X_n-EX_n)(X_1-EX_1) & (X_n-EX_n)(X_2-EX_2) & \cdots & (X_n-EX_n)^2 \end{bmatrix}$$

$$= E(\boldsymbol{X} - E\boldsymbol{X})(\boldsymbol{X} - E\boldsymbol{X})^{\tau} \qquad (3.3)$$

这里第一个等号用到了以随机变量为元素的矩阵的数学期望定义。此定义为 $E[Y_{ij}]_{n \times n} = [EY_{ij}]_{n \times n}$,其中 Y_{ij} 是随机变量,$[\ ]_{n \times n}$ 表示 n 行 n 列的矩阵。

协方差(矩)阵是对称的非负定阵。由协方差的定义,显然有 $\text{cov}(X_k,X_j) = \text{cov}(X_j,X_k)$,因而可得矩阵具有对称性。再证矩阵的非负定性。事实上,对任意 n 个实数 $t_1,t_2,\cdots,t_n$,作二次型

$$\sum_{k=1}^{n} \sum_{j=1}^{n} \text{cov}(X_k,X_j)t_k t_j$$

$$= \sum_{k=1}^{n} \sum_{j=1}^{n} E[(X_k - EX_k)(X_j - EX_j)]t_k t_j$$

---

① 本书中的矩阵都用黑体字母表示。

$$= E\Big[\sum_{k=1}^{n}(X_k - EX_k)t_k\Big]^2 \geqslant 0$$

它是非负定的,所以矩阵 $\boldsymbol{B}$ 非负定。

二、多维特征函数及其性质

随机矢量的多维特征函数是随机变量特征函数的推广。多维特征函数的某些性质与特征函数的性质也相类似。

定义　设随机矢量 $\boldsymbol{X} = (X_1, X_2, \cdots, X_n)^{\tau}$。对任意 n 个实数 $t_1, t_2, \cdots, t_n$,作

$$\varphi(t_1, t_2, \cdots, t_n) = Ee^{i(t_1 X_1 + t_2 X_2 + \cdots + t_n X_n)}$$

其中 $i = \sqrt{-1}$,称之为**随机矢量 $\boldsymbol{X}$ 的 n 维特征函数**。

由定义可见,n 维特征函数是 n 个实自变量的复值函数。

记矢量 $\boldsymbol{t} = (t_1, t_2, \cdots, t_n)^{\tau}$。$n$ 维特征函数可以简单地表示为

$$\varphi(\boldsymbol{t}) = Ee^{iX^{\tau}t} = Ee^{it^{\tau}X} \qquad (3.4)$$

对于随机矢量 $\boldsymbol{X}$ 具有连续概率分布的情形,若它的分布密度为 $f(x_1, x_2, \cdots, x_n)$,那么 n 维特征函数可表示为

$$\varphi(t_1, t_2, \cdots, t_n) = \int_{-\infty}^{\infty} \cdots \int_{-\infty}^{\infty} e^{i(t_1 x_1 + t_2 x_2 + \cdots + t_n x_n)}$$
$$f(x_1, x_2, \cdots, x_n) dx_1 dx_2 \cdots dx_n \qquad (3.5)$$

n 维特征函数亦有逆转公式和唯一性定理。由 n 维特征函数可以唯一地确定随机矢量 $\boldsymbol{X}$ 的概率分布。这里仅仅提出这个重要事实,而不做详述了。

利用定义可以证明 **n 维特征函数的下列性质**:

(1) $|\varphi(t_1, t_2, \cdots, t_n)| \leqslant \varphi(0, 0, \cdots, 0) = 1$。

(2) $\varphi(-t_1, -t_2, \cdots, -t_n) = \overline{\varphi(t_1, t_2, \cdots, t_n)}$。

(3) $\varphi(t_1, t_2, \cdots, t_n)$ 在 n 维欧氏空间 R^n 上一致连续。

(4) 若 $\varphi(t_1, t_2, \cdots, t_n)$ 是 n 维随机矢量 $(X_1, X_2, \cdots, X_n)^{\tau}$ 的特征函数,则 $k(0 < k < n)$ 维随机矢量 $(X_1, X_2, \cdots, X_k)^{\tau}$ 的特征函数为

$$\varphi_{X_1,X_2,\cdots,X_k}(t_1,t_2,\cdots,t_k) = \varphi(t_1,t_2,\cdots,t_k,0,\cdots,0) \qquad (3.6)$$

此性质表明,如果要获得 n 维随机矢量 $\boldsymbol{X}$ 的 $k(k<n)$ 维边缘概率分布,只要在原来的特征函数中保留自变量 $t_1,t_2,\cdots,t_k$,其他置零即可。

(5) 若 $\varphi(t_1,t_2,\cdots,t_n)$ 是随机矢量 $(X_1,X_2,\cdots,X_n)^\tau$ 的特征函数,则随机变量 $Y = a_1X_1 + a_2X_2 + \cdots + a_nX_n$ 的特征函数为

$$\varphi_Y(t) = \varphi(a_1t,a_2t,\cdots,a_nt) \qquad (3.7)$$

(6) 若 $\varphi(t_1,t_2,\cdots,t_n)$ 是 n 维随机矢量 $(X_1,X_2,\cdots,X_n)^\tau$ 的特征函数,而随机变量 X_j 的特征函数是 $\varphi_{X_j}(t)$,$j=1,2,\cdots,n$,则随机变量 $X_1,X_2,\cdots,X_n$ 相互独立的充分必要条件是

$$\varphi(t_1,t_2,\cdots,t_n) = \varphi_{X_1}(t_1)\varphi_{X_2}(t_2)\cdots\varphi_{X_n}(t_n) \qquad (3.8)$$

(7) 如果矩 $E(X_1^{k_1}X_2^{k_2}\cdots X_n^{k_n})$ 存在,则

$$E(X_1^{k_1}X_2^{k_2}\cdots X_n^{k_n})$$

$$= i^{-\sum\limits_{j=1}^{n}k_j}\left[\frac{\partial^{k_1+k_2+\cdots+k_n}\varphi(t_1,t_2,\cdots,t_n)}{\partial t_1^{k_1}\partial t_2^{k_2}\cdots\partial t_n^{k_n}}\right]_{t_1=t_2=\cdots=t_n=0} \qquad (3.9)$$

下面介绍正态随机矢量,在证明它的性质时需要用到多维特征函数。

三、正态随机矢量及其性质

在概率论中曾经讨论过二维正态随机矢量 $(X_1,X_2)^\tau$。它的分布密度

$$f(x_1,x_2) = \frac{1}{2\pi\sigma_1\sigma_2\sqrt{1-\rho^2}}\exp\left\{-\frac{1}{2(1-\rho^2)}\left[\frac{(x_1-a_1)^2}{\sigma_1^2}-\right.\right.$$

$$\left.\left. 2\rho\frac{(x_1-a_1)(x_2-a_2)}{\sigma_1\sigma_2}+\frac{(x_2-a_2)^2}{\sigma_2^2}\right]\right\}$$

$$(-\infty<x_1<\infty,-\infty<x_2<\infty) \qquad (3.10)$$

称为二维正态分布密度,其中 $a_1=EX_1$,$a_2=EX_2$,$\sigma_1^2=DX_1$,$\sigma_2^2=DX_2$,ρ 是随机变量 X 和 Y 的相关系数。

下面用矢量和矩阵的形式表示二维正态分布密度。为此,令

$$\boldsymbol{B} = \begin{bmatrix} \sigma_1^2 & \rho\,\sigma_1\sigma_2 \\ \rho\,\sigma_1\sigma_2 & \sigma_2^2 \end{bmatrix}, \ \boldsymbol{a} = \begin{pmatrix} a_1 \\ a_2 \end{pmatrix}, \ \boldsymbol{x} = \begin{pmatrix} x_1 \\ x_2 \end{pmatrix} \tag{3.11}$$

于是

$$|\boldsymbol{B}| = (1-\rho^2)\sigma_1^2\sigma_2^2$$

而

$$\boldsymbol{B}^{-1} = \frac{1}{(1-\rho^2)\sigma_1^2\sigma_2^2} \begin{bmatrix} \sigma_2^2 & -\rho\,\sigma_1\sigma_2 \\ -\rho\,\sigma_1\sigma_2 & \sigma_1^2 \end{bmatrix}$$

$$= \frac{1}{1-\rho^2} \begin{bmatrix} \dfrac{1}{\sigma_1^2} & -\rho\,\dfrac{1}{\sigma_1\sigma_2} \\ -\rho\,\dfrac{1}{\sigma_1\sigma_2} & \dfrac{1}{\sigma_2^2} \end{bmatrix}$$

故

$$(\boldsymbol{X}-\boldsymbol{a})^{\tau}\boldsymbol{B}^{-1}(\boldsymbol{X}-\boldsymbol{a}) = \frac{1}{1-\rho^2}\left[\frac{(x_1-a_1)^2}{\sigma_1^2}-\right.$$

$$\left. 2\rho\,\frac{(x_1-a_1)(x_2-a_2)}{\sigma_1\sigma_2} + \frac{(x_2-a_2)^2}{\sigma_2^2}\right]$$

因而(3.10)式可以表示为

$$f(\boldsymbol{x}) = \frac{1}{2\pi\,|\boldsymbol{B}|^{\frac{1}{2}}}\exp\left\{-\frac{1}{2}(\boldsymbol{x}-\boldsymbol{a})^{\tau}\boldsymbol{B}^{-1}(\boldsymbol{x}-\boldsymbol{a})\right\} \tag{3.12}$$

需要指出(3.11)式中 $\boldsymbol{B}$ 是随机矢量 $\boldsymbol{X}$ 的协方差阵。

一般地说,如果 n 维随机矢量 $\boldsymbol{X}=(X_1,X_2,\cdots,X_n)^{\tau}$ 的分布密度为

$$f(\boldsymbol{x}) = \frac{1}{(2\pi)^{\frac{n}{2}}\,|\boldsymbol{B}|^{\frac{1}{2}}}\exp\left\{-\frac{1}{2}(\boldsymbol{x}-\boldsymbol{a})^{\tau}\boldsymbol{B}^{-1}(\boldsymbol{x}-\boldsymbol{a})\right\} \tag{3.13}$$

其中

$$\boldsymbol{x} = (x_1,x_2,\cdots,x_n)^{\tau}$$
$$\boldsymbol{a} = E\boldsymbol{X} = (EX_1,EX_2,\cdots,EX_n)^{\tau}$$

和

$$B = \begin{bmatrix} \text{cov}(X_1,X_1) & \text{cov}(X_1,X_2) & \cdots & \text{cov}(X_1,X_n) \\ \text{cov}(X_2,X_1) & \text{cov}(X_2,X_2) & \cdots & \text{cov}(X_2,X_n) \\ \vdots & \vdots & & \vdots \\ \text{cov}(X_n,X_1) & \text{cov}(X_n,X_2) & \cdots & \text{cov}(X_n,X_n) \end{bmatrix}$$

$$(3.14)$$

且矩阵 B 是正定的,此时 $|B| > 0$,X 为 n 维正态随机矢量。(3.13)式称为 n 维正态分布密度。n 维正态分布记为 $N(a,B)$。

n 维正态分布是二维正态分布的自然推广。n 维正态随机矢量的特征函数将在下面定理中给出。

定理　n 维正态分布 $N(a,B)$ 的特征函数是

$$\varphi(t) = \exp\left\{ ia^\tau t - \frac{1}{2} t^\tau B t \right\} \qquad (3.15)$$

它的证明从略[①]。

需要说明,n 维正态分布还有另外一种定义方法,即利用多维特征函数进行定义。如果 n 维随机矢量 X 的特征函数是

$$\varphi(t) = \exp\left\{ ia^\tau t - \frac{1}{2} t^\tau B t \right\}$$

其中 a 是 n 维列矢量,B 是 n 阶非负定矩阵,那么称 X 的概率分布是 n 维正态分布 $N(a,B)$。特别指出,$|B| = 0$ 的情形这个定义亦是有意义的,而前面用分布密度(3.13)式定义 n 维正态分布是没有意义的。所以,这里用多维特征函数定义 n 维正态分布更为一般。显然,在 $|B| \neq 0$ 的情况下两种定义方式是等价的,对 $|B| \neq 0$ 的情形用分布密度(3.13)式定义的概率分布亦称为**非退化的 n 维正态分布**。

n 维正态随机矢量具有如下性质:

(1) n 维正态随机矢量 $X = (X_1, X_2, \cdots, X_n)^\tau$ 的 $m(m < n)$ 个分量构成的随机矢量 $\widetilde{X} = (X_1, X_2, \cdots, X_m)^\tau$,它是 m 维正态随机

---

① 　定理的证明可见参考书[1]第 217 页。

矢量,且它的数学期望矢量为 $\tilde{a} = (a_1, a_2, \cdots, a_m)^\tau$,协方差阵为

$$\hat{B} = \begin{bmatrix} \text{cov}(X_1, X_1) & \text{cov}(X_1, X_2) & \cdots & \text{cov}(X_1, X_m) \\ \text{cov}(X_2, X_1) & \text{cov}(X_2, X_2) & \cdots & \text{cov}(X_2, X_m) \\ \vdots & \vdots & & \vdots \\ \text{cov}(X_m, X_1) & \text{cov}(X_m, X_2) & \cdots & \text{cov}(X_m, X_m) \end{bmatrix}$$

特殊地取 $m = 1$,可得随机变量 X_1 服从正态分布 $N(a_1, DX_1)$。一般有随机变量 X_j 服从正态分布 $N(a_j, DX_j)$,$1 \leqslant j \leqslant n$。

证　记矢量 $\tilde{t} = (t_1, t_2, \cdots, t_m)^\tau$。利用(3.6)式,

$$f_{X_1, X_2, \cdots, X_m}(t_1, t_2, \cdots, t_m) = f(t_1, t_2, \cdots, t_m, 0, \cdots, 0)$$

$$= \left. e^{ia^\tau t - \frac{1}{2} t^\tau B t} \right|_{t_{m+1}} = \cdots = t_n = 0 \qquad (3.16)$$

其中

$$a^\tau t = a_1 t_1 + a_2 t_2 + \cdots + a_m t_m = (a_1, a_2, \cdots, a_m)(t_1, t_2, \cdots, t_m)^\tau$$

$$= \tilde{a}^\tau \tilde{t}$$

而

$$\tilde{t}^\tau B t = (t_1, t_2, \cdots, t_m, 0, \cdots, 0) \begin{pmatrix} \text{cov}(X_1, X_1) & \cdots & \text{cov}(X_1, X_n) \\ \vdots & & \vdots \\ \text{cov}(X_n, X_1) & \cdots & \text{cov}(X_n, X_n) \end{pmatrix} \begin{pmatrix} t_1 \\ t_2 \\ \vdots \\ t_m \\ 0 \\ \vdots \\ 0 \end{pmatrix}$$

$$= \sum_{k=1}^{m} \sum_{j=1}^{m} \text{cov}(X_k, X_j) t_k t_j$$

$$= (t_1, t_2, \cdots, t_m) \begin{pmatrix} \text{cov}(X_1, X_1) & \cdots & \text{cov}(X_1, X_m) \\ \vdots & & \vdots \\ \text{cov}(X_m, X_1) & \cdots & \text{cov}(X_m, X_m) \end{pmatrix} \begin{pmatrix} t_1 \\ t_2 \\ \vdots \\ t_m \end{pmatrix}$$

$$= \tilde{t}^\tau \tilde{B} \tilde{t}$$

所以(3.16)式可写为

$$f_{X_1,X_2,\cdots,X_m}(t_1,t_2,\cdots,t_m) = \exp\{i\tilde{\boldsymbol{a}}^{\tau}\tilde{\boldsymbol{t}} - \frac{1}{2}\tilde{\boldsymbol{t}}^{\tau}\tilde{\boldsymbol{B}}\tilde{\boldsymbol{t}}\}$$

这是 m 维正态分布 $N(\tilde{\boldsymbol{a}},\tilde{\boldsymbol{B}})$ 的特征函数。由唯一性定理知随机矢量 $\boldsymbol{X}$ 服从正态分布 $(\tilde{\boldsymbol{a}},\tilde{\boldsymbol{B}})$。定理证毕。

(2) 设 $\boldsymbol{X}=(X_1,X_2,\cdots,X_n)^{\tau}$ 是 n 维正态矢量,则随机变量 $X_1,X_2,\cdots,X_n$ 相互独立的充分必要条件是它们两两不相关。

证　先证必要性。设随机变量 $X_1,X_2,\cdots,X_n$ 相互独立,显然其中任意两个随机变量 X_j 与 $X_k(j\neq k)$ 相互独立,进而 X_j 与 X_k 不相关,所以 $X_1,X_2,\cdots,X_n$ 两两不相关。

再证充分性。因为 $\mathrm{cov}(X_j,X_k)=0,j\neq k$,故

$$\boldsymbol{B} = \begin{bmatrix} DX_1 & 0 & 0 & \cdots & 0 \\ 0 & DX_2 & 0 & \cdots & 0 \\ \vdots & \vdots & \vdots & & \vdots \\ 0 & 0 & 0 & \cdots & DX_n \end{bmatrix}$$

于是,n 维正态分布的特征函数

$$\varphi(t_1,t_2,\cdots,t_n) = \mathrm{e}^{i\sum_{k=1}^{n}a_k t_k - \frac{1}{2}\sum_{k=1}^{n}DX_k t_k^2}$$

$$= \prod_{k=1}^{n}\mathrm{e}^{ia_k t_k - \frac{1}{2}DX_k t_k^2} = \prod_{k=1}^{n}f_{X_k}(t_k)$$

由多维特征函数性质(6)得随机变量 $X_1,X_2,\cdots,X_n$ 相互独立。

(3) 若 $\boldsymbol{X}=(X_1,X_2,\cdots,X_n)^{\tau}$ 服从 n 维正态分布 $N(\boldsymbol{a},\boldsymbol{B})$,且 $l_1,l_2,\cdots,l_n$ 是常数,则随机变量 $Y=\sum_{j=1}^{n}l_j X_j$ 服从一维正态分布 $N(\sum_{j=1}^{n}l_j a_j, \sum_{j=1}^{n}\sum_{k=1}^{n}l_j l_k \mathrm{cov}(X_j,X_k))$。

此性质说明 n 维正态矢量分量的线性组合是一个正态随机变量。

证　利用(3.7)式,随机变量 Y 的特征函数

$$\varphi_Y(t)W = \varphi(l_1 t, l_2 t, \cdots, l_n t)$$

$$= \exp\{i\sum_{j=1}^{n} a_j l_j t - \frac{1}{2}\sum_{j=1}^{n}\sum_{k=1}^{n} \operatorname{cov}(X_j, X_k) l_j l_k t^2\}$$

这是正态分布 $N(\sum_{j=1}^{n} l_j a_j, \sum_{j=1}^{n}\sum_{k=1}^{n} \operatorname{cov}(X_j, X_k) l_j l_k)$ 的特征函数。由唯一性定理得证。

（4）若 $\boldsymbol{X} = (X_1, X_2, \cdots, X_n)^{\tau}$ 服从 n 维正态分布 $N(\boldsymbol{a}, \boldsymbol{B})$，又 m 维随机矢量 $\boldsymbol{Y} = \boldsymbol{C}\boldsymbol{X}$，其中 $\boldsymbol{C}$ 是 $m \times n$ 阶矩阵，则 $\boldsymbol{Y}$ 服从 m 维正态分布 $N(\boldsymbol{Ca}, \boldsymbol{CBC}^{\tau})$。

此性质说明正态随机矢量经过线性变换后仍为正态随机矢量。另外，需要指出性质（3）是性质（4）取 $m = 1$ 时的特殊情形。

证　随机矢量 $\boldsymbol{Y}$ 的特征函数

$$\varphi_Y(t) = E\mathrm{e}^{\mathrm{i}t^{\tau}Y} = E\mathrm{e}^{\mathrm{i}t^{\tau}CX} = E\mathrm{e}^{\mathrm{i}(C^{\tau}t)^{\tau}X}$$

$$= \exp\{\mathrm{i}a^{\tau}(C^{\tau}t) - \frac{1}{2}(C^{\tau}t)^{\tau}B(C^{\tau}t)\}$$

$$= \exp\{\mathrm{i}(Ca)^{\tau}t - \frac{1}{2}t^{\tau}(C^{\tau}(CBC^{\tau})t\}$$

这是 n 维正态分布 $N(\boldsymbol{Ca}, \boldsymbol{CBC}^{\tau})$ 的特征函数。由唯一性定理得证。

习　　题

1. 设随机试验是将一颗骰子连掷两次，观察两次所得到的点数，试写出样本空间 Ω。如果事件 A 表示两次出现的点数相同，事件 B 表示两次出现的点数之和大于 5，事件 C 表示至少有一次点数不大于 3。试用 Ω 的子集表示事件 A、B、C。

2. 设随机变量 X 服从几何分布，其分布列为

$$P\{X = k\} = q^{k-1}p, \ k = 1, 2, \cdots$$

其中 $0 < p < 1$，$q = 1 - p$。试求 X 的特征函数，并利用特征函数求数学期望和方差。

3. 设随机变量 X 服从负指数分布,其概率密度为

$$f(x) = \begin{cases} \lambda e^{-\lambda x}, & x \geqslant 0 \\ 0, & x < 0 \end{cases}$$

其中 $\lambda > 0$。试求 X 的特征函数,并利用特征函数求数学期望和方差。

4. 自由度为 n 的 χ^2 分布的密度为

$$f(x) = \begin{cases} \dfrac{1}{2^{\frac{n}{2}} \Gamma(\dfrac{n}{2})} x^{\frac{n}{2}-1} e^{-\frac{x}{2}}, & x > 0 \\ 0, & x \leqslant 0 \end{cases}$$

试用特征函数证明:若随机变量 X, Y 分别服从自由度为 m 和 n 的 χ^2 分布,且两者相互独立,则随机变量 $Z = X + Y$ 服从自由度为 $m + n$ 的 χ^2 分布。

5. 设 $(X, Y)^{\tau}$ 是二维正态矢量。它的数学期望矢量和协方差阵分别为 $(0,1)^{\tau}$ 与 $\begin{bmatrix} 4 & 3 \\ 3 & 9 \end{bmatrix}$。试写出 $(X, Y)^{\tau}$ 的二维分布密度。

6. 设随机变量 $X_1, X_2, \cdots, X_n$ 相互独立,分别具有相同的正态分布 $N(a, \sigma^2)$,试求随机矢量 $\boldsymbol{X} = (X_1, X_2, \cdots, X_n)^{\tau}$ 的 n 维分布密度,并写出它的数学期望矢量和协方差阵;再求 $\bar{X} = \dfrac{1}{n} \sum_{i=1}^{n} X_i$ 的概率分布密度。

7. 设 $\boldsymbol{X}$ 服从二维正态分布 $N(\boldsymbol{O}, \boldsymbol{B}), \boldsymbol{B} = \begin{bmatrix} 1 & 2 \\ 2 & 5 \end{bmatrix}$。若 $\boldsymbol{Y} = \boldsymbol{AX}$,其中 $\boldsymbol{A} = \begin{bmatrix} 1 & 0 \\ -2 & 1 \end{bmatrix}$,试求 $\boldsymbol{Y}$ 的概率分布。

8. 设 X_1, X_2, X_3 为独立同分布的正态变量,且各随机变量的分布为 $N(a, \sigma^2)$。令

$$Y_1 = \frac{1}{\sqrt{3}}(X_1 + X_2 + X_3),$$

$$Y_2 = \frac{1}{\sqrt{2}}(X_1 - X_2),$$

$$Y_3 = \frac{1}{\sqrt{6}}(2X_3 - X_1 - X_2)$$

试求随机矢量$(Y_1, Y_2, Y_3)^\tau$ 的分布密度。

9. 设 $X_1, X_2, \cdots, X_n$ 是独立同分布的标准正态变量,试求

$$Y_1 = \sum_{k=1}^{m} K_k \text{ 和} Y_2 = \sum_{k=1}^{n} X_k (m < n) \text{ 的联合分布密度。}$$

10. 设 $X_1, X_2, \cdots, X_n$ 是独立同分布的标准正态变量。作

$$\begin{bmatrix} Y_1 \\ Y_2 \\ \vdots \\ Y_n \end{bmatrix} = \begin{bmatrix} a_{11} & a_{12} & \cdots & a_{1n} \\ a_{21} & a_{22} & \cdots & a_{2n} \\ \vdots & \vdots & & \vdots \\ a_{n1} & a_{n2} & \cdots & a_{nm} \end{bmatrix} \begin{bmatrix} X_1 \\ X_2 \\ \vdots \\ X_n \end{bmatrix}$$

其中 $A = [a_{ij}]_{n \times n}$ 为正交阵,试证:随机变量 $Y_1, Y_2, \cdots, Y_n$ 也是独立同分布的标准正态变量。

参考文献

[1] 王梓坤. 概率论基础及其应用. 北京:科学出版社,1976

[2] 复旦大学. 概率论第一册 —— 概率论基础. 北京:人民教育出版社,1979

[3] 复旦大学. 概率论第三册 —— 随机过程. 北京:人民教育出版社,1981

[4] A. M. 雅格龙. 平稳随机函数导论. 数学进展,第 2 卷,第 1 期,1955

[5] 吴祈耀. 随机过程. 北京:国防工业出版社,1984

[6] A. 帕普力斯. 概率,随机变量与随机过程. 北京:高等教育出版社,1983

[7] B. C. Пугачев. Теория случайных функций и ее применение к зацачам автоматического управления. Москва, 1957

[8] G E P Box, G M Jenkins. Time Series Analysis, Forecasting and Control. Holden-Day, 1976

[9] 安鸿志等. 时间序列的分析与应用. 北京:科学出版社,1973

[10] 项静恬等. 动态数据处理 —— 时间序列分析. 北京:气象出版社,1986

[11] D Kannan. An Introduction to Stochastic Processes. North Holland,New York,1979

[12] S M Ross. Stochaslic Processes. John Wiley & Sons, 1983

[13] A B Clarke, R L Disney. Probability and Random Processes. John Wiley & Sons,1985

[14] 王梓坤. 随机过程论. 北京:科学出版社,1978

[15] 费勒. 概率论及其应用(下册). 北京:科学出版社,1979

[16] 徐光辉. 随机服务系统. 北京:科学出版社,1980

[17]　浙江大学数学系高等数学教研组. 概率论与数理统计. 北京:人民教育出版社,1979

[18]　闵华玲. 随机过程. 上海:同济大学出版社,1987

[19]　汪荣鑫. 数理统计. 西安:西安交通大学出版社,1986

习 题 答 案

第 一 章

1. 若 $t = \dfrac{1}{\omega_0}\left(k+\dfrac{1}{2}\right)\pi$，则 $P\{X(t)=0\}=1$；

   若 $t \neq \dfrac{1}{\omega_0}\left(k+\dfrac{1}{2}\right)\pi$，则 $f(x,t)=\dfrac{1}{|\cos\omega_0 t|}$。

   $\dfrac{1}{\sqrt{2\pi}}\mathrm{e}^{-\frac{x^2}{2\cos^2\omega_0 t}}$，$k$ 为整数

2. $F\left(x;\dfrac{1}{2}\right)=\begin{cases} 0, & x<0 \\[2mm] \dfrac{1}{2}, & 0\leqslant x<1 \\[2mm] 1, & x\geqslant 1 \end{cases}$

   $F(x,1)=\begin{cases} 0, & x<-1 \\[2mm] \dfrac{1}{2}, & -1\leqslant x<2 \\[2mm] 1, & x\geqslant 2 \end{cases}$

   $F\left(x_1,x_2;\dfrac{1}{2},1\right)=\begin{cases} 0, & x_1<0 \text{ 或 } x_2<-1 \\[2mm] \dfrac{1}{2}, & 0\leqslant x_1<1 \text{ 且 } x_2\geqslant-1, \\[2mm] & x_1\geqslant 0 \text{ 且 } -1\leqslant x_2<2 \\[2mm] 1, & x_1\geqslant 1 \text{ 且 } x_2\geqslant 2 \end{cases}$

3. $EX(t)=\dfrac{1}{3}(1+\sin t+\cos t)$

   $R_X(t_1,t_2)=\dfrac{1}{3}\left[1+\cos(t_2-t_1)\right]$

4. $f(x,t)=\dfrac{1}{tx}f\left(-\dfrac{1}{t}\ln x\right)$

5. $EX(t) = \dfrac{1}{Tt}(1 - e^{-Tt}), t > 0$

$R_X(t_1, t_2) = \dfrac{1}{T(t_1 + t_2)}(1 - e^{-T(t_1 + t_2)})$

6. 一维分布:$P\{X(t) = 1\} = p, P(X(t) = 0) = 1 - p$

二维分布:$P\{X(t_1) = 1, X(t_2) = 1\} = p^2,$

$\quad\quad\quad P\{X(t_1) = 1, X(t_2) = 0\} = p(1 - p),$

$\quad\quad\quad P\{X(t_1) = 0, X(t_2) = 1\} = p(1 - p),$

$\quad\quad\quad P\{X(t_1) = 0, X(t_2) = 0\} = (1 - p)^2$

$EX(t) = p, R_X(t_1, t_2) = p^2$

7. (1) Y_1 分布列　$P\{Y_1 = 1\} = P\{Y_1 = -1\} = \dfrac{1}{2}$

(2) Y_2 分布列　$P\{Y_2 = 0\} = \dfrac{1}{2},$

$$P\{Y_2 = 2\} = P\{Y_2 = -2\} = \dfrac{1}{4}$$

(3) $EY_n = 0$

(4) $n \leqslant m$ 时,$R_Y(n, m) = n$

8. $m_Y(t) = EY(t) = m_X(t) + \varphi(t),$

$C_Y(t_1, t_2) = C_X(t_1, t_2)$

10. $R_Y(t_1, t_2) = R_X(t_1 + a, t_2 + a) - R_X(t_1 + a, t_2) -$

$\quad\quad\quad R_X(t_1, t_2 + a) + R_X(t_1, t_2)$

11. $EX(t) = 0, R_X(t_1, t_2) = \dfrac{1}{6}\cos\omega_0(t_1 - t_2)$

12. $t = 0$ 时,$EX(t) = 1$

$t \neq 0$ 时,$EX(t) = \dfrac{2}{\Delta t}\sin\left(\dfrac{1}{2}\Delta t\right)\cos\omega_0 t$

当 $t_1 + t_2 \neq 0, t_1 - t_2 \neq 0$ 时

$C_X(t_1, t_2) = \dfrac{1}{\Delta(t_1 + t_2)}\sin\left[\dfrac{1}{2}\Delta(t_1 + t_2)\right] \cdot$

$$\cos\omega_0(t_1 + t_2) + \frac{1}{\Delta(t_1 - t_2)}\sin\left[\frac{\Delta}{2}(t_1 - t_2)\right] \cdot$$

$$\cos\omega_0(t_1 - t_2) - \frac{2}{\Delta t_1}\sin\left(\frac{1}{2}\Delta t_1\right)\cos\omega_0 t_1 \cdot$$

$$\frac{2}{\Delta t_2}\sin\left(\frac{1}{2}\Delta t_2\right)\cos\omega_2 t_2$$

当 $t_1 + t_2 \neq 0, t_1 - t_2 = 0$ 即 $t_1 = t_2 = t$ 时

当 $t \neq 0$ 时，$C_X(t,t) = \frac{1}{2} + \frac{1}{2\Delta t}\sin\Delta t \cos 2\omega_0 t$

$$- \left[\frac{2}{\Delta t}\sin\left(\frac{1}{2}\Delta t\right)\cos\omega_0 t\right]^2$$

当 $t_1 = -t_2 = t \neq 0$ 时，

$$C_X(t, -t) = \frac{1}{2} + \frac{1}{2\Delta t}\sin(\Delta t)\cos 2\omega_0 t$$

$$- \left[\frac{2}{\Delta t}\sin\frac{1}{2}\Delta t \cos\omega_0 t\right]^2$$

当 $t_1 = t_2 = 0$ 时，

$$C_X(0,0) = 0$$

13. $EX(t) = a, C_X(t_1, t_2) = \sigma^2$

14. $C_X(t_1, t_2) = \sigma_1^2 + \sigma_2^2 t_1 t_2 + (t_1 + t_2)\gamma$

15. $C_X(t_1, t_2) = 1 + t_1 t_2 + t_1^2 t_2^2$

17. $EZ_1 = 0$, $EZ_2 = \frac{4}{3}\sigma^2$

第 二 章

1. 第一章中第 5、7、12、14、15 题是非平稳过程；第 6、11、13 题是平稳过程。

4. $X(t)$ 是平稳过程，数学期望、相关函数有各态历经性。

5. $EX(t) = \frac{a}{8}$

6. 有数学期望各态历经性，无相关函数各态历经性。

8. 有数学期望各态历经性。

10. $R_Z(t, t+\tau) = R_X(\tau) + R_Y(\tau) + 2m_X m_Y$

11. $EX^2(t) = 5$

12. (b) 是相关函数,(a)、(c)、(d) 不是相关函数。

13. $EX(t)X(t+\tau) = \dfrac{4}{5\tau}\sin 5\tau$,$X(t)$ 是平稳过程,有数学期望各态历经性,无相关函数各态历经性。

14. $EZ(t) = 0, DZ(t) = 260,$

$EZ(t)Z(t+\tau) = 26e^{-2|\tau|}\cos\omega_0\tau(9 + e^{-3\tau^2})$

15. $(1)\ R_{XY}(\tau) = aR_X(\tau - \tau_1) + R_{XN}(\tau)$

$(2)\ R_{XY}(\tau) = aR_X(\tau - \tau_1)$

16. $R_{XY}(\tau) = \dfrac{1}{2}ab\sin\omega_0\tau, R_{YX}(\tau) = -\dfrac{1}{2}ab\sin\omega_0\tau$

17. $X(t)$ 是平稳过程,但不均方连续

20. $ES = 1,\ DS = \dfrac{1}{2}(1 + e^{-2})$

21. $EZ(t)\overline{Z(t+\tau)} = e^{-i\omega_0\tau}$,$Z(t)$ 平稳。

23. $(1)\ S_1(\omega)$、$S_3(\omega)$、$S_4(\omega)$ 不是,$S_2(\omega)$ 是。

(2) 对 $S_2(\omega), R_X(\tau) = -\dfrac{1}{2\sqrt{2}}e^{-\sqrt{2}|\tau|} + \dfrac{1}{\sqrt{3}}e^{-\sqrt{2}|\tau|}$,

$$E|X(t)|^2 = \dfrac{1}{\sqrt{3}} - \dfrac{1}{2\sqrt{2}}$$

24. $E|X(t)|^2 = \dfrac{2}{3\pi}a^2$

25. 因为自相关函数在 $\tau = 0$ 时连续,所以平稳过程的自相关函数是连续的。

26. $(1)\ S_X(\omega) = \dfrac{a}{a^2 + (\omega - \omega_0)^2} + \dfrac{1}{a^2 + (\omega + \omega_0)^2}$

$(2)\ S_X(\omega) = \dfrac{4}{T\omega^2}\sin^2\dfrac{\omega t}{2}$

(3) $S_X(\omega) = \dfrac{4}{16 + (\omega - \pi)^2} + \dfrac{4}{16 + (\omega + \pi)^2}$
$\qquad\qquad + \pi[\delta(\omega - 3\pi) + \delta(\omega + 3\pi)]$

(4) $S_X(\omega) = \dfrac{2\omega\sigma^2}{b} \cdot \left[\dfrac{1}{a^2 + (\omega - b)^2} - \dfrac{1}{a^2 + (\omega + b)^2} \right]$

27. (1) $R_X(\tau) = \dfrac{1}{\pi\tau}\sin\omega_0\tau$

(2) $R_X(\tau) = \dfrac{4}{\pi} + \dfrac{4}{\pi}\dfrac{\sin^2 5\tau}{\tau^2}$

(3) $R_X(\tau) = \dfrac{2}{\pi\omega_0\tau^2}\sin^2\dfrac{1}{2}\omega_0\tau$

(4) $R_X(\tau) = \dfrac{4}{\pi} + \dfrac{40}{\pi\tau\omega_0^2}\sin^2\dfrac{1}{2}\omega_0\tau$

(5) $R_X(\tau) = \displaystyle\sum_{k=1}^{n}\dfrac{a_k}{2b_k}\mathrm{e}^{-b_k|\tau|}$

(6) $R_X(\tau) = \dfrac{b^2}{\pi\tau}\sin 2a\tau - \dfrac{b^2}{\pi\tau}\sin a\tau$

33. $S_{XY}(\omega) = m_X m_Y 2\pi\delta(\omega)$,
$\quad S_{XZ}(\omega) = S_X(\omega) + 2\pi m_X m_Y\delta(\omega)$

36. (1) $h(t) = \begin{cases} \dfrac{9}{4}(\mathrm{e}^{-2t} - \mathrm{e}^{-18t}), & t \geqslant 0 \\ 0 & t < 0 \end{cases}$

(2) $\psi_Y^2 = \dfrac{9}{10}S_0$

37. $R_Y(\tau) = \dfrac{1}{3} + \dfrac{a^2}{2} \cdot \dfrac{\cos 2\pi\tau}{a^2 + 4\pi^2}$, $a = \dfrac{1}{RC}$

38. $R_Y(\tau) = S_0\left[\delta(\tau) - \dfrac{R}{2L}\mathrm{e}^{-\frac{R}{L}|\tau|}\right]$

39. (1) $H(p) = \dfrac{1 - \mathrm{e}^{-pT}}{p}$

(2) $R_Z(0) = TS_0$

40. (1) $H(p) = p$, $H(\mathrm{i}\omega) = \mathrm{i}\omega$

(2) $S_{XY}(\omega) = S_X(\omega)\mathrm{i}\omega$

(3) $S_Y(\omega) = \omega^2 S_X(\omega)$

第 三 章

1. (1) 在平稳域;(2) 在可逆域;(3) 不在平稳域;(4) 在平稳域;(5) 不在平稳域;(6) 在可逆域;(7) 不在平稳域;(8) 不在可逆域;(9) 在平稳域,不在可逆域;(10) 在平稳域,不在可逆域。

2. 不在平稳域。

3. (1) 在平稳域;(2) 在平稳域;(3) 不在可逆域;(4) 在可逆域。

4. (1) $W_t = \displaystyle\sum_{k=0}^{\infty} (0.7)^k a_{t-k}$

(2) $a_t = \displaystyle\sum_{k=0}^{\infty} (-1)^k (0.46)^k W_{t-k}$

(3) $W_t = \displaystyle\sum_{k=0}^{\infty} \frac{1}{1.7} \big[(-1)^k (0.8)^{k+1} + (0.9)^{k+1} \big] a_{t-k}$

(4) $a_t = \displaystyle\sum_{k=0}^{\infty} \big[-(0.4)^k + 2(-0.8)^k \big] W_{t-k}$

(5) $W_t = \displaystyle\sum_{k=1}^{\infty} (k+1)(0.6)^k a_{t-k}$

(6) $W_t = a_t + \displaystyle\sum_{k=1}^{\infty} \big[(-0.3)^k - 0.4(-0.3)^{k-1} \big] a_{t-k}$,

$a_t = W_t + \displaystyle\sum_{k=1}^{\infty} \big[(0.4)^k + 0.3(0.4)^{k-1} \big] W_{t-k}$

(7) $W_t = \displaystyle\sum_{k=0}^{\infty} \frac{1}{2} \big[-11(0.7)^k + 13(0.9)^k \big] a_{t-k}$,

$a_t = W_t - 2W_{t-1} + \displaystyle\sum_{k=2}^{\infty} \big[(-0.4)^k - 1.6(-0.4)^{k-1}$

$+ 0.63(-0.4)^{k-2} \big] W_{t-k}$

6. $W_t = \sum_{k=0}^{\infty} \dfrac{\lambda_1^{k+1} - \lambda_2^{k+1}}{\lambda_1 - \lambda_2} a_{t-k}$

8. $W_t = \sum_{k=0}^{\infty} \left[\theta_1 \dfrac{\lambda_1^k - \lambda_2^k}{\lambda_2 - \lambda_1} + \dfrac{\lambda_2^{k+1} - \lambda_1^{k+1}}{\lambda_2 - \lambda_1} \right] a_{t-k}$,

$$a_t = W_t + (\theta_1 - \phi_1) W_{t-1} + \sum_{k=2}^{\infty} (\theta_1^k - \phi_1 \theta_1^{k-1} - \phi_2 \theta_1^{k-2}) W_{t-k}$$

9. (1) $W_t = \sum_{k=0}^{\infty} \big[-0.25(0.1)^k + 0.8(0.2)^k$

$\qquad\qquad + 0.45(-0.3)^k \big] a_{t-k}$

(2) $W_t = \sum_{k=0}^{\infty} \left[\dfrac{rs}{(r+s)^2}(-r)^k + \dfrac{1}{(r+s)^2} s^{k+2} \right] a_{t-k}$

$\qquad\qquad + \sum_{k=0}^{\infty} \dfrac{r^{k+1}}{r+s}(k+1) a_{t-k}$

10. 无传递形式。

13.

k	1	2	3	4	5	6	7	8	9	10	11	12
$\hat{\rho}_k$	0.91	0.85	0.79	0.73	0.67	0.64	0.57	0.47	0.37	0.27	0.18	0.09

14. $\hat{\phi}_{11} = -0.34$, $\hat{\phi}_{22} = -0.19$, $\hat{\phi}_{33} = 0.01$

15. (1) 合理;(2) 不合理;(3) 合理;(4) 合理;(5) 合理。

17. A 序列:$\hat{\theta}_1 = 0.39, \hat{\sigma}_a^2 = 1.07$;$C$ 序列:$\hat{\phi}_1 = 0.56, \hat{\sigma}_a^2 = 1.08$;$D$ 序列:$\hat{\phi}_1 = 0.91, \hat{\phi}_2 = -0.14, \hat{\sigma}_a^2 = 0.96$;$E$ 序列:$\hat{\phi}_1 = 0.57, \hat{\theta}_1 = 1, \hat{\sigma}_a^2 = 0.94$

18. $Z_t = 0.05 - 0.80 Z_{t-1} + a_t$, $\hat{\sigma}_a^2 = 1.20$

19. $Z_t = -0.34 + a_t + 0.62 a_{t-1}$, $\hat{\sigma}_a^2 = 0.96$

20. $Z_t = -0.07 - 0.47 Z_{t-1} + a_t - 0.64 a_{t-1}$, $\hat{\sigma}_a^2 = 0.88$

21. $Z_t = 0.03 + 0.27 Z_{t-1} + 0.36 Z_{t-2} + a_t$, $\hat{\sigma}_a^2 = 0.82$

23. $\hat{Z}_{100}(1) = -2.51, \hat{Z}_{100}(2) = 2.06, \hat{Z}_{100}(3) = -1.60$;绝对

误差范围 2.19。

24. $\hat{Z}_{100}(1) = 3.05, \hat{Z}_{100}(2) = 2.15, \hat{Z}_{100}(3) = 1.71$;绝对误差范围 1.81。

25. $\hat{Z}_{50}(1) = 0.44, \hat{Z}_{50}(2) = -0.34, \hat{Z}_{50}(3) = -0.34$

26. $\hat{Z}_{50}(1) = 0.27, \hat{Z}_{50}(2) = 1.38, \hat{Z}_{50}(3) = 1.72$

27. $\hat{Z}_{50}(1) = -11.76, \hat{Z}_{50}(2) = 5.46, \hat{Z}_{50}(3) = -2.64$

28. $\hat{W}_k(l) = W_k(0.8)^l + [W_k - 0.8W_{k-1}]l(0.8)^l, l \geqslant 1$

31. 例 2 的 $E[\hat{e}_k(l)]^2 = \frac{\sigma_a^2}{(\lambda_2 - \lambda_1)^2}\left[\lambda_1^2 \frac{1-\lambda_1^{2l}}{1-\lambda_1^2} + \lambda_2^2 \frac{1-\lambda_2^{2l}}{1-\lambda_2^2} - 2\lambda_1\lambda_2 \frac{1-\lambda_1^l\lambda_2^l}{1-\lambda_1\lambda_2}\right]$。在例 3 中,$E[\hat{e}_k(1)]^2 = \sigma_a^2$;当 $l \geqslant 2$,$E[\hat{e}_k(l)]^2 = \sigma_a^2(1+\theta_1^2)$。在例 4 中,$E[\hat{e}_k(1)]^2 = \sigma_a^2$,$E[\hat{e}_k(2)]^2 = \sigma_a^2(1+\theta_1^2)$;当 $l \geqslant 3$,$E[\hat{e}_k(l)]^2 = (1+\theta_1^2+\theta_2^2)$。在例 5 中,$E[\hat{e}_k(1)]^2 = \sigma_a^2$;当 $l \geqslant 2$,$E[\hat{e}_k(l)]^2 = \sigma_a^2[1 + (\phi_1-\theta_1)^2 \frac{1-\phi_1^{2(l-1)}}{1-\phi_1^2}]$。

32. (1) $E[\hat{e}_k(l)]^2 = 1.06 \frac{1-(0.56)^{2l}}{1-(0.56)^2}$,绝对误差范围 $2.48\sqrt{1-(0.56)^{2l}}$

(2) $\hat{W}_k(l) = 6.4(0.7^{l+1} - 0.2^{l+2}) + 0.20(0.7^l - 0.2^l)$

(3) $\hat{W}_k(1) \approx -\sum_{j=1}^k (0.39)^j W_{k+1-j}$

(4) $W_k(1) = -2\sum_{j=1}^k [(0.8)^{j+1} - (0.3)^{j+1}], \hat{W}_k(2) \approx -2\sum_{j=1}^k [2(0.8^{j+2} - 0.3^{j+2} + 0.24(0.8^j - 0.3^j)]W_{k+1-j}$

(5) $\hat{W}_k(l) \approx -0.34(0.56)^{l-1}\sum_{j=1}^k (0.9)^{j-1}W_{k+1-j}$

第 四 章

1. $X(n)$ 是马尔科夫链。它的一步转移概率矩阵

$$P = \begin{bmatrix} \dfrac{1}{6} & \dfrac{1}{6} & \dfrac{1}{6} & \dfrac{1}{6} & \dfrac{1}{6} & \dfrac{1}{6} \\ \dfrac{1}{6} & \dfrac{1}{6} & \dfrac{1}{6} & \dfrac{1}{6} & \dfrac{1}{6} & \dfrac{1}{6} \\ \vdots & \vdots & \vdots & \vdots & \vdots & \vdots \\ \dfrac{1}{6} & \dfrac{1}{6} & \dfrac{1}{6} & \dfrac{1}{6} & \dfrac{1}{6} & \dfrac{1}{6} \end{bmatrix}$$

$Y(n)$ 是马尔科夫链。它的一步转移概率

$$p_{ij}(n,n+1) = \begin{cases} \dfrac{1}{6}, & j = i+1, i+2, \cdots, i+6 \\ 0, & j = i, i+7, i+8, \text{或} j < i \end{cases}$$

其中 $i = n, n+1, \cdots, 6n$；$j = n+1, n+2, \cdots, 6(n+1)$。

2. $E = \{0, 1, 2, \cdots, a\}$。一步转移概率矩阵

$$P = \begin{bmatrix} 1 & 0 & 0 & 0 & \cdots & 0 \\ q & 0 & p & 0 & \cdots & 0 \\ 0 & q & 0 & p & \cdots & 0 \\ \vdots & \vdots & \vdots & \vdots & \vdots & \vdots \\ 0 & 0 & \cdots & q & 0 & p \\ 0 & 0 & \cdots & \cdots & \cdots & 1 \end{bmatrix}$$

3. $X(n)$ 是马尔科夫链。它的一步转移概率

$$p_{ij}(n,n+1) = \begin{cases} q, & j = 0 \\ p, & j = i+1 \\ 0, & j \text{ 取其他值} \end{cases}$$

其中 $i = 0, 1, 2, \cdots, n$；$j = 0, 1, 2, \cdots, n+1$。

4. $X(n)$ 是马尔科夫链。$E = \{0, 1, 2, \cdots, 100\}$。当 $n \geqslant 50$，它的一步转移概率矩阵

$$P = \begin{bmatrix} \dfrac{1}{2} & \dfrac{1}{2} & 0 & 0 & \cdots & \cdots & \cdots & \cdots & 0 \\[2mm] \dfrac{1}{200} & \dfrac{1}{2} & \dfrac{99}{200} & 0 & \cdots & \cdots & \cdots & \cdots & 0 \\[2mm] 0 & \dfrac{1}{100} & \dfrac{1}{2} & \dfrac{49}{100} & \cdots & \cdots & \cdots & \cdots & 0 \\[2mm] \vdots & \vdots & \vdots & \vdots & \vdots & \vdots & \vdots & \vdots & \vdots \\[2mm] 0 & \cdots & 0 & \dfrac{i}{200} & \dfrac{1}{2} & \dfrac{100-i}{200} & 0 & \cdots & \cdots \\[2mm] 0 & \cdots & \cdots & \cdots & \cdots & \cdots & \dfrac{99}{200} & \dfrac{1}{2} & \dfrac{1}{200} \\[2mm] 0 & \cdots & \cdots & \cdots & \cdots & \cdots & 0 & \dfrac{1}{2} & \dfrac{1}{2} \end{bmatrix}$$

5. $X(n)$ 是马尔科夫链。它的一步转移概率

$$p_{ij}(n,n+1) = \begin{cases} \dfrac{1}{4}, & j = i, i+2 \\[2mm] \dfrac{1}{2}, & j = i+1 \\[2mm] 0, & j \text{ 取其他} \end{cases}$$

其中 $i = 0,1,\cdots,2n$；$j = 0,1,\cdots,2(n+1)$。

6. $X(n)$ 是马尔科夫链。它的一步转移概率矩阵

$$P = \begin{bmatrix} \dfrac{1}{6} & \dfrac{1}{6} & \dfrac{1}{6} & \dfrac{1}{6} & \dfrac{1}{6} & \dfrac{1}{6} \\[2mm] 0 & \dfrac{2}{6} & \dfrac{1}{6} & \dfrac{1}{6} & \dfrac{1}{6} & \dfrac{1}{6} \\[2mm] 0 & 0 & \dfrac{3}{6} & \dfrac{1}{6} & \dfrac{1}{6} & \dfrac{1}{6} \\[2mm] 0 & 0 & 0 & \dfrac{4}{6} & \dfrac{1}{6} & \dfrac{1}{6} \\[2mm] 0 & 0 & 0 & 0 & \dfrac{5}{6} & \dfrac{1}{6} \\[2mm] 0 & 0 & 0 & 0 & 0 & 1 \end{bmatrix}$$

8. $\boldsymbol{P} = \begin{bmatrix} 0 & \frac{1}{3} & \frac{1}{3} & \frac{1}{3} \\ \frac{1}{10} & \frac{7}{10} & \frac{1}{10} & \frac{1}{10} \\ 0 & 0 & 0 & 1 \\ \frac{1}{4} & \frac{3}{4} & 0 & 0 \end{bmatrix}$

9. $\boldsymbol{P}(2) = \begin{bmatrix} \frac{15}{36} & \frac{13}{36} & \frac{2}{9} \\ \frac{7}{18} & \frac{7}{18} & \frac{2}{9} \\ \frac{7}{18} & \frac{13}{36} & \frac{1}{4} \end{bmatrix}$

11. (1) $\frac{1}{16}$; (2) $\frac{7}{16}$。

12. (1) $\frac{1}{6}a$

(2) $\frac{1}{6}\left(\frac{1}{2}+\frac{a}{6}\right), \frac{1}{6}\left(\frac{7}{12}+\frac{a}{36}\right), \frac{1}{6}\left(\frac{43}{72}+\frac{a}{126}\right)$

(3) $\frac{7}{18}\left(\frac{1}{2}+\frac{a}{6}\right), \frac{7}{18}\left(\frac{7}{12}+\frac{a}{36}\right), \frac{7}{18}\left(\frac{43}{72}+\frac{a}{216}\right)$

(4) $\frac{7}{18}, \frac{7}{18}, \frac{7}{18}$; (5)、(2)、(3) 与 n 有关。

13. $p_1^{(1)}=p_1^{(2)}=p_1^{(3)}=\frac{3}{5}$; $p_2^{(1)}=p_2^{(2)}=p_2^{(3)}=\frac{2}{5}$。

14. $p_1^{(1)}=p$, $p_2^{(1)}=0$, $p_3^{(1)}=q$, $p_4^{(1)}=r$, $p_5^{(1)}=0$

$p_1^{(2)}=p+pq+pr$, $p_2^{(2)}=0$, $p_3^{(2)}=q^2$, $p_4^{(2)}=2qr$

$p_5^{(2)}=r^2$

$p_1^{(3)}=p(1+q+r)+q^2p+2pqr+r^2p$, $p_2^{(3)}=r^3$

$p_3^{(3)}=q^3$, $p_4^{(3)}=3q^2r$, $p_5^{(3)}=3qr^2$

15. 极限存在,且遍历。$p_1=\frac{2}{5}$, $p_2=\frac{13}{35}$, $p_3=\frac{8}{35}$。

16. 极限存在,且遍历。$p_1 = \dfrac{4}{25}$, $p_2 = \dfrac{9}{25}$, $p_3 = \dfrac{12}{25}$。

17. (1) $\begin{bmatrix} \dfrac{1}{2} & \dfrac{1}{2} \\ \dfrac{1}{2} & \dfrac{1}{2} \end{bmatrix}$; (2) 同(1);

    (3) $p_1^{(n)} = \dfrac{1}{2}\alpha[1 + (p-q)^n] + \dfrac{1}{2}\beta[1 - (p-q)^n]$,

        $p_2^{(n)} = \dfrac{1}{2}\alpha[1 - (p-q)^n] + \dfrac{1}{2}\beta[1 + (p-q)^n]$;

    (4) $\dfrac{1}{2}$, $\dfrac{1}{2}$。

18. $p_i = \dfrac{p^{i-1}}{q^i}p_0 \ (1 \leqslant i \leqslant a-1)$, $p_a = \dfrac{p^{a-1}}{q^{a-1}}p_0$;

    当 $p \neq q$, $p_0 = \left[1 + \dfrac{1}{q}\dfrac{1 - \left(\dfrac{p}{q}\right)^{a-1}}{1 + \dfrac{p}{q}} + \left(\dfrac{p}{q}\right)^{a-1}\right]^{-1}$;

    当 $p = q = \dfrac{1}{2}$, $p_0 = \dfrac{1}{2a}$。

19. (1) $\begin{bmatrix} 1 & 0 \\ 0 & 1 \end{bmatrix}$; (3) $\dfrac{5 - e^{-1.6}}{40}$, $\dfrac{1 + 7e^{-1.6}}{8}$,

    $\dfrac{7}{512}(1 + 7e^{-0.8})(1 - e^{-4})(7 + e^{-4})$;

    $\dfrac{7}{2\,560}(1 - e^{-4})^2(5 - e^{-0.8})$

    (4) $p_0(t) = \dfrac{1}{8} - \dfrac{1}{40}e^{-8t}$; $p_1(t) = \dfrac{7}{8} + \dfrac{1}{40}e^{-8t}$。

    (5) $\boldsymbol{P}'(t) = \begin{bmatrix} -7e^{-8t} & 7e^{-8t} \\ e^{-8t} & -e^{-8t} \end{bmatrix}$, $\boldsymbol{Q} = \begin{bmatrix} -7 & 7 \\ 1 & -1 \end{bmatrix}$

20. $\boldsymbol{Q} = \begin{bmatrix} -5 & 2 & 3 \\ 0 & -6 & 6 \\ 0 & 0 & 0 \end{bmatrix}$

24. $\lim\limits_{t\to\infty}p_{00}(t)=\lim\limits_{t\to\infty}p_{10}(t)=\dfrac{\mu}{\lambda+\mu}$,

$\lim\limits_{t\to\infty}p_{01}(t)=\lim\limits_{t\to\infty}p_{11}(t)=\dfrac{\lambda}{\lambda+\mu}$

27. 当 $0\leqslant t_1<t_2<\cdots<t_n,0\leqslant i_1\leqslant i_2\leqslant\cdots\leqslant i_n$,

$P\{X(t_1)=i_1,X(t_2)=i_2,\cdots,X(t_n)=i_n\}$

$$=\frac{\lambda^{i_n}t_1^{i_2}(t_2-t_1)^{i_2-i_1}\cdots(t_n-t_{n-1})^{i_n-i_{n-1}}}{i_1!(i_2-i_1)!\cdots(i_n-i_{n-1})!}e^{-\lambda t_n}。$$

30. 假定 $0<t_1<t_2<\cdots<t_n$。

$$f(x_1,x_2,\cdots,x_n)=\frac{1}{(\sqrt{2\pi}\,\sigma^n\sqrt{t_1(t_2-t_1)\cdots(t_n-t_{n-1})}}$$

$$\exp\left\{-\frac{x_1^2}{2t_1\sigma^2}-\frac{(x_2-x_1)^2}{2(t_2-t_1)\sigma^2}-\cdots-\frac{(x_n-x_{n-1})^2}{2(t_n-t_{n-1})\sigma^2}\right\}$$

附　录

1. $\Omega=\{(1,1),(1,2),(1,3),(1,4),(1,5),(1,6),$
$(2,1),(2,2),(2,3),(2,4),(2,5),(2,6),$
$\cdots$
$(6,1),(6,2),(6,3),(6,4),(6,5),(6,6)\}$

$A=\{(1,1),(2,2),(3,3),(4,4),(5,5),(6,6)\}$

$B=\{(1,5),(2,4),(3,3),(4,2),(5,1),(1,6),(2,5),(3,4),(4,3),(5,2),(6,1),\cdots,(6,6)\}$

$C=\{(1,1),(1,2),(1,3),(1,4),(1,5),(1,6),\cdots,(3,1),(3,2),(3,3),(3,4),(4,5),(3,6),(4,1),(4,2),(4,3),\cdots,(6,1),(6,2),(6,3)\}$

2. $\varphi(t)=\dfrac{pe^{it}}{1-qe^{it}}$, $EX=\dfrac{1}{p}$, $DX=\dfrac{q}{p^2}$

3. $\varphi(t)=\dfrac{\lambda}{\lambda-it}$, $EX=\dfrac{1}{\lambda}$, $DX=\dfrac{1}{\lambda^2}$

5. $f(x,y)=\dfrac{1}{6\sqrt{3}\pi}\exp\left\{-\dfrac{2}{3}\left[\dfrac{x^2}{4}-\dfrac{x(y-1)}{6}+\dfrac{(y-1)^2}{9}\right]\right\}$

6. $f(x_1, x_2, \cdots, x_n) = \dfrac{1}{(\sqrt{2\pi}\,\sigma)^n} \exp\left\{ -\dfrac{1}{2\sigma^2} \sum_{i=1}^{n} (x_i - a)^2 \right\}$,

   $\boldsymbol{m}_X = (a, a, \cdots, a)^\tau$，$\boldsymbol{B} = \sigma^2 \boldsymbol{I}_n$，其中 $\boldsymbol{I}_n$ 是 n 阶单位阵。

   $f_X(x) = \dfrac{1}{\sigma} \sqrt{\dfrac{n}{2\pi}}\ \mathrm{e}^{-\frac{n(x-a)^2}{2\sigma^2}}$。

7. $\boldsymbol{Y} \sim N(0, \boldsymbol{I})$，其中 $\boldsymbol{I} = \begin{bmatrix} 1 & 0 \\ 0 & 1 \end{bmatrix}$

8. $f(y_1, y_2, y_3) = \dfrac{1}{(\sqrt{2\pi}\,\sigma)^2} \exp\Big\{ -\dfrac{1}{2\sigma^2} \cdot$

   $\Big[(y_1 - \sqrt{3}a)^2 + y_2^2 + y_3^2 \Big] \Big\}$

9. $(Y_1, Y_2)^\tau \sim N(\boldsymbol{\mu}, \boldsymbol{B})$，$\mu = \begin{pmatrix} 0 \\ 0 \end{pmatrix}$，$\boldsymbol{B} = \begin{bmatrix} m & m \\ m & n \end{bmatrix}$